普通高等教育"十三五"规划教材

工程训练

蔡安江　岳　江　丁福志　主编

U0289690

电子工业出版社

Publishing House of Electronics Industry

北京·BEIJING

内 容 简 介

本书是为适应高等教育改革的形势,结合科学技术不断发展及教学改革的不断深入而编写的。

全书分为 4 篇共 16 章。第 1 篇为工程实训知识,包括工程实训背景知识、工程材料及热处理共 2 章;第 2 篇为材料成形技术,包括铸造、锻压、焊接共 3 章;第 3 篇为机械制造技术,包括切削加工知识、车削加工、铣削加工、刨削与磨削加工、钳工与装配共 5 章;第 4 篇为现代制造技术,包括数控加工知识、数控车削加工、数控铣削加工、加工中心、特种加工、机械制造自动化技术共 6 章。各章均编写了教学要求和复习思考题,并配有实习报告。本书内容具有基础性、实践性和先进性,强调对学生工程实践能力、工程素质和创新思维的培养,突出工程应用。

本书可作为高等学校各专业本科、专科工程训练教材,也可供相关工程技术人员参考。

图书在版编目(CIP)数据

工程训练/蔡安江,岳江,丁福志主编 . —北京:电子工业出版社,2018.4
ISBN 978-7-121-33743-7

Ⅰ. ①工… Ⅱ. ①蔡… ②岳… ③丁… Ⅲ. ①机械制造工艺-高等学校-教材 Ⅳ. ①TH16

中国版本图书馆 CIP 数据核字(2018)第 036203 号

责任编辑:杨秋奎   特约编辑:丁福志
印   刷:北京虎彩文化传播有限公司
装   订:北京虎彩文化传播有限公司
出版发行:电子工业出版社
　　　　　北京市海淀区万寿路 173 信箱   邮编 100036
开   本:787×1092   1/16   印张:15.75   字数:432 千字
版   次:2018 年 4 月第 1 版
印   次:2024 年 8 月第 11 次印刷
定   价:38.00 元

所购买电子工业出版社图书有缺损问题,请向购买书店调换。若书店售缺,请与本社发行部联系,联系及邮购电话:(010)88254888,88258888。

质量投诉请发邮件至 zlts@phei.com.cn,盗版侵权举报请发邮件至 dbqq@phei.com.cn。

本书咨询联系方式:liuxl@phei.com.cn,(010)88254694。

前　言

工程训练课程是高等院校学生必修的实践性强的技术基础课,其目标是学习工艺知识,增强工程实践能力,提高综合素质,培养创新精神和创新能力。

现代科技和工业的飞速发展,制造技术日新月异,新材料、新技术、新工艺不断涌现,使工程训练课程的教学内容不断更新和丰富,同时,随着高等教育的改革深入,"卓越工程师培养计划"的实施,传统的工程训练已经开始向现代工程训练转化。为适应课程改革的需要,编者在认真总结各兄弟院校课程教学改革经验的基础上,结合高等院校实际特编写本书。

本书在编写过程中遵循"工程应用,能力培养"的指导原则,突出并融合了工程技术领域应用较多的新材料、新工艺、新设备和新技术,尤其加强了数控加工、特种加工和其他先进制造技术的相关内容,拓宽了学科的技术基础,在加强基础理论的同时,更加注重理论知识在生产中的应用性或可操作性。全书内容全面采用最新国家标准的计量单位、名词术语、材料牌号等,力求语言简明、重点突出、联系实际、图文并茂、通俗易懂,并在各章都明确了教学基本要求,配有复习思考题和实习报告。书中的重要术语都附有英语注释,以方便双语教学。

本书由蔡安江、岳江、丁福志担任主编,阮晓光、李顺江、郭师虹担任副主编。蔡安江负责全书的统编定稿;郭师虹负责书中全部图形的计算机绘制、处理及重要术语的英语注释;阮晓光负责校稿。

参加本书编写的有:西安建筑科技大学蔡安江(第1章、11.1~11.3节、11.5、16.1节和16.3~16.6节)、阮晓光(第15章)、郭师虹(第11.4节、12.3节、13.3节、16.2节和附录A)、王娟(第2章)、林红(第3章)、薛婷(第12.1节、12.2节)、闫起源(第12.4节、13.1节)、邓兰(第13.2节)、左咪(第13.4节);西安石油大学岳江(第5、10章);国防工业出版社丁福志(第8章);洛阳理工学院吴锐(第9.1节)、许元奎(第9.2节)、罗扉(第4章);漯河职业技术学院李顺江(第7章)、张超凡(第6章)、黄占立(第14章)。

本书承蒙西安理工大学张广鹏教授、陕西科技大学董继先教授担任主审。本书的编写参考了近几年来国内出版的有关教材、专著和手册,在此向有关的著作者表示诚挚的谢意。

本书得到西安建筑科技大学教材建设项目的资助,在此表示感谢!

最后,向参加本书编写、审稿和出版工作,以及在编写过程中给予帮助和支持的各位同仁,致以最诚挚的感谢!限于作者水平和经验,缺点和疏漏之处在所难免,诚望同行和读者批评指正。

编　者

目　录

第 4 篇　现代制造技术

第1篇　工程实训知识

第1章　工程实训背景知识

工程实训是对高等学校各专业进行综合性工程实践、实施工程技术教育的重要技术基础课程，是促使学生了解工程技术科学、探知工程技术奥秘的动力。工程实训的目的是学习工艺知识、增强工程实践能力，提高综合素质，培养创新精神和创新能力。

1.1　制造与制造系统

1.1.1　制造

制造（Manufacturing 或 Manufacture）是人类借助于手工或工具，运用所掌握的知识和技能，采用有效的方法，按所需目的将制造资源（物料、能源、设备工具、资金、技术、信息和人力等）转化为可供人们使用或利用的工业品或生活消费品，并投放市场的全过程。制造是人类所有经济活动的基石，是人类历史发展和文明进步的动力。

制造过程（Manufacturing Process）是将制造资源转变为可用产品并保证其正常使用的过程。其主要组成如图1-1所示。

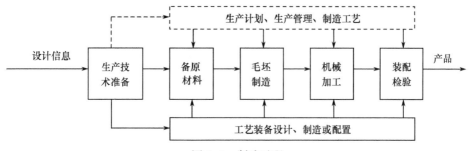

图1-1　制造过程

制造技术（Manufacturing Technology）是完成制造活动所需一切手段的总和。机械制造技术是实现机械制造过程的最基本环节。在机械加工系统的物料流程中，材料的质量和性能是通过制造技术的实施而发生变化的，因此机械加工的方法可分为材料成形法、材料去除法和材料累积法。

材料成形法是将原材料转化成所需形状、尺寸及要求的产品加工方法，主要有铸造、锻压、焊接和粉末冶金（Power Metallurgy）等。材料去除法是用来提高零件的精度和降低表面粗糙度，以达到零件设计要求的加工方法，主要分为切削加工和特种加工。切削加工主要有车削、铣削、刨削、磨削、钻削、镗削、钳工等。特种加工主要有电火花加工、电解加工、超声波加工、电子束加工、离子束加工等。材料累积法是一种先进的制造技术，目前主要有快速成形制造（Rapid Prototyping）技术。

1.1.2 制造系统

1. 制造系统的概念

制造系统(Manufacturing System)的基本定义是由制造过程及其所涉及的硬件(生产设备、工具、材料和能源等)、软件(制造理论、制造工艺和方法及各种制造信息等)和人员组成的具有将制造资源转变为可用产品(含半成品)这一特定功能的有机整体。

制造系统的定义尚在发展和完善之中,至今还没有统一的定义。

2. 制造系统的类型

根据产品性质和生产方式不同,制造系统可分为两大类:

(1)连续型制造系统。连续型制造系统生产的产品一般是不可数的,通常以质量、容量等单位进行计量,其生产方式是通过各种生产流程将原材料逐步变成产品,如石油天然气产品生产系统、化工产品制造系统、酒类饮料产品生产系统等。

(2)离散型制造系统。离散型制造系统生产的产品是可数的,通常用件、台等单位进行计量,其生产方式一般是通过零件加工、部件装配、产品总装等离散过程制造出完整的产品,如机床制造系统、汽车制造系统、家电产品制造系统等。离散型制造系统的组成如图1-2所示。

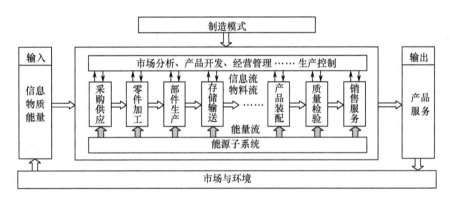

图 1-2　离散型制造系统的组成

3. 制造系统的发展

从旧石器时代开始人类已经懂得利用工具进行狩猎或劳动,经过青铜器和铁器时代后,制造系统以手工作业和手工作坊的形式出现。自1750年第一次工业革命以来,制造系统以动力机、纺织机械、船舶与金属切削机床等形式组成工业化要求的多种形式。在蒸汽发动机、内燃机、发电机和电动机的推动下,出现了手工场式的近代制造系统,后来又出现了单件生产系统。

20世纪20年代,享利·福特利用传送线把机器连接成大量生产的(机械)自动化流水线,开创了大量流水生产方式。从20年代至今,制造系统已经出现了机群式制造系统MS、刚性制造系统(又称专用制造系统)DML/TL和柔性制造系统FMS/FMC/FML三类制造系统,90年代中期出现了可重构(可重组)制造系统(Reconfigurable Manufacturing System,RMS),其发展的市场环境与技术特点如图1-3所示。

大多数制造系统的成本随着制造产品的定位、产量、自动化程度、装备成本、劳动力成本等要素变化而变化。

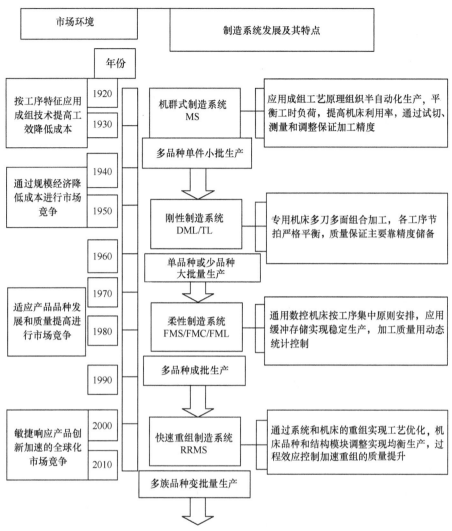

图 1-3 制造系统的市场环境与技术特点

1.2 产品开发与产品质量

现代化工业生产的显著特点是专业化协作的高度社会化大生产。实现社会化大生产的技术措施是产品应具有互换性及广泛的标准化（Standardization）。对机械产品而言，互换性（Interchangeability）和精度（Accuracy）是基本要求。

1.2.1 产品开发

产品开发（Product Development）一般指新产品的研制与开发，是企业求生存图发展、提高综合竞争能力的重要途径。现代企业必须不断地开发设计新产品，谋求高质量、低成本，不断创新和增加科技含量已成为现代市场经济条件下企业竞争、生存发展的基础。

1. 新产品的内涵

新产品是指运用新的原理、新的构思设计，采用新的材料或元器件，具有新的功能、新的用途或开拓新市场的产品。与老产品相比，新产品在技术指标、性能、结构、规格上都有显著的提高或改善,或者在某些技术参数、规格方面填补了空白。

新产品的内涵十分丰富,可以从不同的角度加以界定。对制造商来说,其从未生产过的产品就是新产品。对消费者而言,整体产品的各个要素,如产品的功能、效用、款式、品牌、包装、花色、服务等任何一项发生了变化都可能视为新产品。从技术角度看,只有采用了新技术、新工艺、新材料,从而使产品的功能、结构、技术特征等发生了显著变化的产品,才算是新产品。

目前,新产品一般分为两类:

(1)对市场是新产品。主要有全新产品、改进性新产品和市场再定位新产品。全新产品才能称为真正的新产品。

(2)对企业是新产品。主要有新产品线、填补性新产品和低成本新产品。该类主要指引进外来的技术成果或产品,属于仿制产品。

2. 新产品的开发

新产品开发是包括研究、开发、设计、制造和市场营销在内的企业系统创新活动,是发明的商品化,是把发明引入生产体系并为商品化生产服务的过程。

新产品的开发过程为:产品构思→产品概念→技术经济分析→产品与工艺设计→制订市场营销策略→产品试制→市场试销→商品化生产。

企业开发新产品主要有独立研制、技术引进和联合研制。

1)独立研制

独立研制是根据市场需要和同类型产品的特点,针对存在的差距,依靠本企业的力量,从根本上探讨新产品的新原理或新结构,开展应用理论的研究和有关新技术、新材料等方面的试验研究,或者进行制造技术的攻关,从而开发设计出具有本企业特点的新产品。特别是在研制换代型新产品或全新产品时,必须进行系统的、创造性的研究。独立研制一般要求企业有较强的科研力量和试验手段,或者引进科技人员形成自己的开发设计能力。

2)引进技术

引进技术是在新产品开发设计过程中,借鉴国内外已有的成熟产品设计(配方)或制造技术。引进技术可以较快地掌握这类产品的设计原理和制造技术,缩短新产品开发设计周期,使新产品尽快投放市场。同时,还可以减少本企业开发经费和科研力量,争取时间缩小与竞争对手的差距,有利于本企业的产品发展。

引进的技术(产品),必须是本企业所不及的,而且是有发展前途的,或者可以展开应用"一技多能"、带动其他技术提高水平的。

3)联合研制

联合研制是指一些小型企业自身的技术力量和试验手段比较薄弱,没有独立研制的条件,可以借助外部的科研机构、大专院校等方面的力量采取联合研制的方式。

随着科学技术飞速发展,世界范围内产品更新换代的速度越来越快,高科技含量的产品、高附加价值产品、差异化、特色化产品日益成为产品开发的重点。

1.2.2 产品质量

1. 产品质量的内涵

产品质量(Product Quality)是指产品能够满足使用要求所具备的特性。产品质量是由各种要素所组成的,这些要素亦被称为产品所具有的特征和特性。不同的产品具有不同的特征和特性,其总和便构成了产品质量的内涵。产品质量要求反映产品的特性和满足顾客和其他相关方要求的能力,一般包括性能、寿命、可信性、安全性、经济性及外观质量等。

1）性能（Performance）

性能指根据产品使用目的所提出的各项功能要求,包括正常性能、特殊性能、效率等。如锻件的化学成分和力学性能等。

2）寿命（Life）

寿命指产品能够正常使用的期限,包括使用寿命和储存寿命。使用寿命是产品在规定条件下满足规定功能要求的工作总时间,汽车、机床、工程机械等需要维修保养才能保持其性能的产品,则将两次大修的间隔作为它的使用寿命。储存寿命是指产品在规定条件下功能不失效的储存总时间,医药产品对这方面的规定较为严格。

3）可信性（Credibility）

可信性包括可用性、可靠性和维修性。可用性为设备的实际生产能力与应有的生产能力之比。可靠性是产品在规定的条件下和规定的时间内,完成规定功能的能力,一般以平均故障率、平均无故障时间等多种特性标志,按产品功能不同选用,如计算机、汽车的平均无故障间隔时间。可靠性是机电产品使用过程中主要的质量指标之一。维修性是指便于维修,含维修保障等性能。

4）安全性（Security）

安全性指产品在流通和使用过程中保证安全的程度,如家用电器插头的防止触电是产品的关键特性,需绝对保障。

5）经济性（Economy）

经济性指产品寿命周期的总费用,包括产品的制造成本、利税,以及顾客在使用过程中的维护修理费用、维持费用等使用费用。尽管经济性与使用性能无关,但却是消费者所关心的。如洗衣机在达到同样洁净度的前提下,用水越少,则其经济性越好。

6）外观质量

产品的美观性是指产品的审美特性与目标顾客期望的符合程度,泛指产品的外形、美学、造型、装潢、款式、色彩、包装等。顾客通常不会对一种产品的审美特性提出具体要求,但当产品的外观、款式、颜色不符合顾客的审美要求时,顾客就会排斥这种产品;当产品的外观、款式、颜色符合顾客的审美要求时,顾客就会被这种产品所吸引。如法拉利跑车的成功在于卓越的性能和对顾客审美需求的准确把握。

产品质量一般随时间而变化,与科学技术的不断进步有着密切的关系。

2. 产品质量的重要性

1）人们生活的保障

产品质量与人们的工作、生活息息相关,一旦产品出了质量问题,轻则造成经济损失,重则会导致人员伤亡等事故。只有质量理念全面更新,质量水平显著提高,质量文化不断普及,才能推进质量工作的全面加强,人类生活只有依托质量才能得以提升。

2）企业生存和发展的根本

质量是企业的生命,是企业的生存之本。产品质量的高低是企业是否具备核心竞争力的体现,提高产品质量是保证企业占有市场、持续发展的重要手段。企业的生产必须坚持质量第一,"以质量求生存",只有富有竞争质量的产品才能引导企业驶向成功的彼岸。

3）国家科技水平和经济水平的综合反映

高质量的产品需要设计、制造等一系列的过程,技术水平不高,是无法保证生产出优质产品的。在竞争激烈的全球经济中,没有高质量的商品,会直接影响国家的经济竞争力。日本工业的发展成就主要在于日本企业界非常重视产品的质量,摸索出了一套高效的质量管理方法。

4）产品打入国际市场的前提条件

产品质量是进入现代国际市场的"通行证"和"敲门砖"。企业要想使自己的产品打入国际市场，参与国际大循环，就必须要有过硬的产品质量、适宜的价格和约定的交货期。各国企业都在努力寻找提高产品质量的有效途径和方法，采取有效的策略，使产品达到世界一流质量。

1.3 工程经济与清洁生产

1.3.1 工程经济

工程技术（Engineering Technology）是人类利用和改造自然的手段。它不仅包含劳动者的技能，还包括部分取代这些技能的物质手段。因此，工程技术是包括劳动工具、劳动对象等一切劳动的物质手段和体现为工艺、方法、程序、信息、经验、技巧和管理能力的非物质手段。工程技术的使用直接涉及生产经营活动中的投入（包括机器设备、厂房、基础设施、原材料、能源等物质要素和具有各种知识和技能的劳动力）与产出（各种形式的产品或服务）。工程技术属于资源的范畴，但它不同于日益减少的自然资源，是可以重复使用和再生的。

工程经济学（Engineering Economics）研究各种技术在使用过程中如何以最小的投入取得最大的产出，如何用最低的寿命周期成本实现产品、作业或服务的必要功能，它研究的是各种工程技术方案的经济效果。就工业产品来说，寿命周期成本是指从产品的研究、开发、设计开始，经过制造和长期使用，直至被废弃的整个产品寿命周期内所花费的全部费用。对产品的使用者来说，寿命周期成本体现为一次性支付的产品购置费与在整个产品使用期限内支付的经常性费用之和。

在工程经济学中，对工程技术方案评价的原则通常有技术与经济相结合的原则、定量分析与定性分析相结合的原则、财务分析与国民经济分析相结合的原则及可比性原则，这些原则分别从不同的角度对技术方案进行考评，得到技术方案较全面的评价结果。

工程经济在世界各国得到了广泛的重视与应用，工程经济学理论仍然在不断地发展。目前这些发展主要侧重于用现代数学方法进行风险性、不确定性分析和无形效果分析的新方法研究。

1.3.2 清洁生产

20世纪中叶，人类开始了环境问题的觉醒认识，环境保护已成为全人类的一致行动。

1. 机械制造的环境污染

机械制造在生产过程中排出大量污染土壤的废水、污染大气的废气和固体废物等，如金属离子、油、漆、酸、碱和有机物，带悬浮物的废水，含铬、汞、铅、氰化物、硫化物、粉尘、有机溶剂的废气，金属屑、熔炼渣、炉渣等固体废物。机械制造的环境污染（Environmental Pollution）主要表现在以下几个方面：

（1）工程材料切削加工排出的主要污染物。工程材料在车、铣、刨、磨、钻、拉、镗、珩等加工过程中，需用乳化液冷却、润滑和冲走切屑。使用后的乳化液会变质、发臭，往往未经处理就直接排入下水道，甚至倒至地表。乳化液中不仅含有油，而且含有烧碱、油酸皂、乙醇和苯酚等。工程材料在加工过程中还会产生大量的金属屑和粉末等固体废物。

（2）金属表面处理排出的主要污染物。为去除金属材料表面的氧化物（锈蚀），常用硫酸、硝酸、盐酸等强酸进行清洗，产生的废液都含有酸类和其他杂质。

为改善金属制品的使用性能、外观及不受腐蚀，有的工件表层需镀上一层金属保护膜。电镀液中除含铬、镍、镉、锌、铜和银等各种金属外，还要加入硫酸、氟化钠（钾）等化学药品。某些工件镀好后，还须在铬液中钝化，再用清水漂洗。因此，电镀排出的废液中含有大量的铬、镉、锌、铜、银和硫酸根等离子。镀铬时,镀槽会产生大量的铬蒸气,氰电镀还会产生氰化氢有毒气体。

在金属表面喷漆、喷塑料、涂沥青时,有部分油漆颗粒、苯、二甲苯、甲酚、未熔塑料残渣及沥青等被排入大气。

(3)金属热处理和表面处理排出的主要污染物。退火和正火时,加热炉有烟尘和炉渣产生。淬火时,要防止金属氧化,有时在盐浴炉中加入二氧化钛、硅胶和硅钙铁等脱氧剂,而产生废盐渣。

表面渗氮时,用电炉加热并通入氨气,存在氨气泄漏的可能。表面氰化时,将金属放入加热的含有氰化钠的渗氰槽中。氰化钠有剧毒,产生含氰气体和废水。表面氧化(发黑)处理时,碱洗是在氢氧化钠、碳酸钠和磷酸三钠的混合溶液中进行,酸洗是在浓盐酸、水和尿素的混合溶液中进行,它们均排出废酸液、废碱液和氯化氢气体。

电火花加工、电解加工所采用的工作介质在加工过程中也会产生污染环境的废液和废气。

(4)其他生产工艺排出的污染物。铸造生产的环境条件较为恶劣,表现为高温、噪声大,并伴随有高粉尘、高烟尘。如破碎、筛分、落砂、混碾和清理时都有很大的粉尘;铸造合金熔炼过程中会产生多种有毒、有害气体,如冲天炉熔化铁水时排出含一氧化碳的多种废气。

锻造生产时,金属在加热和锻造过程中有大量的辐射热排放到空气中,伴有振动和噪声污染。锻造后,为了提高锻件的表面质量需对锻件进行表面清理,去除氧化皮和裂纹、折纹、残余毛刺等表面缺陷。常用的清理方法有喷砂清理、喷丸清理、酸洗清理等,它们均会产生粉尘、废酸水。

电焊时,焊条药皮和焊剂在高温下会分解而污染气体,同时还伴有电弧辐射、高频电磁场、射线等。气焊时用电石制取乙炔气体时容易产生大量电渣。熔炼有色金属时,会产生相应的冶炼炉渣和含有重金属的蒸气及粉尘。

热固性树脂生产时,会排出含苯酚和甲醛的废水。煤气发生站会产生含酚废水和煤焦油废物。

2. 清洁生产

清洁生产(Clean Production)是指既可满足人们的需要又可合理使用自然资源和能源并保护环境的实用生产方法和措施,其实质是一种物料和能耗最少的人类生产活动的规划和管理,将废物减量化、资源化和无害化,或消灭于生产过程中。同时,对人体和环境无害的绿色产品生产将随着可持续发展进程的深入而日益成为今后产品生产的主导方向。

清洁生产达到的目标是通过对资源的综合利用及节能、节料、节水,合理利用自然资源,减少资源的耗损;减少废物和污染物的生成和排放,促进工业产品在生产、消费过程中与环境相协调,降低工业活动对人类和环境带来的危害。

实现清洁生产就是实行对工业污染的全过程进行控制和综合防治相结合的原则。如从污染预防的角度优化产业结构和能源结构;从环境的制约因素考虑工业的布局;建立经济管理、能源管理、环境管理一体化体系;完善和拓展环境管理制度;加强清洁生产技术的开发等。

实施清洁生产应把握的方向是:① 资源的综合利用,是清洁生产全过程的关键;② 改革工艺和设备,废除旧的工艺和陈旧的设备;③ 组织内部的物料循环,特别是气和水的再循环利用;④ 加强管理,使环境管理落实到生产过程的各个环节;⑤ 改革产品体系,不断更新产品;⑥ 实行必要的末端处理,这是采用其他预防措施之后的最后把关措施,是一种送往外部集中处理的预处理措施;⑦ 建立区域内的文明生产机制。

目前,环境问题已经得到了国际社会的日益重视和普遍关注。国际标准化组织(International Standardization Organization,ISO)于1993年6月成立了ISO/TC207环境管理技术委员会,正式开展环境管理系列标准的制定工作。ISO 14000系列标准针对组织产品、活动和服务逐渐展开,向不同规模、性质和类型的组织提供了一整套全面而又完整的环境管理方法,体现了市场条件下"自我环境管理"的崭新思路。同以往的环境排放标准和产品技术标准不同,ISO 14000系列标准以极其广泛的内涵和普遍的适用性,在国际上引起了极大反响。我国非常重视ISO 14000系列标准的宣传和有效实施工作,为此专门成立了环境管理体系(Environment Management System,EMS)审核机构国家认可委员会和中国环境管理体系审核人员国家注册委员会,保证从事 ISO 14000 审核机构的科学性、公开性和权威性。

复习思考题

1. 试述制造过程的组成。
2. 简述制造系统的发展及其特点。
3. 简述新产品的内涵及其分类。
4. 举例说明产品质量的内涵及其重要性。
5. 工程经济学的主要研究内容是什么?
6. 机械制造生产中存在哪些环境污染问题?
7. 试述清洁生产与环境保护的关系。

第2章　工程材料及热处理

教学要求：了解常用工程材料的分类、性能和用途；熟悉钢铁材料的火花鉴别方法；了解常用热处理设备，掌握普通热处理的工艺特点及应用。

2.1　工程材料的分类

工程材料(Engineering Materials)是指制造工程结构和机器零件所使用的材料总称。常用的机械工程材料的分类如图2-1所示。

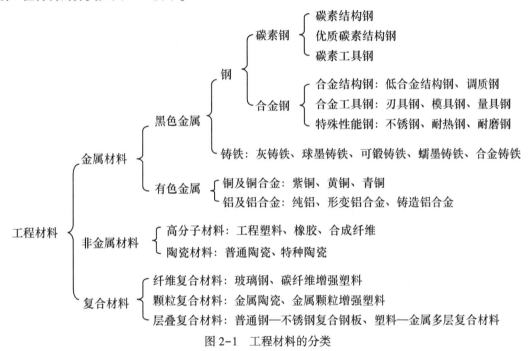

图2-1　工程材料的分类

金属材料(Metallic Materials)是应用最广泛的工程材料，广泛应用于工程结构及制造机械设备、工具和模具等，其中钢铁材料应用更为广泛。

2.1.1　钢铁材料

钢和铸铁是以铁、碳为主要成分的合金，又称铁碳合金。钢是指含碳量小于或等于2.11%的铁碳合金；铸铁是指含碳量大于2.11%的铁碳合金。

1. 钢

钢分为碳素钢(碳钢，Carbon Steel)和合金钢(Alloy Steel)两大类。合金钢是为了提高钢的力学性能、工艺性能或某些特殊性能(耐腐蚀性、耐热性、耐磨性等)，在冶炼中有目的地加入一些合金元素(锰、硅、铬、镍、钼、钨、钒、钛等)。工业用碳钢的含碳量一般为0.05%~1.35%。

碳素结构钢有害杂质较多，保证力学性能而不保证化学成分，主要用于制造各种工程构件(桥梁、船舶、建筑构件等)和要求不高的机械零件(齿轮、轴、螺钉、螺栓等)。这类钢一般属于低碳钢(含碳量小于 0.25%)和中碳钢(含碳量为 0.25%~0.6%)。常用的牌号有 Q215、Q235、Q275 等。

优质碳素结构钢既保证化学成分又保证力学性能,有害杂质较少,主要用于制造较重要的机械零件(齿轮、传动轴、连杆、辊子等)。常用的牌号有 08、10、20、40、45、55 等。

碳素工具钢主要用于制造各种低速切削刀具、模具、量具(丝锥、锉刀、锯条等)。这类钢属于高碳钢(含碳量大于 0.6%)。常用的牌号有 T8、T10、T10A 和 T12、T12A 等。

合金结构钢主要用于制造承受载荷较大或截面尺寸大的重要工程结构和机械零件(齿轮、曲轴、连杆螺栓、弹簧、轴承等)。常用的牌号有低合金结构钢(Q345、Q390)、调质钢(40Cr、35CrMo)、弹簧钢(65Mn、60Si2Mn)和滚动轴承钢(GCr15、GCr15SiMn)等。

合金工具钢主要用于制造尺寸较大、形状较复杂的各类刀具、模具和量具等。常用的牌号有刃具钢(9SiCr、CrWMn、W18Cr4V)、模具钢(Cr12、Cr12MoV、5CrMnMo)和用于制造量具的 CrWMn、GCr15 等。

特殊性能钢是指具有特殊的物理、化学或力学性能的钢,用于制造有特殊性能要求的零件。在机械制造行业中应用较多的有不锈钢、耐热钢、耐磨钢等。不锈钢广泛用于化工设备、管道、汽轮机叶片、医用器械等。耐热钢要求在高温下具有一定的抗氧化、抗腐蚀性能,又要求高温下强度高,广泛用于汽轮机、燃气轮机、航空、电炉等制造行业。高锰耐磨钢常用于制造工作中承受冲击和压力并要求耐磨的零件,广泛用于制造车辆的履带、破碎机颚板、铁路道岔、防弹钢板等。常用的牌号有 1Cr18Ni9、2Cr13(不锈钢)、15CrMo、4Cr9Si2(耐热钢)、ZGMn13(耐磨钢)。

2. 铸铁

工业上常用的铸铁(Cast Iron)含碳量为 2.5%~4.0%。它含有比碳钢更多的硅、锰、硫、磷等杂质,机械性能比钢差,但由于铸铁具有良好的铸造性能、切削加工性能、耐磨性、减振性,且成本低廉,广泛应用于机械制造中。

灰铸铁(Gray Cast Iron)广泛用于制造承受静压力或冲击载荷较小的零件(床身、底座、箱体、手轮等)。常用的牌号有 HT100、HT150、HT200、HT300 等。

球墨铸铁(Ductile Iron)可代替碳素结构钢用于制造受力复杂、性能要求高的重要零件(曲轴、连杆、齿轮等)。常用的牌号有 QT400-18、QT500-7、QT600-3、QT800-2 等。

可锻铸铁(Malleable Iron)用于制造形状复杂、承受冲击和振动的薄壁小型零件(管接头、农具、连杆类零件等)。常用的牌号有 KTH350-10、KTZ550-04 等。

2.1.2 有色金属

通常把铁及其合金(钢、铸铁)称为黑色金属,其他的非铁金属及其合金则称为有色金属。与黑色金属相比,有色金属具有许多优良的特殊性能。工业上最常用的有色金属是铜、铝合金,其已成为现代工业技术中不可缺少的材料。

1. 铜合金

在纯铜(紫铜)中加入某些合金元素(如锌、锡、铝、铍、锰、硅、镍、磷等),就形成了铜合金。铜合金具有较高的强度和耐磨性,较好的导电性、导热性和耐腐蚀性,同时具有良好的加工性能,色泽美观,广泛应用于电气工业、仪表工业、造船工业及机械制造工业部门等。根据化学成分的不同,铜合金分为黄铜(Brass)和青铜(Bronze)等。

黄铜是以锌为主要合金元素的铜合金,具有良好的变形加工性能,耐蚀性能和优良的铸造性能。常用的黄铜牌号有 H62、H80。

青铜是以锡为主要合金元素的铜合金,习惯上把含铝、硅、铍、锰、铅等元素的铜基合金都称为青铜,如锡青铜、铝青铜、铍青铜等。青铜主要用于制造耐蚀件、耐磨件、弹簧元件(如飞机、拖拉机、汽车轴承、齿轮、蜗轮、蜗杆、船舶及电气零件等)。机械制造中的耐磨零件常用锡青铜制造。常用的锡青铜牌号有 ZCuSn5Pb5Zn5、ZCuSnl0Pb5。

2. 铝合金

铝(Aluminum)中加入合金元素就形成了铝合金。铝合金具有较高的强度、优良的物理、化学性能和工艺性能,广泛应用于电气工程、航空航天及机械制造工业部门等,在工业生产中的应用仅次于钢铁。根据化学成分及加工方法的不同,铝合金分为形变铝合金和铸造铝合金。

(1) 形变铝合金具有较高的比强度、较好的塑性及耐蚀性,常加工成各种型材、板材、线材、管材及结构件(如铆钉、焊接油箱、管道、容器、发动机叶片、飞机大梁及起落架、内燃机活塞等)。形变铝合金包括防锈铝合金、硬铝合金、超硬铝合金等。

(2) 铸造铝合金。铸造铝合金是用于制造铝合金铸件的材料,按主要合金元素的不同,铸造铝合金分为铝硅合金、铝铜合金、铝镁合金和铝锌合金。铝硅合金是应用最广的铸造铝合金,通常称为硅铝明,抗蚀性和耐热性好,又有足够的强度,适于制造形状复杂的薄壁件或气密性要求较高的零件(内燃机气缸体、化油器等)。

2.1.3 其他工程材料

非金属材料是指除金属材料以外的其他材料,主要包括高分子材料(工程塑料、橡胶、陶瓷)和复合材料。它们具有许多金属材料所不具备的性能,在一定的领域取代金属材料,产生了巨大的经济和社会效益。

1. 工程塑料

塑料是以有机合成树脂为主要成分,加入各种添加剂制成的高分子材料。塑料具有密度小、比强度高、耐腐蚀、电绝缘性好、减振、隔声、耐磨、生产率高、成本低等优点,但与金属材料相比,存在强度低、耐热性差、热膨胀大、导热性差、易老化、易燃烧等缺点。

工程塑料(Engineering Plastic)是指用以代替金属材料作为工程结构的塑料。常用的工程塑料有 ABS 塑料、聚酰胺(PA,又名尼龙)和环氧塑料(Epoxy Plastics)等。

(1) ABS 塑料具有综合性能好,易于成形加工,主要用来制造齿轮、汽车挡泥板、电机外壳等。

(2) 聚酰胺是热塑性塑料,具有坚韧、耐磨、耐疲劳、吸振性好等优点,主要用来制造减摩、耐磨件。

(3) 环氧塑料是热固性塑料,具有较高的强度,较好的韧性,优良的电绝缘性,高的化学稳定性和尺寸稳定性,成形工艺性好,主要用来制作塑料模具、电子元件的塑封与固定等。

2. 橡胶

橡胶是以生胶为主要成分,加入适量配合剂制成的高分子材料。橡胶具有优良的伸缩性、储能能力和耐磨、隔声、绝缘、不透气、不透水的特性,被广泛用于制造弹性件、密封件、减振防振件、传动件、轮胎及绝缘件等。橡胶分天然和合成两种,均是高度聚合的有机材料。

天然橡胶主要用来制造轮胎,也可以制作传动带、胶管及其他橡胶制品(刹车皮碗,不要求耐油与耐热的垫圈、衬垫及胶鞋等)。合成橡胶(Synthetic Rubber)是在橡胶中加入一些添加剂(如硫化剂、促进剂、软化剂、防老化剂和填充剂等),经过硫化处理后所得到的产品。工业上使用的橡胶大多为合成橡胶。

3. 陶瓷

陶瓷(Ceramic)是一种无机非金属材料,具有质硬、耐压、耐高温、抗氧化、耐磨损、耐腐蚀及高的热硬性和绝缘性等优点,但塑性变形能力差、脆性大、抗激冷、激热性能差。陶瓷分为普通陶瓷和特种陶瓷两大类。

普通陶瓷是以黏土、长石和石英等天然原料,经粉碎、成形和烧结而成,主要用于日用、建筑和卫生用品,以及工业上的低压电器、高压电器,耐酸及过滤器皿等。特种陶瓷是以人工化合物为原料(氧化物、碳化物、氮化物等)制成的陶瓷(氧化铝陶瓷、氮化硅陶瓷、氮化硼陶瓷等),具有独特的力学、物理、化学及电、磁、光学等性能,但塑韧性差,抗激冷性能差,易破碎。氧化铝陶瓷(Alumina Ceramic)主要用来制造高温测温热电偶的绝缘套管,耐磨、耐腐蚀用水泵,拉丝模及加工淬火钢的刀具等;氮化硅陶瓷(Silicon nitride Ceramic)主要用来制造耐腐蚀水泵密封环、电磁泵管道、阀门、热电偶套及高温轴承等;氮化硼陶瓷(Boron nitride Ceramic)主要用来制造冶炼用的坩埚、器皿、管道,半导体容器和散热绝缘件,玻璃制品模具等。

4. 复合材料

复合材料(Composite Materials)是由两种以上物理、化学性质不同的材料经人工组合而得到的多相固体材料。它不仅具有各组成材料的优点,而且可获得单一材料不具备的优良综合性能,具有良好的抗疲劳和抗断裂性能,优越的耐高温性能,很好的减摩、耐磨性和较强的减振能力。

复合材料一般是由强度低、韧性好的材料做基体,由强度高、脆性大的材料做增强相组成的。常见的复合材料有玻璃纤维(Fiberglass)、复合材料(玻璃钢)和碳纤维复合材料,目前发展最快、应用最广的是纤维复合材料。玻璃钢是以塑料为基体与玻璃纤维复合的,常用于制作减摩、耐磨的机械零件,密封件,仪器仪表零件,管道,泵阀,汽车船舶壳体,建筑结构及飞机的旋翼等。

5. 纳米材料

纳米材料(Nano Materials)是指颗粒尺寸为 1~100nm 的超微粒材料,具有超高强度、超塑性及良好的催化、扩散、烧结、电学和光学性能,是 20 世纪 80 年代中期研制成功的,是 21 世纪最有影响力的新材料。目前相继问世的有纳米半导体薄膜、纳米陶瓷、纳米瓷性材料、纳米生物医学材料等,在电子、冶金、宇航、生物和医学领域展现了广阔的应用前景。

2.1.4 钢铁材料的火花鉴别

火花鉴别是将钢铁材料轻压在旋转的砂轮上打磨,观察迸射出的火花形状和颜色,以判断钢铁成分范围的方法。

1. 火花组成

(1)火花束。火花束是指被测材料在砂轮上磨削时产生的全部火花,常由根部、中部、尾部组成,如图 2-2 所示。

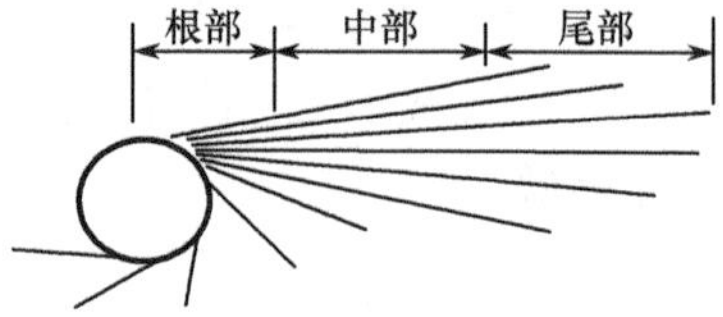

(2)流线。线条状的火花称为流线。每条流线都由节点、爆花和尾花组成,如图 2-3 所示。

(3)节点。节点就是流线上火花爆裂的原点,呈明亮点,如图 2-3 所示。

图 2-2 火花束

(4)爆花。爆花就是节点处爆裂的火花,由许多小流线(芒线)及点状火花(花粉)组成,如图2-3所示。爆花常分为一次、二次、三次等,如图 2-4 所示。

图 2-3 火花束的构成

图 2-4 爆花的形成

(5)尾花。尾花就是流线尾部的火花,钢的化学成分不同,尾花的形状也不同。尾花常分为狐尾尾花、枪尖尾花、菊花状尾花、羽状尾花等。

2. 常用钢铁材料的火花特征

非合金钢的火花特征为含碳量越高,流线越多,火花束变短,爆花增加,花粉也增多,火花亮度增加,手感变硬。而铸铁的火花束较粗,颜色多为橙红带橘红,流线较多,尾部渐粗,下垂成弧形,一般为二次爆花,花粉较多,火花试验时手感较软。具体可见表2-1。

表 2-1 钢铁材料的火花特征

钢号	火花束	颜色	流线	节花	形状特征
20	长	橙黄带红	呈弧形	芒线稍粗,有二次爆花	
45	稍短	橙黄(较亮)	较细且多	芒线多叉,花粉较多,较多二次爆花	
T12	短粗	暗红(更亮)	细密且多	碎花、花粉多,多次爆花	
铸铁	较粗	橙红带橘红	较粗	花粉较多,多为二次爆花	

2.2 金属材料的性能

金属材料具有良好的使用性能和工艺性能,是工程上应用最广泛的材料。使用性能分为物理性能(如密度、熔点、导热性、热膨胀性、导热性、导电性等)、化学性能(如耐蚀性、氧化性等)和力学性能。

2.2.1 力学性能

金属材料的力学性能是指金属材料在不同形式载荷的作用下所表现出来的特性,是零件设计和选材的重要依据。常用的指标有强度、塑性、硬度和冲击韧性。

1. 强度

强度(Strength)是指金属材料在静载荷作用下抵抗变形和断裂的能力。工程中常用的强度指标有屈服强度和抗拉强度,分别用 σ_s 和 σ_b 表示,单位为 MPa。屈服强度和抗拉强度是零件设计的主要依据,也是评定材料性能的重要指标。

2. 塑性

塑性(Plasticity)是指金属材料在静载荷作用下产生塑性变形而不破坏的能力。工程中常用的塑性指标有延伸率和断面收缩率,分别用 δ 和 ψ 表示。延伸率和断面收缩率值越大,材料的塑性越好。良好的塑性是材料成形加工和保证零件工作安全的必要条件。

3. 硬度

硬度(Hardness)是指材料表面抵抗更硬物体压入的能力。硬度的测试方法很多,工业生产中常用的是布氏硬度试验法和洛氏硬度试验法。

布氏硬度试验法是用直径为 D 的淬火钢球或硬质合金球作为压头(Indenter),在载荷 P 的作用下压入被测金属表面,保持一定时间后卸载,测量金属表面形成的压痕直径 d,以压痕(Indentation)的单位面积所承受的平均压力作为被测金属的布氏硬度值。布氏硬度指标有 HBS(压头为淬火钢球)和 HBW(压头为硬质合金球)两种,分别适用于布氏硬度值低于 450 和低于 650 的金属材料。布氏硬度测试法因压痕较大,不宜检测成品或薄片金属的硬度。

洛氏硬度试验法是用锥顶角为120°的金刚石圆锥体或直径为1.588mm(1/16英寸)的淬火钢球为压头,以一定的载荷压入被测试金属表面,根据压痕深度可直接在洛氏硬度计的指示盘上读出硬度值。常用的洛氏硬度指标有HRA、HRB和HRC三种。洛氏硬度试验法因压痕小,适用于检测成品和较薄工件的硬度。

硬度是金属材料重要的性能和工艺指标,是检验工具、模具和机械零件质量的重要指标,在生产中得到了广泛应用。一般材料的硬度越高,其耐磨性越好。

4. 冲击韧性

冲击韧性(Sharp Toughness)是指金属材料在冲击载荷作用下抵抗破坏的能力,用 a_k 表示。a_k 值越大,则材料的韧性就越好。

金属材料各种力学性能之间存在一定的关系。一般提高金属材料的强度和硬度,往往会降低其塑性和韧性。

2.2.2　工艺性能

金属材料的工艺性能是指金属材料在加工过程中的适应能力,包括铸造、锻压、焊接、热处理、切削加工性能等。它决定着金属材料的加工工艺方法、设备工艺装备、生产率及成本效益,有时甚至会影响产品零件的设计。

2.3　热处理工艺及设备

钢的热处理(Heat Treatment)是将钢在固态下通过加热、保温和冷却,使其组织改变而获得所需性能的工艺方法。热处理是改善材料工艺性能,提高其使用性能,保证产品质量,挖掘材料潜力的工艺方法。随着工业和科学技术的发展,热处理还将在改善和强化金属材料、提高产品质量、节省材料和提高经济效益等方面发挥更大的作用。

根据加热和冷却方法不同,常用的热处理方法大致分类如图2-5所示。

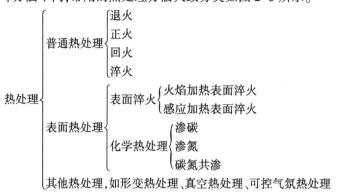

图2-5　热处理方法分类

2.3.1　热处理设备

常用的热处理设备有加热设备、冷却设备、控温仪表和质检设备等。

1. 加热设备

加热设备有箱式电阻炉、井式电阻炉和盐浴炉。

箱式电阻炉是利用电流流过布置在炉膛内的电热元件,引起电热元件发热,再通过对流和辐射对零件进行加热,如图2-6所示。箱式电阻炉是热处理应用很广泛的加热设备,适用于钢铁材料和非钢铁材料(有色金属)的退火、正火、淬火、回火及固体渗碳等阶段的加热,具有操作简便、控温准确、劳动条件好、可通入保护性气体防止零件加热氧化等优点。按工作温度不同,箱式电阻炉可分为高温、中温及低温炉三种,其中以中温箱式电阻炉应用最广,其最高工作温度为950℃,可用于碳素钢、合金钢的退火、正火、淬火。

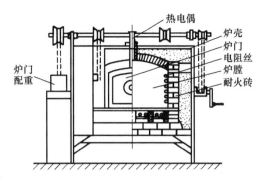

图2-6 箱式电阻炉

井式电阻炉的工作原理与箱式电阻炉相同,其由于炉口向上,形如井状而得名,如图2-7所示。常用的井式电阻炉有中温井式炉、低温井式炉和气体渗碳炉三种,中温井式炉主要应用于长形零件的淬火、退火和正火等热处理,其最高工作温度为950℃。井式电阻炉采用吊车起吊零件,能减轻劳动强度,应用较广泛。

盐浴炉是利用熔盐作为加热介质的炉型,如图2-8所示。盐浴炉结构简单,制造方便,成本低,加热速度快,加热质量好,应用较广泛。但在盐浴炉加热时,升温时间长,零件需夹持,操作复杂,劳动强度大,工作条件差。盐浴炉常用于中、小型且表面质量要求高的零件。

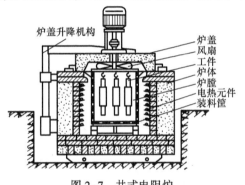

图2-7 井式电阻炉

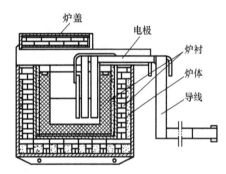

图2-8 盐浴炉

2. 冷却设备

冷却设备有水槽、油槽、盐浴池和碱浴池等,主要用于金属淬火时不同冷却速度要求的快速冷却。

水槽和油槽的基本结构可制成长方形、正方形等,可用钢板和角钢焊成。为了保证淬火介质温度均匀,并保持足够的冷却特性,一般采用集中冷却的循环系统。水槽的冷却介质可用净水或5%~15%的食盐水。油槽的冷却介质可用10号或20号机械油,油温100℃。盐浴可用50%硝酸钾和50%亚硝酸钠的熔盐,使用温度一般为150~500℃。碱浴可用85%氢化钾和15%亚硝酸钠的熔体,另加4%~6%的水,使用温度为150~170℃。

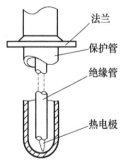

图2-9 热电偶结构

3. 控温仪表

热处理炉的温度测控是通过热电偶、控温仪表系统和计算机温控系统实现的。热电偶(Thermocouple)由热电极、绝缘管、保护管和接线盒等组成,其结构如图2-9所示。

4. 质检设备

质检设备主要有洛氏硬度试验机、金相显微镜、量具和无损(探伤)设备等。

目前计算机与自动控制技术在热处理及检测设备中的大量应用,不仅使单台设备和单一工序的热处理实现了计算机控制自动化生产,而且还形成了多道复杂的热处理工序、辅助工序及检测工序和多台设备集成的计算机集成热处理生产线,为各种金属材料提供了多种改性手段,满足了不同机械产品对零件性能的要求。

2.3.2 普通热处理

常用的普通热处理工艺分为退火、正火、淬火,以及与淬火配合的回火,如图2-10所示。

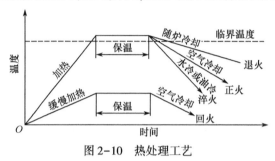

图 2-10　热处理工艺

1. 退火

退火(Annealing)是将钢加热到一定温度(对碳钢一般加热至780~900℃),经充分保温后随炉缓慢冷却的热处理方法。退火目的是降低硬度、细化组织、消除内应力和某些铸、锻、焊后的毛坯硬度不均匀存在的内应力,为下一步热处理(淬火等)和加工做好准备。

经退火后的材料硬度较低,一般用布氏硬度试验法测试。常用的退火方法有消除中碳钢铸件缺陷的完全退火、改善高碳钢切削加工性能的球化退火和去除大型铸锻件应力的去应力退火等。

2. 正火

正火(Normalizing)是将钢加热到一定温度(碳钢一般加热至800~930℃),经充分保温后出炉空冷的热处理方法。正火目的是细化组织,消除组织缺陷和内应力,为下一步热处理(淬火等)和加工做好准备。正火冷却速度比退火快,正火工件获得的组织较细密,比退火工件的强度和硬度稍高,而塑性和韧性稍低,且生产率高,成本低,所以对于一般低碳钢和中碳钢,多用正火代替退火。

正火和退火通常作为预备热处理工序,安排在工件铸造或锻造之后,切削粗加工之前,用以消除前一工序所带来的某些缺陷,为以后的加工工序做好组织准备。正火也可作为力学性能要求不太高的普通结构零件的最终热处理。将正火作为最终热处理代替调质处理,可减少工序,节约能源,提高生产率。

3. 淬火与回火

淬火(Quenching)是将钢加热到一定温度(碳钢一般加热至760~820℃),经充分保温后在水或油中快速冷却的热处理方法。淬火目的是提高材料的硬度和耐磨性。但淬火钢的内应力大、脆性高、易变形和开裂,必须进行回火,并在回火后获得适度的强度和韧性。

常用淬火介质有水和油,碳钢淬火用水冷却,合金钢淬火用油冷却。工件浸入淬火介质的方式如图2-11所示。如果浸入方式不正确,可能使工件各部分的冷却速度不一致而造成较大的内应力,使工件发生变形和裂纹等缺陷。

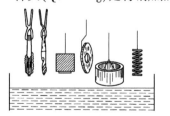

图 2-11　工件浸入淬火介质的方式

回火(Tempering)是将淬火钢加热到一定温度,经充分保温后在油或空气中冷却的热处理方法。回火目的是减小或消除工件在淬火时所形成的内应力,降低淬火钢的脆性,获得较好的综合机械性能。根据回火温度不同,回火分为高温回火、中温回火和低温回火(表2-2)。淬火后再加高温回火,通常称为调质处理,一般应用于有较高综合机械性能要求的重要结构零件(汽车车轴、机床主轴等)。用于调质处理的钢多为中碳优质结构钢和中碳低合金结构钢,用于调质处理的钢称为调质钢。

表 2-2　常用回火方法

回火方法	回火温度/℃	硬度(HRC)	机械性能特点	应用举例
低温回火	150~250	58~64	高硬度、高耐磨性	刃具、量具、冷冲模、滚动轴承
中温回火	350~450	35~50	高弹性和韧性	弹簧、热锻模具、刀杆、轴套
高温回火	500~650	20~30	优良的综合机械性能	传动轴、齿轮、螺栓、连杆

2.3.3　表面热处理

表面热处理(Surface Heat Treatment)是将钢的表面进行强化的热处理方法。其目的是使钢的表面层具有较高的硬度和耐磨性、耐蚀性、耐疲劳性,而芯部有较高的塑性和韧性。表面热处理分为表面淬火和表面化学热处理两大类。表面淬火只改变表面组织而不改变化学成分;表面化学热处理同时改变表面化学成分和组织。

1. 表面淬火

钢的表面淬火是通过快速加热,将钢件表面层迅速加热到淬火温度,然后快速冷却的热处理方法。其目的是获得高硬度、高耐磨性的表层,表面硬度可达 52~54HRC,而芯部仍保持原有的良好韧性。适用于表面淬火的工程材料是中碳钢、中碳合金钢,表面淬火前应进行正火或调质处理。目前,表面淬火常用于机床主轴、齿轮、发动机的曲轴等零件的热处理。

常用的表面淬火有感应加热(Induction Heating)、火焰加热(Flaming Heating)、激光加热(Laser Heating)等,目前应用最广泛的是感应加热表面淬火,如图2-12所示。将工件放在感应线圈内,给感应线圈通一定频率的交流电,在感应线圈周围产生交变磁场,工件内产生感应电流,表层电流密度大,芯部电流密度小。当工件表面涡流产生的电阻热使工件表层迅速被加热到淬火温度(芯部的温度仍接近室温)后,立即喷水快速冷却,达到表面淬火的目的。

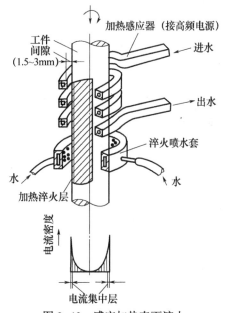

图 2-12　感应加热表面淬火

2. 表面化学热处理

表面化学热处理(Surface Chemical Heat Treatment)是将钢件置于一定温度的活性介质中保温,使某些金属元素(碳、氮、铝、铬等)渗透零件表层,改变其化学成分和组织,以提高零件表面的硬度、耐磨性、耐热性和耐蚀性的热处理方法。常用的化学热处理有渗碳、渗氮、碳氮共渗及渗入金属元素等方法,其中渗碳应用最广泛。渗碳法分为气体法、液体法和固体法等,常用的是气体渗碳法。

气体渗碳是将工件装入密封的井式气体渗碳炉中,加热至 900~950℃,滴入煤油、甲醇等液体,煤油受热后分解出活性碳原子,深入工件表面。渗碳适用于低碳钢和低碳合金钢,渗碳后可使零件表面 12mm 厚度内的含碳量提高到 0.8%~1.2%。渗碳后的零件,进行淬火和低温回火,使工件具有外硬内韧的性能,主要用于既受强烈摩擦(Friction)又承受冲击或疲劳(Fatigue)载荷的工件(汽车的变速齿轮、活塞销、凸轮等)。

2.4 热处理新技术

热处理是机械工业的重要基础技术,对于充分发挥金属材料的性能潜力,提高产品的内在质量,节约材料,减少能耗,延长产品的使用寿命,提高经济效益都具有十分重要的意义。随着计算机技术、机器人技术等先进技术在热处理工艺的广泛应用,使热处理过程朝着自动化、柔性化方向发展。

2.4.1 计算机技术在热处理中的应用

近年来,计算机技术和电子技术在热处理工业领域的应用不断深入和扩展,使热处理从依赖试验和经验的传统模式中摆脱出来,逐渐建立起以精确的科学计算为基础的智能型热处理技术。

热处理模拟技术在近 20 年间得到了迅速发展,它能高效、逼真、全面反映热处理过程中的各种工艺变化规律,极大地扩展实测数据信息,并与实验测试技术相辅相成,构成功能强大的“实验室”和“生产试验基地”。随着计算机模拟技术的进一步发展和推广应用,热处理技术终将摆脱凭经验和粗略的定性估算进行生产的落后状态,向着精确预测和严格定量控制的方向飞跃。

计算机数值模拟(数学模型)技术使计算机成为功能强大,效率极高的“实验室”,输入必要的实测数据(导热系数、比热容、比体积、相变动力学特征数据、相变潜热、弹性模量(Elastic Modulus)、屈服强度、导磁率、电阻率、传递系数等)就能模拟各种热处理过程中工件内部的瞬态温度场,组织变化、内应力或渗层浓度变化等复杂现象,并依据生产工件的特殊要求和数据等设计功能软件,形成热处理工艺计算机辅助设计(CAPP)技术。应用计算传热数值模拟技术和热处理设备主要参数计算的数学模型,以及元器件、材料等的选择系统软件等,就能构成热处理设备 CAD 技术,可以求出热处理设备主要技术参数(几何尺寸、电炉丝设计计算及型号选择等),配合计算机绘图仪便可输出设备图样资料等(三维温度场模拟优化加热 CAD 技术,工件淬火冷却过程 CAD 设计,热处理生产在线控制与质量管理的 CAD 技术,热处理电炉计算机辅助设计,以及金相图像分析评定 CAD 技术等)。

采用计算机技术控制热处理过程中的工艺参数,使得热处理过程控制由静态、单因素控制逐步发展到动态、多因素控制,由预防型改为主动型,由处理后的检测型改为事先预报型、跟踪型。同时,还可以用于控制热处理过程中的整套热处理设备、生产线以至整个热处理车间的自动控制和生产管理。

柔性热处理技术是适应热处理生产中多品种、高质量,小批量生产和管理需求而出现的一种柔性加工热处理过程控制系统,可实现对产品和工艺控制的多功能化,技术与生产的高度集成,工艺技术的优化和柔性化及整个生产系统的高度自动化。

2.4.2 热处理新技术的发展

近 20 年来,热处理新技术大量涌现。主要表现为:①热处理技术以保护气氛和控制气氛的少无氧化和少无脱碳越来越普及和日趋完善;②低压渗碳、可控渗氮、表面改性等热处理新技术不断涌现;③真空热处理和高压气淬应用日益扩大;④节能绿色热处理技术获得发展;⑤热处理产品质量、精确生产更加严格;⑥计算机及控制技术深度应用;⑦热处理工艺的自动化水平不断提高。

1. 可控气氛热处理

可控气氛热处理是在炉气成分可控的情况下进行热处理,实现渗碳、碳氮共渗等化学热处理,或防止工件加热时的氧化、脱碳。通过建立气体渗碳数学模型、计算机碳势优化控制及动态控制,可实现渗碳层浓度分布的优化控制、层深的精确控制,大大提高生产率。目前,国外已广泛应用于汽车、拖拉机零件和轴承的生产,国内也引进成套设备,应用于铁路、车辆轴承的热处理。

2. 形变热处理

形变热处理是将塑性变形与热处理有机结合的复合工艺。该工艺是使工件同时发生形变和相变,获得单一强化方法所不能得到的优异性能(强韧性),同时还能简化工艺,节约能源、设备,减少工件氧化和脱碳,提高经济效益和产品质量。如低温形变热处理可使钢的塑性和韧性在不降低或降低不多的情况下,显著提高钢的强度和疲劳强度,提高钢的抗磨损和耐回火性的能力,主要适用于要求强度极高的工件(高速钢刀具、模具、轴承、飞机起落架及重要弹簧等)。

形变热处理目前应用还不普遍,主要受设备和工艺条件限制,对形状比较复杂的工件进行形变热处理尚有困难,形变热处理后对工件的切削加工和焊接也有一定影响。

3. 高能束表面改性热处理

高能束热处理是利用激光、电子束、等离子弧等高功率高能量密度加热工件的热处理工艺总称。

1) 激光热处理

激光热处理是利用高能激光束扫描工件表面,使表面迅速加热到高温,以达到局部改变表层组织和性能的热处理工艺。激光热处理可实现表面淬火、局部表面硬化和表面合金化。其优点是:①功率密度高,加热、冷却速度极快,无氧化脱碳,可实现自激冷淬火;②应力和变形小,表面质量好,无须再表面精加工;③可以在零件选定表面局部加热,解决拐角、沟槽、盲孔底部、深孔内壁等一般热处理工艺难以解决的强化问题;④生产率高,易实现自动化,无须冷却介质,对环境无污染。

激光表面淬火是激光表面强化领域中最成熟的技术,已得到广泛应用。近年来,把其他金属表面涂层技术和激光相结合进行的表面热处理,也获得了成功。激光表面相变硬化是利用高功率密度激光束(功率密度 $103 \sim 105 W/cm^2$)扫描金属材料表面,材料表面吸收光束能量而迅速升温到相变点以上,然后移开激光束,热量从材料表面向内部传导发散而迅速冷却(冷却速度可达到100℃/s),从而实现快速自冷的淬火方式。目前它主要适用于铸铁、碳钢、低合金高强度钢、工具钢、高合金钢的淬火,尤其是高精度零件的表面处理和体积较大,要求表面硬化面积小,整体淬火变形难以解决的零件(汽车转向齿轮箱内壁、柴油机气缸套内壁,内燃机车弹性联轴节主簧片激光淬火,机床电磁离合器连接件的激光淬火,梳棉机金属针激光淬火等)。

2) 电子束热处理

电子束热处理是利用电子枪发射的电子束轰击金属表面,使之急速加热,而后自激冷淬火的热处理工艺。它是在真空室中进行的,没有氧化,淬火质量高,基本不变形,不需再进行表面加工,可以直接使用。电子束淬火的最大特点是加热速度和冷却速度很快,在相变过程中,奥氏体化时间很短,能获得超细晶粒组织。电子束淬火后,表面硬度比高频感应加热表面淬火高 2~6HRC,如 45 钢经电子束淬火后硬度可达 62.5HRC,最高硬度可达 65HRC。

电子束加热工件时,表面温度和淬硬深度取决于电子束的能量大小和轰击时间。实验表明,功率密度越大,淬硬深度越深,但轰击时间过长会影响自激冷作用。

电子束热处理的应用与激光热处理相似,其加热效率比激光高,但电子束热处理需要在真空下进行,可控制性也差,而且要注意 X 射线的防护。

3)离子热处理

离子热处理是利用低真空中稀薄气体的辉光放电产生的等离子体轰击工件表面,使工件表面成分、组织和性能改变的热处理工艺。

离子渗碳是在 900℃ 以上的真空炉内,通入碳化氢的减压气氛对工件进行加热,同时在工件(阴极)和阳极之间施加高压直流电,产生辉光放电使活化的碳被离子化,在工件附近加速而轰击工件表面进行渗碳。

离子渗碳的硬度、疲劳强度和耐磨性等力学性能比传统渗碳方法高,渗速快,渗层厚度及碳浓度容易控制,不易氧化,表面质量好。

根据同样离子轰击热处理还可以进行离子碳氮共渗、离子渗金属等,具有很大的发展前途。

4. 真空热处理

真空热处理是在低于大气压力(通常为 $10^{-3} \sim 10^{-1}$ Pa)的环境中进行的热处理工艺。包括真空淬火、真空退火、真空化学热处理。真空热处理零件不氧化、不脱碳,表面质量好;升温慢,热处理变形小;可显著提高疲劳强度、耐磨性和韧性;表面氧化物、油污在真空加热时分解,被真空泵排出,劳动条件好。但是真空热处理设备复杂、投资和成本高,目前主要用于工模具和精密零件的热处理。

真空热处理新技术是高精度、优质、节能和清洁无污染的材料热处理加工制造技术,是未来机械制造工艺发展的热点。真空热处理目前在钢的快速、均匀加热,气淬工艺,低压渗碳,单室、双室、三室、连续式真空热处理炉的设计等方面均取得了新的进展。

复习思考题

1. 简述工程材料的分类。45 钢、T12、HT200 的名称是什么? 简述它们的用途。
2. 实习用的锯条、锉刀、钻头、铣刀、螺母、齿轮、机床床身、游标卡尺分别用什么材料制造的?
3. 钢的火花由哪几部分组成? 20 钢与 T10 的火花有什么区别?
4. 材料常用的力学性能指标有哪些? 分别用什么符号表示?
5. 常用的热处理方法有哪些? 它们对钢的性能有什么影响?
6. 生产中如何选择退火与正火?
7. 淬火钢为什么需要及时回火? 常用的回火方法有哪些? 分别用于哪些零件?
8. 表面热处理分为哪几类? 各有哪些常用方法?

第2篇 材料成形技术

第3章 铸 造

教学要求：了解铸造的工艺过程、特点及应用；了解型砂材料的特性及组成；熟悉并实践手工造型方法；了解铸件的质量控制方法；了解铸造新技术的发展。

3.1 概　述

铸造(Casting)是将液态金属浇注入与零件形状相适应的铸型型腔中，待其冷却凝固后获得毛坯或零件的成形方法。采用铸造方法获得的金属制件称为铸件。铸造属于液态成形(Liquid State Shaped)，具有以下特点：

（1）可生产形状复杂，特别是内腔复杂的毛坯及零件(各种箱体、机架、床身等)。

（2）铸件尺寸、质量和生产批量不受限制。

（3）生产成本低，原材料来源广泛。

因此，铸造在机械制造业中得到了广泛使用，常用于制造形状复杂、承受静载荷及压应力的零件(箱体、床身、支架和机座等)，是现代机械制造业中获取零件毛坯最常用方法之一。据统计，按质量计算，在一般机器设备中铸件占40%~90%；在农业机械中占40%~70%；在金属切削机床和内燃机中占70%~80%。但铸造生产也存在不足，如工序繁多、铸件质量难以控制、力学性能较差，且劳动强度大、生产环境条件差等。随着铸造技术的迅速发展，新材料、新工艺、新技术和新设备的推广应用，铸件的质量和生产率得到了极大提高，生产环境和劳动条件得到了显著改善。

铸造分为砂型铸造和特种铸造，目前应用最广的是砂型铸造，主要用于铸铁和铸钢件的生产。砂型铸造(Sand Casting)的生产过程如图3-1所示。根据零件图的形状和尺寸，设计制造模样和芯

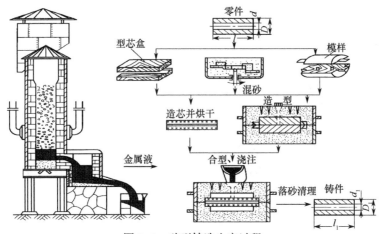

图3-1　砂型铸造生产过程

盒;制备型砂和芯砂;用模样制造砂型,用芯盒制造型芯,把烘干的型芯装入砂型并合型;熔炼合金并将金属液浇入铸型;凝固后落砂、清理;检验合格便获得铸件。

3.2 砂型铸造工艺

3.2.1 造型材料

造型材料是指制造铸型(型芯)用的材料。砂型铸造用的造型材料主要是型砂和芯砂,合理选用型(芯)砂对提高铸件质量、降低铸件成本具有重要意义。

1. 型(芯)砂具备的性能

(1)强度。强度是指型(芯)砂抵抗外力破坏的能力。若强度不足,则易使铸型发生塌箱、冲砂、砂眼等,但强度过高,则会影响型(芯)砂的透气性和退让性。增大黏结剂量及紧实程度可提高强度;含水量过多或过少会降低强度。

(2)透气性。透气性是指型砂砂粒间空隙通过气体的能力。透气性差,铸件内部易产生气孔。减小黏土含量及紧实程度或采用圆形、大小均匀的粗砂等可提高透气性。

(3)耐火性。耐火性是指型(芯)砂抵抗高温热作用的能力。耐火性差,铸件表面易产生黏砂。在型砂中混入少量煤粉及在型腔表面涂一层石墨(Graphite)或提高型(芯)砂中 SiO_2 的含量、采用粗砂等可提高耐火性。

(4)退让性。退让性是指型(芯)砂随着铸件冷凝可被压缩的能力。退让性差,铸件易产生内应力、变形和裂纹等。降低型(芯)砂的紧实程度或在黏土砂中加入适量的木屑、焦炭粒等可提高退让性。

(5)可塑性。可塑性是指型(芯)砂在外力作用下能形成一定的形状,外力去掉后仍能保持已有形状的能力。可塑性好,易造型,且砂型形状准确、轮廓清晰。黏结剂含量多、分布均匀,增加局部型砂的水分等可提高塑性。

2. 型(芯)砂的组成

型(芯)砂是由原砂、黏结剂、水和附加物组成的。

(1)原砂。原砂(新砂)是型(芯)砂的主体,以石英砂应用最广,其主要成分为石英(SiO_2)。原砂的颗粒形状、大小及分布对型砂的性能有很大影响。

(2)黏结剂。黏结剂是用来黏结砂粒的材料。常用的黏结剂主要有黏土(Clay)、水玻璃、树脂(Resin)、油脂(Grease)及水泥(Cement)等。在型砂中加入一定的黏结剂是使型砂具有一定的强度和可塑性。

(3)附加物。附加物是用来改善型(芯)砂的某些性能而加入的材料。在中小型铸件用的湿型砂中加入煤粉、重油,可防止黏砂,提高铸件表面质量;在干型砂或芯砂中加入锯木屑,可改善型(芯)砂的透气性和退让性。

3. 型(芯)砂的配制

按照黏结剂的不同,型(芯)砂分为黏土砂、水玻璃砂、树脂砂及水泥砂等,其中以黏土砂应用最广。型(芯)砂的配制工艺对其性能有着很大的影响,其主要取决于型(芯)砂的配比、加料顺序和混碾时间。

小型铸铁件的型砂比例是:新砂 2%～20%,旧砂 98%～80%。黏土 8%～10%,水 4%～8%,煤粉 2%～5%。

型砂的配制是在混砂机中进行的,如图 3-2 所示。先将新砂、

碾轮
中心轴
碾盘
刮板

图 3-2 碾轮式混砂机

黏土和旧砂依次加入混砂机中,干混数分钟后加入一定量的水湿混约 10min,在碾轮的碾压及搓揉作用下混合,待均匀后出砂。使用前应过筛并使其松散。

型(芯)砂的性能可用专门的型砂性能检测仪进行检测。单件小批生产时,可用手捏法检测型砂性能。

3.2.2 造型方法

造型是指用造型材料、模样(模板)和砂箱(Flask)等工艺装备制造铸型的过程。造型是铸造的基本工序,包括准备工作、安放模型、填砂、紧砂、起模、修型和合箱等主要工序。

造型方法分为手工造型和机器造型两大类。

1. 手工造型

手工造型是全部用手工或手动工具完成的造型方法。其操作灵活、工艺装备简单、适应性强、生产准备时间短,但铸件质量不稳定,生产率低、劳动强度大、操作技能要求高,仅适用于单件、小批量生产。

手工造型方法很多,按模样的结构特征分为整模造型、分模造型、活块造型、挖砂造型、假箱造型和刮板造型等。

1) 整模造型

整模造型的特点是模样为整体放置在一个砂箱(一般为下砂箱)内,分型面是平面,操作方便,不会错箱,铸件的尺寸精度和表面质量较好,适用于形状简单、最大截面在端部且是平面的铸件(齿轮坯,压盖、轴承座等)。整模造型的工艺过程如图 3-3 所示。

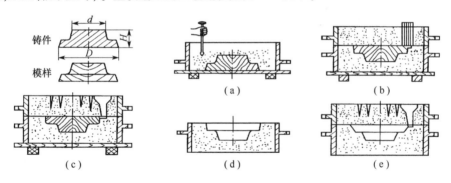

图 3-3 整模造型

(a) 造下型;(b) 造上型;(c) 开浇道、扎通气;(d) 起模;(e) 合型。

2) 分模造型

当铸件最大截面不是在一端,而是在中部,不适宜做成整模,因此需将模样沿最大截面处分成两半,并用定位销加以定位,这种模样称为分开模。分模造型是造型方法中应用最为广泛的。分模造型时,模样分别放在上、下箱内,分型面是平面,操作简便,适用于形状较复杂的铸件(套筒、水管、立柱等)。分模造型的工艺过程如图 3-4 所示。

受铸件形状的限制,有时必须使用三箱造型才能起模,如图 3-5 所示。为提高生产率,防止产生错箱,可用带外型芯的两箱造型代替三箱造型,如图 3-6 所示。

3) 挖砂造型和假箱造型

铸件的最大截面为曲面或最大截面不在端部且模样又不便分开,要求整模造型,造型时需挖出阻碍起模的型砂。挖砂造型一定要挖到模样的最大截面处,操作技能要求高,生产率低,适用于单件、小批量生产。挖砂造型的工艺过程如图 3-7 所示。

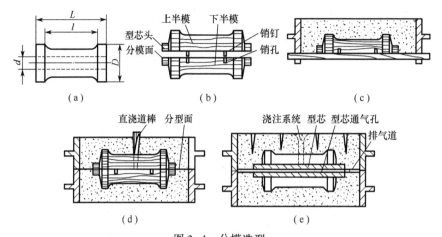

图 3-4 分模造型

(a) 铸件；(b) 模样；(c) 造下型；(d) 造上型；(e) 起模、放型芯、合型。

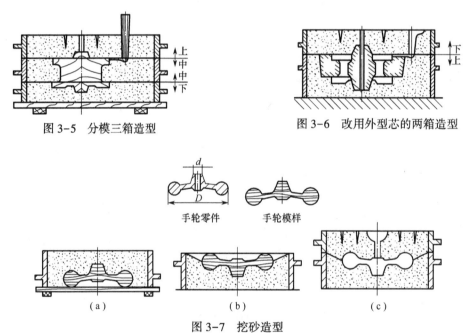

图 3-5 分模三箱造型

图 3-6 改用外型芯的两箱造型

图 3-7 挖砂造型

(a) 造下型；(b) 翻转、挖出分型面；(c) 造上型、起模、合型。

生产批量较大时，可在假箱或成形底板上造下砂型，如图 3-8 和图 3-9 所示，从而免除了挖砂操作，提高了生产率。

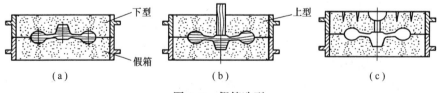

图 3-8 假箱造型

(a) 在假箱上放上模样造下型；(b) 在下型上造上型；(c) 起模、合型。

24

4）活块造型

铸件上有局部凸起妨碍起模时,可将其做成活块。造型时,先起出主体模样,再用适当方法起出活块模。活块造型的操作技能要求高,生产率低,模样、砂型易损坏且修补困难,适用于单件小批生产。活块造型的工艺过程如图 3-10所示。成批生产或活块厚度大于铸件该处壁厚时,可用外型芯代替活块方便造型。

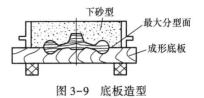

图 3-9　底板造型

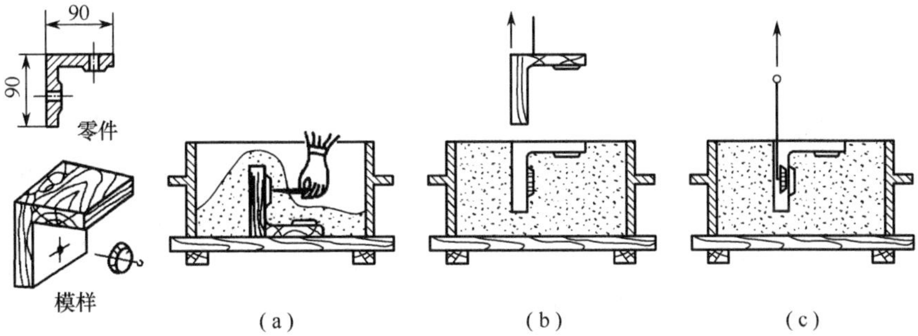

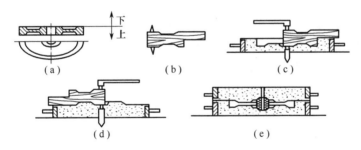

图 3-10　活块造型

(a) 造下型,拔出钉子;(b) 取出模样主体;(c) 取出活块。

5）刮板造型

利用与铸件截面形状相适应的特制刮板刮出砂型型腔。刮板造型节省了模样材料和模样加工时间,但操作费时,生产率较低,适用于单件小批生产回转体或等截面大、中型铸件(皮带轮、弯管等)。刮板造型的工艺过程如图 3-11 所示。

图 3-11　刮板造型

(a) 带轮零件图;(b) 刮板;(c) 刮制下砂型;(d) 刮制上砂型;(e) 合型。

2. 机器造型

机器造型是用机器全部完成或至少完成紧砂操作的造型方法,是现代化铸造生产的基本方式。其特点是生产率高,劳动条件好,环境污染小,铸件的尺寸精度和表面质量高,但设备和工艺装备费用高,生产准备时间长,适用于中、小型铸件的大批量生产或专业化生产。机器造型的实质是用机器进行紧砂和起模。

1）紧砂方式

目前,机器造型绝大部分都是以压缩空气作动力来紧实型砂的。常用的紧砂方式有震实、压实、震压、抛砂和射砂等,其中震压式应用最广。图 3-12 所示为震压紧砂机。震压紧砂方式可使型砂紧实度分布均匀,生产率高,是大批量生产中小型铸件的基本方法。

2）起模方式

造型机都装有起模机构，其动力也多半应用压缩空气，目前常用的起模方式有顶箱、漏模和翻转三种，如图 3-13 所示。顶箱起模的造型机构比较简单，但起模时易漏砂，适用于型腔简单且高度较小的铸型。漏模起模的造型机构一般用于形状复杂或高度较大的铸型。翻转起模的造型机构一般用于型腔较深、形状复杂的铸型。

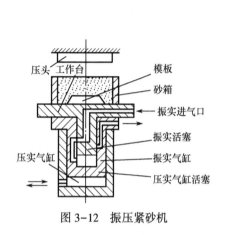

图 3-12　振压紧砂机

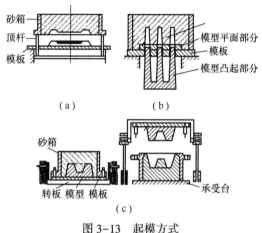

图 3-13　起模方式

（a）顶箱起模；（b）漏模起模；（c）翻转起模。

随着现代化大生产的发展，近年来又大力发展了无箱射压造型、多触头高压式造型、薄壳压膜式造型、负压造型、真空密封造型、自硬砂造型、流态砂造型、气流冲击造型和冷冻造型等造型新技术。

3.2.3　造芯

型芯（Cores）是砂型的一部分，用来形成铸件的内腔或组成铸件的外形。绝大部分型芯是用芯砂制成的。型芯在浇注时受到高温液态金属的冲击和包围，且承受较大的浮力，因此型芯应比砂型具有更高的强度、透气性和退让性等，并易从铸件清除。

1. 造芯工艺

（1）放芯骨以提高强度。小型芯用钢丝制成芯骨，大、中型芯用铸铁制成芯骨。为吊运芯骨方便，还应在芯骨上制出吊环。

（2）开通气道以提高透气性。在型芯中用通气针扎出气孔，或在型芯中放入焦碳、埋蜡线等，如图 3-14 所示。

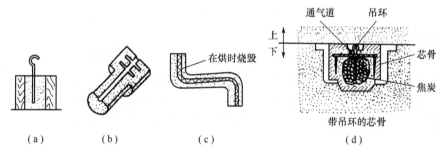

图 3-14　型芯的通气孔

（a）扎气孔；（b）挖通气沟；（c）埋蜡线；（d）放焦碳与钢管。

（3）型芯表面刷涂料以提高耐火性、防止黏砂并保证铸件内腔表面质量。铸铁型芯刷石墨涂料,铸钢型芯刷石英粉涂料,有色金属型芯刷滑石粉涂料。

（4）重要的型芯需烘干,以提高强度和透气性。

2. 造芯方法

造芯的方法有手工造芯和机器造芯。

手工造芯一般用芯盒制芯,通常有三种结构:整体芯盒制芯,适用于形状简单的中小型芯;对开芯盒制芯,适用于对称形状的型芯,分为垂直式和水平式;组合式芯盒制芯,适用于形状复杂的中大型芯,如图3-15所示。手工造芯一般适用于单件、小批生产。

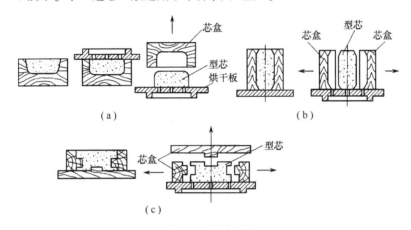

图 3-15　芯盒造芯

（a）整体式芯盒造芯;（b）对开式芯盒造芯;（c）可拆式芯盒造芯。

机器造芯除可用振击、压实的紧砂方法外,最常用的是吹芯机和射砂机。机器造芯生产率高,紧实均匀,型芯质量好,适用于成批大量生产。

3. 型芯固定

型芯的定位主要靠型芯头。型芯头必须有足够的尺寸和合适的形状将型芯正确、牢固地固定于型腔内,按其固定方式可分为垂直式、水平式和特殊式(悬壁芯头、吊芯等)。若铸件的形状特殊,单靠型芯头不能固定时可用型芯撑予以固定。

3.2.4 造型工艺

造型工艺主要指分型面选择和浇注系统的设置。

1. 分型面

分型面是指上砂型与下砂型之间的接触表面。分型面在图中用横线加箭头表示,并写出"上""下"字样,如图3-16所示。

分型面的合理选择有利于提高铸件质量,简化造型工艺,降低生产成本,选择分型面时主要考虑以下原则。

（1）分型面应尽量选取在铸件的最大截面处,以便造型和起模。

（2）分型面应简单平直、数量尽可能少,以利于简化造型、减少错箱。如图3-16所示的绳轮铸件,采用环状型芯便于在大批量生产时使用机器造型。

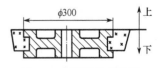

（3）尽量使铸件全部或大部位于同一砂箱内,减少型芯、活块的数量,避免吊砂,并有利于型芯的定位、固定与排气。

图 3-16　绳轮的分型面

2. 浇注系统

浇注系统(Gating system)是指在铸型中用来引导液态金属流入型腔的通道。合理地设计浇注系统的形状、尺寸和流入型腔的位置,可以保证液态金属平稳地流入并充满型腔,有效地调节铸件的凝固顺序,防止熔渣、砂粒或其他杂质进入型腔。

1) 浇注系统的组成及作用

浇注系统主要是由外浇口、直浇道、横浇道和内浇道组成的,如图 3-17 所示。

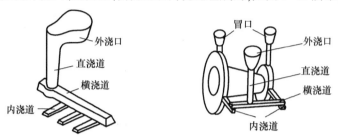

图 3-17　浇注系统

(1) 外浇口(Pouring Cup),形状为漏斗形(用于中小型铸件)或盆形(用于大型铸件)。其作用是承接液态金属,使液态金属平稳地流入直浇口,同时使熔渣浮于液面。

(2) 直浇道(Sprue)是垂直通道,形状为圆锥形,上大下小。其作用是利用本身的高度产生一定的静压力,保证液态金属充满型腔。直、横浇道相接处应做成较大的圆形窝座,有利于液态金属在直浇道底部返回后平稳地流入横浇道。

(3) 横浇道(Runner)是开在上箱分型面上的为梯形截面的水平通道。其作用是挡渣,使液态金属平稳地分流至各内浇道。

(4) 内浇道(Ingate)是液态金属流入型腔的通道,截面为扁梯形或矩形。其作用是控制液态金属流入型腔的方向和速度,调节铸件各部分的冷却速度,对铸件的质量影响极大。内浇道通常开在下箱分型面上,避免开设在重要的加工面及非加工面上,以免影响内在及外观质量。一般对壁厚较均匀的铸件,内浇道应开设在其相对壁薄处并分散多开,使铸件各部分均匀冷却凝固,减少铸件的内应力、变形及裂纹;对壁厚不均匀的铸件,内浇道应开设在其相对壁厚处,有利于补缩;内浇道的位置和方向应尽量缩短液态金属进入铸型及型腔中的路径,有利于挡渣和避免冲刷型芯或铸型壁,如图 3-18 和图 3-19 所示。

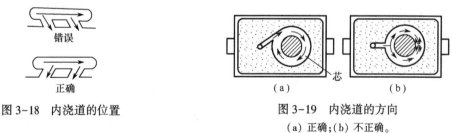

图 3-18　内浇道的位置　　　　　　　图 3-19　内浇道的方向
　　　　　　　　　　　　　　　　　　(a) 正确;(b) 不正确。

2) 浇注系统的类型

浇注系统的类型按照内浇道在铸件上的相对位置分为顶注式、底注式、侧注式和阶梯式四种类型,如图 3-20 所示。顶注式适用于质量小、高度小、形状简单及不易氧化材料的薄壁和中等壁厚的铸件;底注式适用于中大型厚壁、形状较复杂、高度较大的铸件和某些易氧化的合金铸件(铝、镁合金大型铸件和铸钢件等);侧注式适用于两箱造型的中小型铸件;阶梯式浇注系统适用于高度在 400 mm 以上的大型复杂铸件(机床床身等)。对于形状简单、尺寸较小的铸件也可采用更为简单的浇注系统。

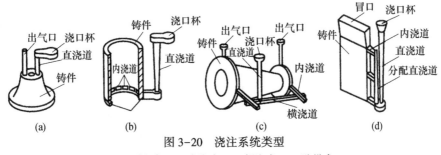

图 3-20　浇注系统类型

（a）顶注式；（b）底注式；（c）侧注式；（d）阶梯式。

3.2.5　铸型

铸型是用型砂、金属材料或其他耐火材料制成的，主要由上型（上箱）、下型（下箱）、浇注系统、型腔、型芯、冒口和通气孔组成，如图 3-21 所示。用型砂制成的铸型称为砂型（Sand Model）。砂型用砂箱支撑，是形成形状的工艺装置。

冒口（Riser）是供补缩铸件用的铸型空腔，内存液态金属。冒口一般设置在铸件厚壁处最后凝固的部位，以获得无缩孔的铸件。其形状多为球顶圆柱形或球形，分为明冒口和暗冒口两种。明冒口顶部与大气相通，还有观察、排气和集渣的作用，应用较广。暗冒口顶部被型砂覆盖，造型操作复杂，但补缩效果比明冒口好。如图 3-22 所示。

冷铁（Cold Metal）是在铸型、型芯中安放的金属物，以提高铸件厚壁处的冷却速度、消除缩孔和裂纹。其分为外冷铁和内冷铁两种，用铸钢或铸铁制成。外冷铁作为铸型的一个组成部分，内冷铁多用于壁厚差大而不十分重要的铸件，如图 3-22 所示。

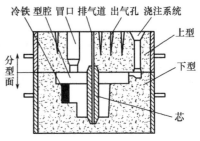

图 3-21　铸型的组成

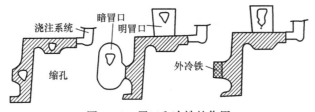

图 3-22　冒口和冷铁的作用

3.2.6　合型

合型（Close Mould）是将铸型的各个组成部分组合成一个完整铸型的操作过程。合型是制造铸型的最后一道工序，应保证铸型型腔几何形状及尺寸的准确和型芯的稳固。合型后，应将上、下型紧固或放上压铁，以防浇注时上型被金属液浮起，产生"跑火"或抬箱现象。

3.3　铸件生产

3.3.1　熔炼

熔炼（Melting）是将铸造合金由固态转变为液态并达到一定温度和化学成分的操作过程。

29

铸造生产中常用的铸造合金有铸铁、铸钢和有色合金,其中铸铁应用最广。铸铁主要有灰铸铁和球墨铸铁。铸钢主要有碳素铸钢和合金铸钢。铸造有色合金主要有铸铜和铸铝合金。

铸铁的熔炼通常用冲天炉或电炉;钢的熔炼设备有平炉、转炉、电弧炉及感应电炉等,如图 3-23 所示;有色金属如铝、铜合金的熔炼设备有坩埚炉,如图 3-24 所示。

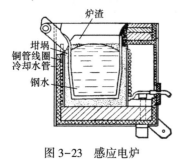

图 3-23　感应电炉　　　　　　　　　图 3-24　电阻坩埚炉

3.3.2　浇注

浇注(Pouring)是将液态金属注入铸型型腔的过程。浇注铸造生产的重要环节。

1) 浇注工具

常用的浇注工具有浇包、挡渣钩等。浇注前应对浇包和挡渣钩等工具进行烘干。

2) 浇注工艺

浇注时应按规定的温度和速度注入铸型。浇注温度过高,金属液吸气多,收缩大,易产生气孔、缩孔、黏砂及裂纹等缺陷;浇注温度过低,则会产生浇不足、冷隔等缺陷。浇注速度太快,易冲坏铸型,产生砂眼、气孔和浇不足等缺陷;浇注速度太慢,易产生夹砂或冷隔等缺陷。浇注速度与浇注温度是相互影响的。生产中一般根据合金的种类、铸件的大小、壁厚及形状来确定浇注温度和浇注速度。

浇注时应严格遵守浇注的操作规程,确保人身安全;浇注中金属液不允许中断,控制好浇注温度和浇注速度;浇注后对收缩大的铸件应及时卸去压铁或夹紧装置,以免铸件产生铸造内应力和裂纹。

3.3.3　落砂

落砂(Shakeout)是指从砂型中取出冷凝铸件的过程。落砂时要掌握好铸件的温度。落砂太早,易产生白口、变形和裂纹等缺陷;落砂太晚,铸件收缩受到铸型的阻碍易产生裂纹,且影响生产率。铸件的落砂温度取决于铸件的复杂程度、质量及合金的种类。一般黑色金属铸件的落砂温度为 200~500℃,有色合金铸件的落砂温度为 100~150℃。

落砂有手工落砂和机械落砂。手工落砂(用手锤或风铲等)适用于单件生产,机械落砂(落砂机)适用于成批大量生产。

3.3.4　清理

清理(Clean Up)是指落砂后从铸件表面清除冒口、飞边、毛刺、黏砂和型芯等过程。

铸件清理有手工清理和机械清理。手工清理用风铲和铁刷,机械清理用摩擦清理法、抛丸清理法等。铸铁件的冒口可用铁锤敲掉,铸钢件的冒口可用气割切除,有色合金铸件的冒口可用锯割。铸件的黏砂、毛刺可用钢丝刷、锉刀、砂轮等工具清理。

3.4 铸件质量控制

3.4.1 铸件质量分析

铸造生产是一项较复杂的工艺过程,铸件结构的工艺性、原材料的质量、工艺方案、生产操作及管理等因素都会直接影响铸件的质量。表3-1所示为常见铸件缺陷及其产生原因。

表3-1 常见铸件缺陷及其产生原因

名称与图示	产生的原因	名称与图示	产生的原因
气孔 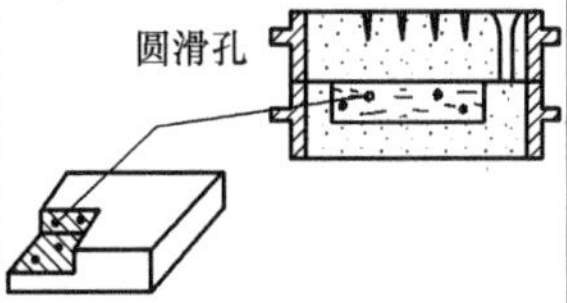 圆滑孔	捣砂太紧或型砂透气性差; 起模、修型刷水过多; 型芯气孔堵塞或未干透; 金属熔解气体太多	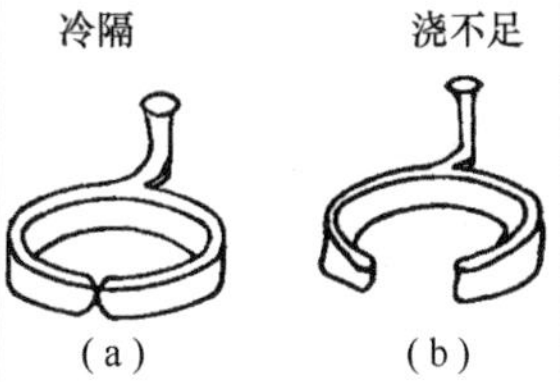 冷隔 浇不足 (a) (b)	浇注温度太低; 浇注速度过慢或曾中断; 浇注位置不当,浇口太小; 铸件太薄; 铸型太湿,或有缺口; 包内铁水不够
砂眼 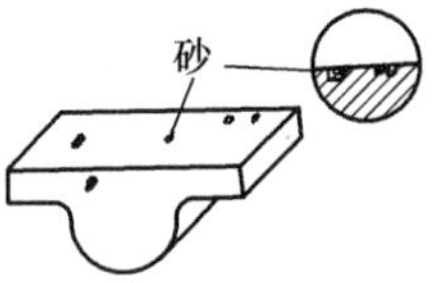 砂	造型时浮砂未吹净; 型砂强度不够,被铁水冲坏; 捣砂太松; 合型时,砂型局部损坏; 内浇口冲着型芯	缩孔 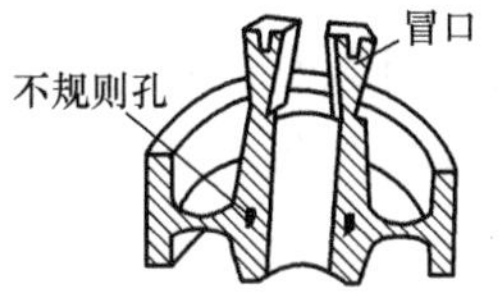 不规则孔 冒口	铸件结构不合理,厚薄不均; 浇冒口位置不当,冒口太小未能顺序凝固; 浇注温度太高; 合金成分不对,收缩过大
渣眼 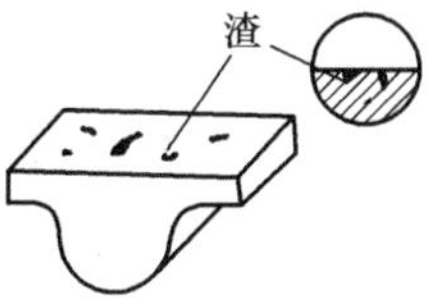 渣	浇注时,挡渣不良; 浇注系统挡渣不良; 浇注温度过低,渣未上浮	裂纹 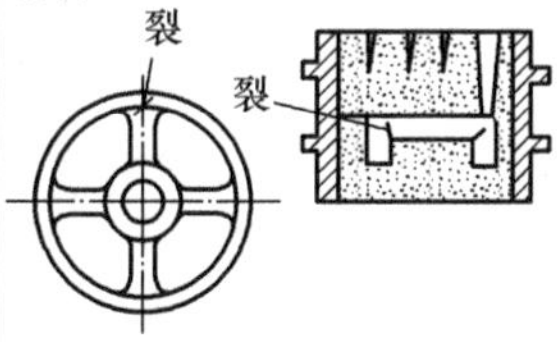 裂 裂	铸件结构不合理,薄厚差大,并急剧过渡; 浇口位置不当; 型砂退让性差; 捣砂太紧,阻碍收缩; 合金成分不对,收缩大
铁粒 铁粒 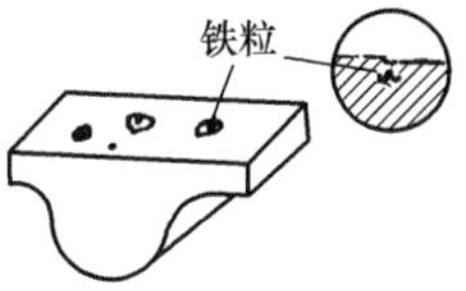	浇注时,铁水流中断产生飞溅形成铁粒,而后浇注又被带入铸型; 直浇口太高,浇注时,金属液从高处落下,引起飞溅	变形 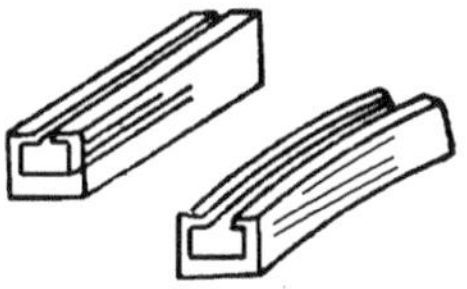	铸件结构不合理,壁厚差过大; 金属冷却时,温度不均匀; 打箱过早
黏砂 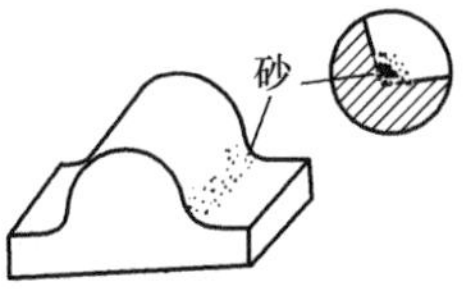 砂	型砂与芯砂耐火性差; 砂粒太大,金属液渗入表面; 浇注温度太高; 铁水中碱性氧化物过多	偏箱 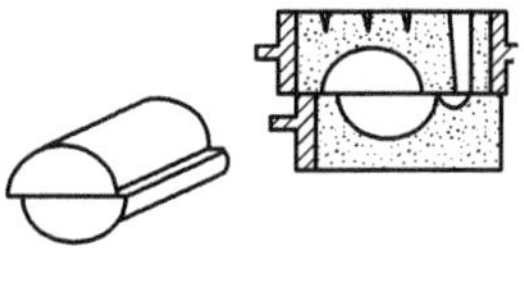	合型时未对准; 定位销或泥号不准
夹砂 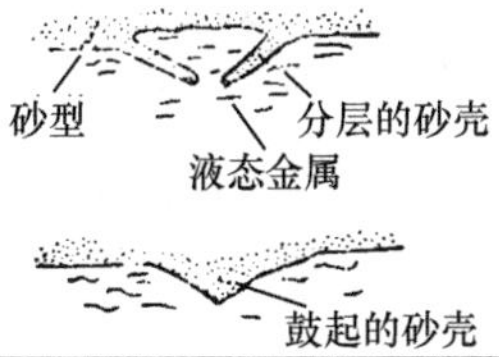 砂型 分层的砂壳 液态金属 鼓起的砂壳	铸件结构不合理; 型砂黏土或水过多; 浇注温度太高; 浇注速度太慢,砂型受高温烘烤开裂翘起,铁水渗入开裂砂层	偏芯 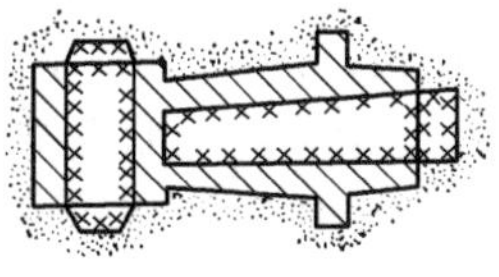	型芯变形; 下芯时放偏; 下芯时未固定好,被冲偏; 设计不好,型芯悬臂太长

3.4.2　铸件质量检验

铸件清理后应根据其技术要求进行外观质量和内在质量的检验。外观检验主要包括尺寸精度、形位精度、表面质量和表面缺陷等;内在质量检验主要包括化学成分检验、力学性能检验和金相组织检验等。无损探伤法主要用于铸件内部及表面缺陷的检验,常用的有磁粉探伤、射线探伤、超声波探伤、压力试验和化学分析等。

磁粉探伤是用来检查磁性金属铸件表面或接近表面的缺陷(如裂纹、夹渣和气孔)的方法。磁粉探伤灵敏度高,操作简单,速度快,但不能检验非铁磁材料,不能发现铸件内较深部位的缺陷;探伤表面要求光滑。

射线探伤是可用来探测铸件内部缺陷(如气孔、缩孔和夹渣等)的方法。射线探伤常用的有 X 射线探伤和 γ 射线探伤两种。对钢材来说,X 射线能探测的厚度在 180mm 以下,γ 射线能探测的厚度在 300mm 以下,X 射线透视的灵敏度较 γ 射线高。在用射线探伤时应注意安全保护。

超声波探伤法是可用来探测铸件内部缺陷(如气孔、裂纹、夹渣和缩松等)的方法。对铸钢件来说,探测的厚度可超过 1000mm 以上,是现有探伤方法中探测厚度最大的。超声波探伤适应范围广,灵敏度高,设备小巧,运用灵活;但只能检验形状简单的铸件,只能探测缺陷的位置和大小,难以探知缺陷的性质,铸件表面要经过加工。

压力试验是用来检查铸件致密性的一种方法,如阀体、泵体、缸体等需要承受高压的铸件都应经过高压试验。压力试验是把具有一定压力的水或空气压入铸件内腔,试验时的压力通常要超过铸件工作压力的 30% ~ 50%。

3.5　特 种 铸 造

特种铸造(Special Casting)是指与砂型铸造不同的其他铸造工艺。特种铸造在提高铸件精度和表面质量、铸件的物理和力学性能、生产率,改善劳动条件和降低铸件成本,实现机械化和自动化生产等方面均有明显的优势。

目前,常用的特种铸造有金属型铸造、熔模铸造、压力铸造、离心铸造、连续铸造及挤压铸造等。

3.5.1　金属型铸造

金属型铸造(Metal Mould Casting)是指将液态金属浇注到金属铸型而获得铸件的方法。由于金属型可重复使用,所以又称为"永久型铸造"。

金属型一般用铸铁或铸钢制成,如图 3-25 所示。由于金属型导热快、无透气性和退让性,因此需采取预热铸型、喷刷涂料、开通气道、控制温度及开型时间等工艺措施,防止铸件产生白口、气孔、裂纹、冷隔等缺陷。

金属型铸造可"一型多铸",提高了生产率,节省了造型材料和工时,所得铸件组织细密,力学性能好、尺寸精度高、表面质量好,尺寸精度可达 IT9 ~ IT7,表面粗糙度 Ra 值可达 12.5 ~ 6.3μm。但金属型的制造成本高、周期长,铸造工艺要求严格。

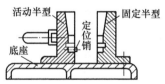

图 3-25　垂直分型的金属型

金属型铸造主要用于大批量生产形状简单的有色金属铸件(飞机、汽车、拖拉机、气缸体、油泵壳体,以及铜合金轴瓦、轴套等)。

3.5.2 熔模铸造

熔模铸造(Investment Casting)是指用易熔材料(蜡料)制成模样,在其表面涂挂耐火材料,形成硬壳,熔化模样后经高温焙烧后浇注而获得铸件的方法。它是一种精密铸造方法,具有少切削或无切削的特点。

熔模铸造又称失蜡铸造,工艺过程主要包括制造蜡模、制出耐火型壳、造型和浇注,如图3-26所示。熔模铸造所得铸件的尺寸精度和表面质量高,尺寸精度可达IT14~IT11,表面粗糙度 Ra 值可达 1.6~12.5μm,且适用于各种合金,并能实现机械化流水线生产。但熔模铸造的工艺过程复杂,生产周期长,生产成本高,不宜生产大型铸件。

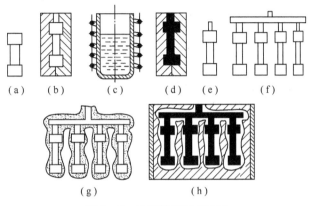

图 3-26　熔模铸造工艺流程

(a) 母模;(b) 压型;(c) 熔蜡;(d) 压制;(e) 单个蜡模;(f) 焊蜡模组;(g) 结壳、熔出蜡模;(h) 填砂、浇注。

熔模铸造主要用于生产各种形状复杂的薄壁铸件(最小壁厚可达 0.3mm),特别适用于熔点高、难于切削加工的小型零件(汽轮机叶片和叶轮、切削刀具和机床的小零件等)。

3.5.3 压力铸造

压力铸造(Pressure Casting)是指在高压下将液态金属以较高的速度充填金属型腔,并在一定压力下凝固而获得铸件的方法。高压和高速是压力铸造区别于金属型铸造的重要特征。

压力铸造是在专门的压铸机上进行的,压铸模材料一般采用耐热合金钢,如图3-27所示。

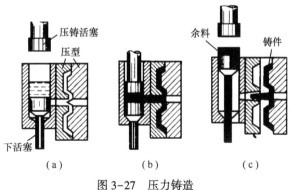

图 3-27　压力铸造

(a) 浇注;(b) 压射;(c) 开型。

压力铸造所得压铸件的尺寸精度和表面质量高,尺寸精度可达IT13~IT11,表面粗糙度 Ra 值可达 1.6~6.3μm,且强度、硬度高,无须加工就可装配使用,并易于实现自动化生产。但压铸机设备投资大,压铸模制造费用昂贵。

压力铸造主要用于大批量生产薄壁、复杂的有色金属精密铸件(箱体、电器、仪表、和日用五金的中小零件等),也能直接铸出各种小螺纹和齿轮。

3.5.4 离心铸造

离心铸造(Centrifugal Casting)是将液态金属注入绕水平、倾斜或立轴高速旋转的铸型中,在离心力的作用下充型、凝固而获得铸件的方法。

离心铸造必须在离心铸造机上进行的,可分为立式和卧式两类,如图 3-28 所示。立式离心铸造主要用于生产铸件高度不大的环、套类零件;卧式离心铸造应用较广,主要用于生产长度较大的筒类、管类铸件(内燃机缸套、铸管和铜管等)。

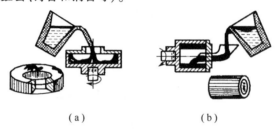

（a）　　　　　　　　　（b）

图 3-28　离心铸造
(a) 立式离心铸造;(b) 卧式离心铸造。

离心铸造无须型芯和浇冒口,使铸造工艺大大简化,生产率高、成本低,所得铸件外表层组织致密,力学性能好,尺寸精度可达 IT14~IT12,表面粗糙度 Ra 值可达 $6.3~12.5\mu m$。但铸件内表面质量差,易产生偏析,不适合易偏析合金(铅青铜)或杂质较大合金的铸造。

离心铸造主要用于生产铸管、气缸套、铜套等回转体铸件和铸成形铸件(刀具、齿轮等),以及铸“双金属”铸件(钢套内镶铜轴承等)。

3.6　铸造新技术

随着科学技术的迅猛发展,尤其是计算机及相关技术的广泛应用,各种工艺技术与铸造技术的相互渗透和结合,促进了铸造新工艺、新方法和铸造技术的飞速发展。

3.6.1　计算机技术在铸造中的应用

铸造过程的计算机模拟、仿真和控制是改造传统铸造生产的主要途径。运用计算机技术对铸造生产过程进行设计、仿真、模拟和控制,可以协助工程师优化铸造工艺,提高铸造工艺的可靠性,缩短制造周期,降低生产成本,改善生产条件,确保铸件质量。

目前,计算机技术在铸造生产中的应用主要有铸造工艺设计、铸造过程数值模拟和铸造生产过程控制,以及数控铸造设备等。

铸造工艺计算机辅助设计(CAD)的主要工作有冒口、浇口、加工余量、冷铁、分型面、型芯的形状和尺寸的确定,以及模样、金属型和造型工艺图的绘制等。有限元分析、凝固过程的数值模拟和计算机辅助工程分析(Computer Aided Engineering,CAE),使工程师能迅速确定所设计铸件的铸造特性,并同时完成工艺的优化设计。计算机辅助制造(CAM)系统能快速制造出模样或模具。

铸造过程的数值模拟可以帮助工程师在实际铸造前对铸件可能出现的各种缺陷及其大小、

部位和发生的时间予以有效的预测,在浇注前就采取对策以确保铸件的质量。目前,铸造过程的数值模拟主要有铸件收缩缺陷判断和预测,铸件缩孔、缩松的定量预测,尤其是对大型铸件的预测;压力场的数值模拟预测和分析铸件裂纹、变形及残余应力,为提高铸件尺寸精度及稳定性提供了科学依据;微观组织模拟预测铸件微观组织的形成,进而预测力学性能,最终控制铸件质量。

铸造生产过程的计算机控制主要有控制型砂处理、造型操作;控制压力铸造的生产过程;控制合金液的自动浇注等。配有计算机的设备将会随时记录、存储和处理各种信息,以实现生产过程的最优化控制。人工智能(Artificial Intelligence,AI)、各种专家系统(Expert System,ES)和计算机辅助生产管理(Computer Aided Production Management,CAPM)系统则可以对铸造生产的过程进行连续监控,并作出决策以控制成本和生产进度,实现设计与制造、工程师与管理人员的直接和适时的信息交流。

20世纪80年代以来,计算机技术在铸造设备上的应用越来越广泛。如数控铸造自动射芯机可通过屏幕操作,根据所显示的图像,方便地按照芯盒的类型调整射芯机。制芯的工艺过程可由计算机控制,基本的工艺参数生产数据可被显示出来,并能进行自动故障分析,采集运行数据进行统计评估。

3.6.2　铸造新技术

随着凝固理论的深入研究和重大突破,大大推进了铸造技术的发展,陶瓷铸造、实型铸造、磁性铸造、差压铸造、定向凝固和单晶及细晶铸造、半固态铸造、悬浮铸造、旋转振荡结晶法和扩散凝固铸造及快速凝固技术等,使铸造生产向消耗最少能源、材料、劳动力和最高生产率,获得优质铸件的目标迈进。

用铸造方法制造金属基复合材料是一个新兴的研究领域,因其工艺简单、成本低廉、获得的材料性能好,成为取代粉末冶金大批量制造大型复杂零件的金属基复合材料重要途径。

陶瓷铸造是使用型腔内表面胶结一层陶瓷层来获得铸件的方法。它是在砂型铸造和熔模铸造的基础上发展起来的精密铸造方法,主要用于生产各种大、中型精密铸件(铸造冲模、热拉模、热锻模、金属型、压铸模、模板和玻璃器皿模等),还可浇注碳素钢、合金钢、模具钢、不锈钢、铸铁和有色金属铸件。

实型铸造是用泡沫塑料制造的模样留在砂型内,浇注液态金属时,模样气化消失即可获得铸件的一种失模铸造方法,又称气化模铸造、消失模铸造(Expandable Pattern Casting)、无型腔铸造等。它主要用于生产形状复杂、难以起模或活块和外型芯较多的大、中型铸件。

磁性铸造也是一种实型铸造,用泡沫塑料制造模型,用铁丸代替型砂在磁性机上造型,通电后产生一定方向的电磁场,将铁丸吸固后即可获得铸件的方法,铸件凝固后断电,磁场消失,如图3-29所示。磁性铸造一般用于生产成形铸件。

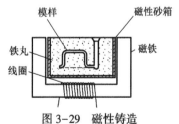

图3-29　磁性铸造

冷冻造型又称低温硬化造型,采用普通硅砂加入少量的水,必要时还加入少量的黏土,按普通造型法制好铸型后送入冷冻室,使铸型冷冻,借助于包覆在砂粒表面的冰冻水分而实现砂粒的结合,使铸型具有很高的强度及硬度。浇注时,铸型温度升高,水分蒸发,铸型逐步解冻,稍加振动立即溃散,可方便地取出铸件。

实现铸件的轻量化、薄壁化和优质化是铸造业发展的趋势。

复习思考题

1. 铸造生产有哪些特点？试述砂型铸造的工艺过程。
2. 型砂主要由哪些材料组成？它应具备哪些性能？
3. 造型的基本方法有哪几种？试述各种造型方法的特点及其应用范围。
4. 简述零件、模样及铸件之间的关系。
5. 举例说明选择分型面应遵循的原则。
6. 浇注系统由哪几部分组成？各部分的作用是什么？
7. 试述气孔、砂眼、裂纹、冷隔、缩孔缺陷的特征及产生原因。
8. 熔模铸造、金属型铸造、压力铸造和离心铸造各有何特点？应用范围如何？
9. 实习用的车床或铣床有哪些零件毛坯是采用铸造方法生产的？

第4章 锻 压

教学要求：了解锻压的工艺过程、特点及应用；了解坯料的加热与锻件冷却；了解自由锻的设备及工具，熟悉自由锻的基本工序；掌握机器自由锻典型零件的锻制；了解板料冲压的特点、应用范围及其工序；了解锻压新技术的发展。

4.1 概 述

锻压是对坯料施加外力，使其产生塑性变形，获得具有一定形状、尺寸和性能的毛坯或零件的成形加工方法。它是锻造和冲压的总称，以锻压加工方法获得的金属制件分别称为锻件和冲压件。

锻造（Forging）是指在锻锤的冲击力或压力机的静压力的作用下，使加热的金属坯料产生局部或全部的塑性变形而获得锻件的加工方法。根据成形方法的不同，锻造分为自由锻、胎模锻和模锻。经锻造后的金属材料，其内部缺陷（裂纹、疏松、气孔等）被压合，组织致密，晶粒细小，力学性能显著提高，因此，锻造被广泛应用于承受重载或冲击载荷的重要零件和毛坯的制造，如机床主轴、齿轮、连杆、曲轴、刀具、锻模等。

冲压（Stamping）是指金属板料在冲模的作用下进行分离和变形而获得毛坯或零件的加工方法。冲压一般在常温下进行，因此也称为冷冲压。冲压的生产率极高，冲压件具有结构轻、刚性好、精度高，互换性好等特点，被广泛应用于汽车、航空、仪表及日用品等行业。

锻压材料应具有良好的塑性。常用的锻造材料有钢、铜、铝及其合金等。锻造用钢分为钢锭和钢坯。大中型锻件宜选用钢锭，小型锻件宜选用钢坯。钢坯是钢锭经轧制或锻造而成的圆形或方形棒料，一般用剪切、锯割或氧气切割等方法截取所需的坯料。常用的冲压材料有低碳钢、低合金钢、铜合金、铝合金等。

4.2 锻 造 工 艺

锻造工艺过程一般包括下料、坯料加热、锻造成形、冷却、检验、热处理。

4.2.1 坯料加热

锻造前金属坯料加热的目的是提高其塑性，降低变形抗力，改善可锻性。加热是锻造生产的重要环节，直接影响生产率、产品质量及材料的利用率。

1. 锻造温度范围

锻造温度范围是指坯料开始锻造的温度（始锻温度）和终止锻造的温度（终锻温度）之间的范围。始锻温度在保证不产生加热缺陷的前提下应尽可能提高；终锻温度在保证坯料有足够塑性的前提下应尽可能降低。这样便于扩大锻造温度范围，减少加热次数，提高锻件质量。常用材料的锻造温度范围见表4-1。

表 4-1　常用材料的锻造温度范围

材料种类	始锻温度/℃	终锻温度/℃	材料种类	始锻温度/℃	终锻温度/℃
碳素结构钢	1200~1250	800	耐热钢	1100~1150	800~850
合金结构钢	1100~1200	800~850	弹簧钢	1100~1150	800~850
碳素工具钢	1050~1150	750~800	轴承钢	1080	800
合金工具钢	1050~1150	800~850	铝合金	450~500	350~380
高速工具钢	1100~1150	900	铜合金	800~900	650~700

锻造时,加热温度可用仪表(热电高温计或光学高温计)测量或用自动检测调控炉温等方法来控制。但一般锻钢件的锻造温度范围大,现场多用观察火色的方法大致判断。锻钢加热火色与温度之间的关系见表 4-2。

表 4-2　锻钢加热火色与温度的关系

加热温度/℃	1300	1200	1100	900	800	700	600 以下
火色	黄白	淡黄	黄	淡红	樱红	暗红	赤褐

2. 钢的加热缺陷

钢在锻压加热过程中,可能产生的加热缺陷见表 4-3。

表 4-3　钢常见的加热缺陷

名称	实质	危害	防止(减少)措施
氧化	坯料表面铁元素氧化,使表层金属变成氧化皮而烧损	烧损材料,降低锻件精度和表面质量,降低模具使用寿命	快速加热,减少高温区的加热时间,采用控制炉气成分的少、无氧化加热或电加热或表面涂保护层
脱碳	坯料表面碳分子氧化,造成表层含碳量减少,形成脱碳层	降低锻件表面硬度,表层易产生龟裂	
过热	超过规定温度或在始锻温度下保温时间过长,造成内部晶粒粗大	锻件的力学性能降低,锻造时易产生裂纹	严格控制加热温度和保温时间,保证锻后有变形量来破碎粗晶或锻后热处理
过烧	加热到接近材料熔化温度并长时间停留,造成晶粒界面杂质氧化	一锻即碎,无法锻造	严格控制加热温度、保温时间和炉气成分
裂纹	坯料内外温差大,组织变化不均,造成材料内应力过大	坯料内部产生裂纹、报废	严格控制加热速度和装炉温度

3. 加热设备

锻造加热设备按热源的不同,分为火焰加热炉(燃料炉)和电加热炉(电炉)两大类。火焰加热炉常用烟煤、焦炭、重油、煤气等做燃料,利用燃料燃烧的高温火焰将锻坯加热。常用的火焰加热炉有手锻炉、反射炉、重油炉和煤气炉;常用的电加热炉有电阻加热炉、接触电加热炉和感应加热炉等。常用工业锻造加热炉见表 4-4。

表 4-4　常用工业锻造加热炉

炉　形		简　图	特点及适用场合
燃料炉	箱式炉 煤气炉 重油炉	喷嘴 烟道	加热较迅速,加热质量一般,适于加热大型单件坯料或成批中、小坯料;根据不同情况,还可间歇或连续加热
电炉	箱式炉 电阻炉	电热体 炉口 炉门 加热室	加热温度、炉气成分易控制,加热质量较好,结构简单,适于加热中、小型单件或成批且加热质量要求较高的坯料
电炉	特型炉 中频、工频感应炉	坯料 线圈	感应线圈形状根据坯料形状而制作,加热迅速、效率高、加热质量很好,适于加热批量大、质量要求高的特定形状坯料

4.2.2　锻造成形

金属坯料加热后,按锻件图的要求将坯料锻造成形。不同的生产条件和生产规模有不同的锻造方法。在单件、小批生产中用自由锻造,目前,手工自由锻已逐步为机器自由锻所取代,在成批、大量生产中则用模锻。

4.2.3　冷却、检验和热处理

锻件的冷却是指锻件从终锻温度冷却到室温。为获得力学性能合格的锻件,应采取不同的冷却方式。冷却方式主要根据材料的化学成分、锻件形状特点和截面尺寸等因素确定,锻件的形状越复杂、尺寸越大,冷却速度应越慢,常用的冷却方式见表 4-5。

表 4-5　锻件的冷却方式

方　式	特　点	适 用 场 合
空冷	锻后置空气中冷却,冷速快,晶粒细化	低碳、低合金钢中、小锻件或锻后不直接切削加工
坑冷 (或箱冷)	锻后置干沙坑内或箱内堆在一起,冷速稍慢	一般锻件,锻后可直接切削
炉冷	锻后置原加热炉中,随炉冷却,冷速极慢	含碳或含合金成分较高的中、大锻件,锻后可切削

锻后的零件或毛坯要按图样技术要求进行检验。经检验合格的锻件,最后进行热处理。结构钢锻件采用退火或正火处理;工具钢锻件采用正火加球化退火处理;对于不再进行最终热处理的中碳钢或合金结构钢锻件,可进行调质处理。

4.3　锻 压 方 法

4.3.1　自由锻

自由锻(Free Forging)是指采用通用工具或在锻造设备的上、下砧之间使坯料自由塑性变形而获得锻件的加工方法。

自由锻使用的工具简单、操作灵活,但锻件的成形精度低,生产率低,主要适用于单件小批或单件、巨型锻件的生产。

1. 自由锻设备和工具

机器自由锻常用的锻造设备有空气锤、蒸汽-空气锤和水压机。

空气锤是一种由电动机驱动的小型自由锻设备。电动机通过减速机构和曲柄连杆机构推动压缩缸中的压缩活塞产生压缩空气,再通过上、下旋阀的配气作用,使压缩空气进入工作缸的上腔或下腔,推动落下部分(活塞、锤头和上砧组成)上升或下降,完成各种打击动作。空气锤通过操纵手柄或脚踏板的位置来控制旋阀,以改变压缩空气的流向,来实现上悬、下压、单打、连打及空转五个动作的循环,如图 4-1 所示。

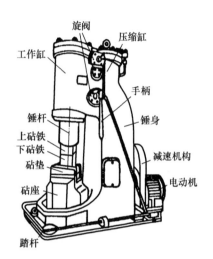
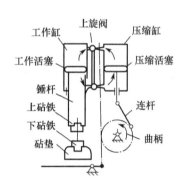

图 4-1 空气锤

空气锤一般用于单件、小批量生产中、小型锻件(锻造质量小于 100kg)或制坯、修理场合。其规格是由落下部分(锤杆、上砧等)的质量来表示的,打击力为落下部分质量的 800~1000 倍。

蒸汽-空气锤是以锅炉提供的蒸汽或压缩机提供的压缩空气为动力来进行锻造的,主要用于锻造质量为 70~700kg 的中小型锻件。

水压机是通过高压水进入工作缸而产生静压力作用于坯料来进行锻压的,其压力为 5000~125000kN,可锻压 1~300t 的钢锭,是大型锻件的生产设备。

自由锻常用工具有锻打工具(大锤、手锤)、支持工具(铁砧)、成形工具(冲子、平锤、摔锤、胎模)、夹持工具(手钳)、衬垫工具和测量工具(钢尺、卡钳)等。

2. 自由锻的基本工序

自由锻工序分为基本工序、辅助工序和精整工序。其中基本工序是实现锻件变形的基本成形工序;辅助工序是为便于基本工序的实现而对坯料进行的预先变形,如压肩、倒棱、压钳口等;精整工序是在基本工序后对锻件进行的整形工序,如摔光、校直、滚圆等。

自由锻的基本工序有镦粗、拔长、冲孔、弯曲和切割等,见表 4-6。

表 4-6 机器自由锻的基本工序

名	称	定 义	简 图	名 称	定 义	简 图
镦粗	完全镦粗	降低坯料高度,增加截面面积	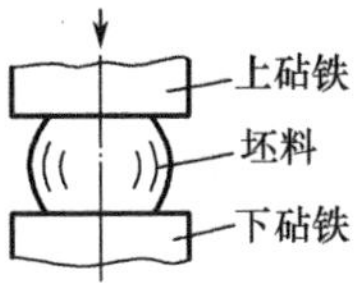 上砧铁 坯料 下砧铁	扩孔	将已有孔扩大(用冲头)	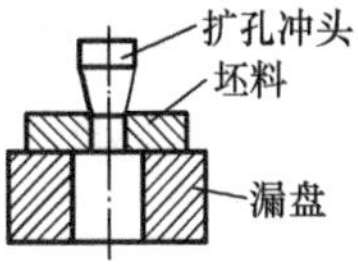 扩孔冲头 坯料 漏盘
	局部镦粗	局部减少坯料高度,增加截面面积	上砧铁 坯料 漏盘 下砧铁		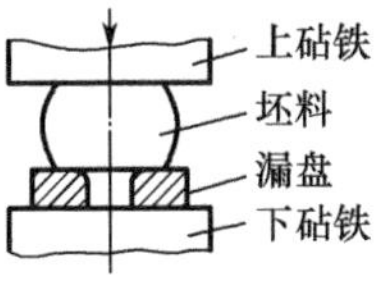 将已有孔扩为大孔(用马架)	挡铁 芯棒 坯料 马架 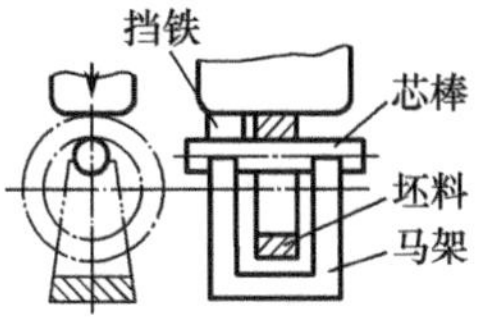
拔长(延伸)		减少坯料截面面积,增加长度	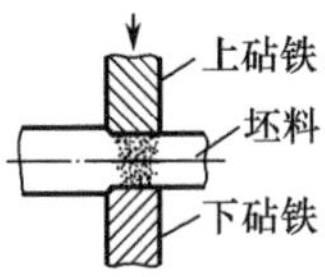 上砧铁 坯料 下砧铁	切割	用切刀等将坯料上的一部分,局部分离或全部切离	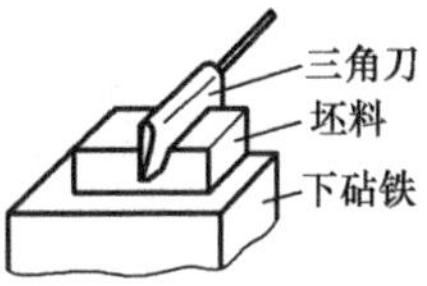 三角刀 坯料 下砧铁
冲孔		在坯料上锻制出通孔	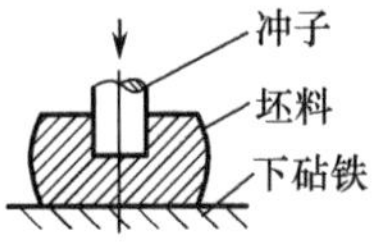 冲子 坯料 下砧铁	弯曲	改变坯料轴线形状	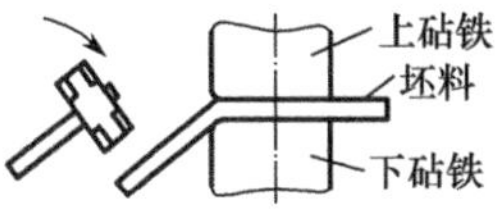 上砧铁 坯料 下砧铁

(1)镦粗(Upsetting),常用于锻造齿轮、凸轮和圆盘形锻件,也作为冲孔和提高拔长锻造比的准备工序。

镦粗的操作规则是:坯料镦粗部分的高度与其直径之比应小于 2.5,否则易镦弯;坯料的加热温度采用最高始锻温度,且要均匀热透;坯料的端面应平整,并与轴线垂直。

(2)拔长常用于轴类、杆类和长筒形锻件,也与镦粗相结合,作为改善坯料内部组织,提高锻件机械性能的准备工序。

拔长的操作规则是:坯料的下料长度应大于直径或边长;局部拔长(凹槽或台阶)前应压肩;方截面坯料拔长时应不断翻转,如图 4-2 所示;圆料的拔长如图 4-3 所示。

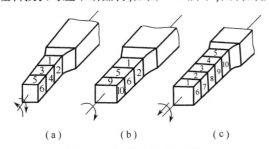

图 4-2 坯料拔长时的翻转
(a)反复翻转 90°;(b)沿螺线旋转 90°;(c)锻完一面后再转 90°。

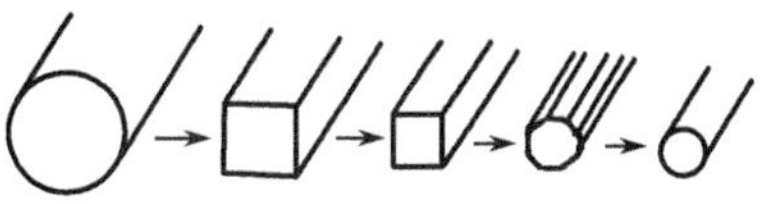

图 4-3 圆料的拔长方法

（3）冲孔，常用于锻造齿轮、套筒和圆环等锻件。

冲孔的操作规则是：孔径小于450mm的可用实心冲子冲孔；孔径大于450mm的可用空心冲子冲孔；孔径小于30mm的一般不冲出。冲孔前将坯料镦粗以改善坯料的组织性能及减小冲孔的深度；坯料的加热温度应采用最高始锻温度，且均匀热透。

4.3.2 胎模锻

胎模锻（Blocker-type Forging）是在自由锻设备上使用简单的不固定模具（胎模）生产锻件的锻造方法。胎模锻兼有自由锻和模锻的特点，一般用自由锻制坯，再在胎模中最后成形。

胎模按其结构可分为摔模、扣模、套筒模和合模等，如图4-4所示。摔模适用于锻造回转体轴类锻件；扣模适用于生产非回转体锻件的局部或整体成形，或为合模锻造制坯；套筒模适用于生产回转体盘类锻件；合模适用于生产形状复杂的非回转体锻件。

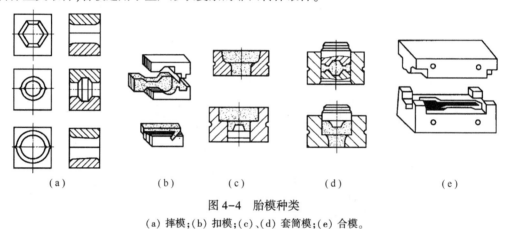

|（a）|（b）|（c）|（d）|（e）|

图4-4 胎模种类

（a）摔模；（b）扣模；（c）、（d）套筒模；（e）合模。

胎模锻与自由锻相比，可获得形状较复杂、尺寸较精确的锻件，且设备、工具简单，工艺灵活，适应性强，生产率较高，主要用于生产中小批量的小型锻件或无模锻设备的企业。

4.3.3 模锻

模锻（Die Forging）是将加热后的金属坯料放在具有一定形状的锻模模膛内，利用模具使坯料变形而获得锻件的加工方法。锻模是由模膛的上、下模块及紧固件等组成，如图4-5所示。锻模的模膛按功能可分为制坯模膛和模锻模膛。

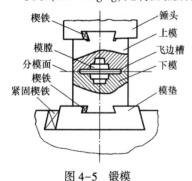

模锻设备分为锤上模锻和压力机模锻。锤上模锻是在蒸汽-空气模锻锤上进行的；常用的模锻压力机有曲柄压力机、摩擦压力机、平锻机和液压机等。

模锻与自由锻相比，能生产形状复杂的锻件，精度高，表面质量好，生产率高，易于实现自动化，适用于批量生产中小型毛坯（汽车的曲轴、连杆、齿轮等）和日用五金工具（手锤、扳手等）。但模锻的设备投资大；生产准备周期，尤其是锻模的

图4-5 锻模

设计制造周期长，成本高；工艺灵活性差。

4.3.4 板料冲压

板料冲压是在冲压设备上利用冲模使板料分离或变形而制造毛坯或零件的加工方法。冲压的

坯料是塑性良好的经轧制的板料、成卷的条料及带料,其厚度一般不超过 10mm 。

冲压件质量小、强度和刚度好、尺寸精确、表面光洁;生产过程易实现机械化和自动化,生产率高,广泛应用于汽车、航空、电子、仪表和日用品等工业部门。但冲模的设计制造周期长,成本高,适用于大批量生产。

1. 冲压设备

冲压设备分为剪床和冲床。

剪床是将板料切成一定宽度的条料,是冲压生产的备料设备,如图 4-6 所示。剪切(Shearing)是使板料沿不封闭轮廓分离的工序。

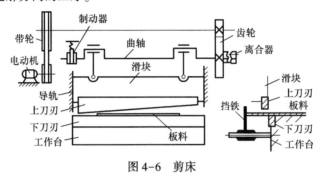

图 4-6 剪床

冲床是进行冲压加工的基本设备,如图 4-7 所示。冲压时冲模的凸模(或冲头)装在滑块的下端,凹模装在工作台上,冲床的曲柄-连杆机构将旋转运动转变成滑块的上、下往复运动,实现冲压。

2. 冲压的基本工序

冲压的基本工序分为分离工序(冲孔和落料)和变形工序(弯曲和拉深)。

(1)冲裁。冲裁是利用冲模将板料沿封闭轮廓分离的工序,包括冲孔和落料。冲孔是在板料上冲出所需的孔,冲孔后的板料是工件,冲下的部分是废料;落料则是从板料上冲下部分的工件,如图 4-8 所示。

冲孔和落料所用的模具称为冲裁模,其凸、凹模刃口须锋利且应有很小的间隙(单边间隙为材料厚度的 5%~10%)。

(2)弯曲和拉深。弯曲是使板料的一部分相对于另一部分弯成一定角度的变形工序,如图 4-9 所示。

在冲床上可用弯曲模使工件弯曲。弯曲模上使工件弯曲的工作部分要作适当的圆角,以免将工件弯裂。

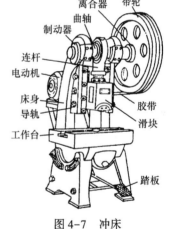

图 4-7 冲床

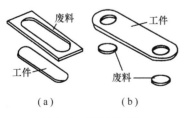

图 4-8 落料和冲孔
(a)落料;(b)冲孔。

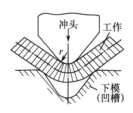

图 4-9 弯曲

拉深是使板料成形为开口空心件的变形工序,如图 4-10 所示。为了避免零件拉裂,拉深模的凸模和凹模的工作部分应加工成光滑的圆角;凸、凹模之间还应留有一定(略大于坯料厚度)的间隙;拉深过程中须用压边圈将板料边缘压紧,以防起皱。

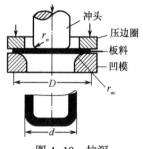

图 4-10　拉深

3. 冲压模具

冲模是使板料分离或变形的工具,分为简单冲模、连续冲模和复合冲模。

简单冲模是指冲床的一次冲程(Stroke)中只完成一个冲压工序的模具,如图 4-11 所示。其结构简单,制造容易,适用于小批量生产。

连续冲模是指冲床的一次冲程中,在模具的不同部位上同时完成数道冲压工序的模具,如图 4-12 所示。其生产率高,易于实现自动化,但定位精度要求高。

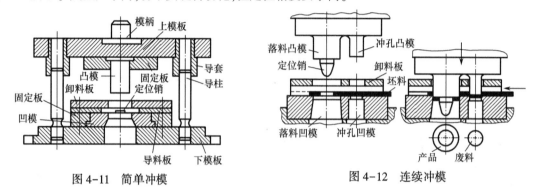

图 4-11　简单冲模　　　　图 4-12　连续冲模

复合冲模是指冲床的一次冲程中,在模具的同一位置上同时完成数道冲压工序的模具,如图 4-13 所示。其能保证零件的位置精度,生产率高,但制造复杂,成本高。

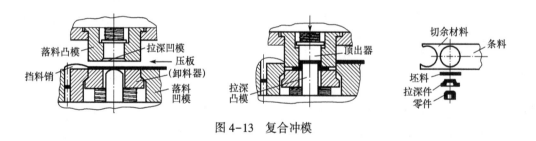

图 4-13　复合冲模

4.4　特 种 锻 压

特种锻压是在普通锻压工艺基础上发展的,使锻件更多地直接成为零件,实现少、无切削加工及生产过程的机械化和自动化。

4.4.1　特种锻造

1. 精密模锻

精密模锻(Precision Forging)是在模锻设备上直接锻造出形状复杂、高精度的零件(锥齿轮、气轮机叶片、离合器等)。与普通模锻相比,精密模锻能实现少、无切削加工,且材料利用率提高 2~3 倍。精密模锻分为冷锻、温锻和热锻。锻造时须有相应的工艺措施保证,如准确下料;采用无氧化的加热;严格控制模具温度、锻造温度及冷却条件;模膛的精度高,有可靠的导向装置和顶出装置,选用刚度大、精度高、能量大的设备。

2. 粉末锻造

粉末锻造是粉末冶金(Powder Metallurgy)和精密模锻相结合的新技术,可锻制出复杂的精密零件。锻造时坯料在模膛的变形是压实和塑性变形的有机结合,有效降低了变形抗力,锻件的力学性能大大提高。粉末锻造的工艺过程是:配制金属粉末→混粉→冷压制坯→少、无氧化加热→模锻(压力机或高速锤)→锻件。粉末锻造主要适用于生产重要的受力构件,在汽车制造中得到了广泛的应用。

3. 摆动辗压

摆动辗压是坯料在有摆角的上模旋转挤压下连续局部变形而获得锻件的加工方法,如图 4-14 所示。摆动辗压时坯料的变形只在坯料内局部产生,且使此塑性变形区随模具沿坯料做相对运动,使整个坯料逐步变形,大大降低了锻压力,从而可以用较小的锻压设备辗压出大截面饼类零件。摆动辗压主要适用于生产回转体的轮盘类或带法兰的半轴类锻件。

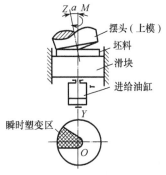

图 4-14 摆动辗压

特种锻造广泛应用的还有辊轧(辊锻、斜轧、横轧、辗环)、挤压(正挤压、反挤压、复合挤压、径向挤压)、拉拔和径向锻造等。

4.4.2 特种冲压

1. 旋压成形

旋压成形是利用坯料随芯模旋转(或旋压工具绕坯料与芯模旋转)和旋压工具与芯模间相对进给,使坯料受压连续变形而获得冲压件的加工方法,如图 4-15 所示。旋压是在专用旋压机上进行的。旋压成形可批量生产筒形、卷边等旋转体冲压件和一些形状复杂或高强度难变形材料的冲压件(薄壁食品罐、涡轮轴等),广泛应用于日用品、民用工业用品及航空航天、兵器工业产品制造。

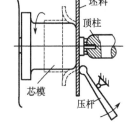

图 4-15 旋压成形

2. 超塑性成形

超塑性成形是利用材料在特定的组织、温度和变形速度等条件下所呈现的超塑性所进行的成形加工方法。超塑性成形扩大了适合锻压金属材料的范围,可锻出精度高,少、无切削锻件。目前常用的超塑性成形材料主要有锌铝合金、铝基合金、铜合金、钛合金和高温合金。

目前超塑性成形方法主要有超塑性板料拉深、超塑性板料气压成形和超塑性模锻、超塑性挤压等。

3. 高速高能成形

高速高能成形是在极短时间内,将化学能、电能、电磁能或机械能传递给被加工的金属材料,使之迅速成形的加工方法。高速高能成形由于成形速度高,加工时间短,因此可以锻造工艺性差的材料,且加工精度高。其主要加工方法有利用高压气体作介质,借助触发机构,使坯料在高速冲击下成形的高速锤成形;利用炸药爆炸时产生的高能冲击波,通过不同介质使坯料产生塑性变形的爆炸成形,如图 4-16 所示;利用在液体介质中高压放电时所产生的高能冲击波,使坯料产生塑性变形的电液成形,如图 4-17 所示;利用电流通过线圈所产生磁场的磁力作用,使坯料产生塑性变形的电磁成形,如图 4-18 所示。

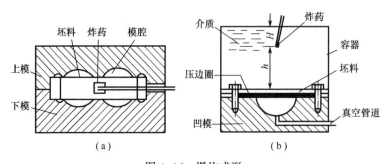

图 4-16 爆炸成形
(a) 封闭式爆炸成形；(b) 非封闭式爆炸成形。

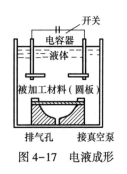

图 4-17 电液成形

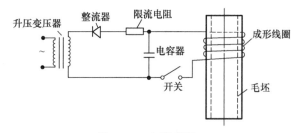

图 4-18 电磁成形

4.5 锻压新技术

随着科学技术的飞速发展,尤其是计算机技术的广泛应用,锻压加工方法取得了突破性进展,涌现出许多新技术、新工艺和新设备,大大提高了锻压生产的自动化水平。

4.5.1 计算机技术在锻压中的应用

近年来,计算机技术在锻压加工中的塑性成形过程模拟、生产过程控制和模具 CAD/CAM 得到了广泛应用。通过计算机技术,采用有限元方法(Finite Element Method,FEM)或其他数值分析方法对各种塑性加工工序的变形过程进行模拟,获得了锻件在成形过程中不同阶段不同部位的应力分布、应变分布、温度分布、硬化状况和残余应力等信息,从而找到最佳的工艺参数和模具结构参数,实现对产品质量的有效控制。

自 20 世纪 80 年代中期以来,各类锻压机械逐步向数控方向发展,数控技术已经开始全面改造锻压机械和锻压生产。它是用数字指令来控制一台或多台锻压设备的动作,如位移,速度,工作程序和记录各种工艺参数,进行自动换模与自动调节,且对锻压机械加工状况和加工质量进行监控,对锻件进行分选,拣出不合格的锻件。计算机数控技术在数控锻压设备、自动换模系统、自动送料系统和高效、高精度、多工位成形设备等方面的日益广泛应用,大大提高了锻压精度,缩短了加工时间,降低了能耗。

模具 CAD/CAM 是在现代制造技术下发展起来的,是模具设计与制造的重要发展方向。模具 CAD/CAM 的一般过程是:用计算机语言描述产品的几何形状输入计算机来获得产品几何信息;再建立数据库来储存产品信息,然后由计算机自动进行工艺分析、工艺计算,自动设计最优工艺方案、模具结构和模具模腔等,并输出所需的模具零件图和模具总装图,然后计算机再将设计所得到的信息自动转化为模具制造的数控加工信息,实现计算机辅助制造。目前在冷冲模、锻模、挤压模及注塑成形模等方面都有较成熟的 CAD/CAM 系统。可以认为,现代模具往往是模具新结构、新材料、新工艺的综合,也是模具热处理、表面处理、先进成套加工设备、模具标准化、专业化等各方面研究成果的具体应用。

4.5.2　锻压新技术

为适应多品种、小批量的生产需要,锻压的柔性制造系统、计算机数控技术,高效、多工位成形设备正在不断发展;为提高锻压生产的安全性,已大量使用机械手。通用设备中,传统的锻锤正逐步被液压机、曲柄压力机所代替;在配套技术方面,模具的不断发展,污染严重的煤加热被煤气、重油加热所代替,尤其是被高质高效的电加热所替代。

锻压 FMS 是在 20 世纪 70 年代的锻压加工中心的基础上发展起来的。经过 20 年的完善和推广,目前在国外已经作为一种成熟的标准设备在广泛使用。如生产连杆、拨叉等杆状和齿轮等盘状锻件的模锻 FMS 由感应加热炉、预成形液压机、液压螺旋压力机、切边校正液压机、机械手、换模车、带回转台的换模装置等组成,可自动更换工件和模具及自动进行参数调节,在工作过程中不断测量、显示和记录锻件厚度和最大压力等数据,并与设定值比较进行工艺参数的调整。柔性冲压自动线(冲压柔性制造系统)一般由 CNC 压力机、动化板材仓库、模具库与模具机械手、自动运输车(AGV)、自动进出料装置及计算机管理与控制系统等组成。其中自动化板材仓库、模具库与模具机械手、自动运输车、自动进出料装置组成板材 FMS 的物流储运系统。而计算机管理与控制则为板材 FMS 的信息流系统。

目前,锻压新工艺的发展趋势主要是发展省力成形工艺和提高成形的柔度及精度。省力成形工艺是通过改善成形工序的应力状态或减少接触面积或在特高温、低应变速率下完成成形加工的方法,目前已广泛应用的有超塑性成形、液态模锻、旋压、辊锻和摆动辗压等。提高成形的柔度及精度是锻压生产在市场经济条件下具有竞争力的重要因素,提高成形的柔度主要是从设备的运动功能(多向多动压力机、快换模系统、数控系统)和成形方法(无模成形、单模成形、点模成形)方法着手实现。提高成形的精度主要采用等温锻造方法来实现精密锻压。

复习思考题

1. 举例说明日常生活中哪些产品采用了锻压生产方法。
2. 锻造前,坯料为什么要加热?
3. 什么是锻造温度范围?常见的加热缺陷有哪些?对锻造过程和锻件质量有何影响?
4. 自由锻的基本工序有哪些?镦粗和拔长时应注意哪些问题?
5. 试从设备、模具、锻件精度、生产率等方面分析比较自由锻、胎模锻和模锻之间有何不同。
6. 试述冲压生产的特点与适用范围。
7. 冲压有哪些基本工序?冲孔和落料各有何异同?
8. 常见的冲压设备有哪些?
9. 举例说明特种锻压的特点及应用。

第5章 焊 接

教学要求：了解焊接的特点、分类及应用；熟悉焊条电弧焊的工艺、装备、焊条及焊接材料的特点；掌握焊条电弧焊、气焊的操作方法；了解焊接的质量控制；了解焊接新技术的发展。

5.1 概 述

焊接（Welding）是通过局部的加热、加压或同时加热加压，使工件达到原子结合而形成永久性连接的加工方法。焊接的对象称为焊件。焊接具有节约原材料、制造周期短、成本低、适应性广的特点，广泛地应用于汽车、船舶、飞机、锅炉、压力容器、建筑、电子等工业部门。

根据焊接过程的特点，焊接方法分为熔化焊、压力焊及钎焊，如图5-1所示。

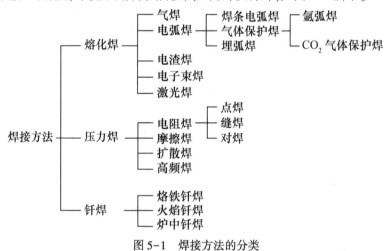

图5-1 焊接方法的分类

熔化焊是将焊件结合处加热到熔化状态并加入填充金属，冷凝后使之连接成整体的焊接方法。压力焊（Pressure Welding）是对焊件的结合处施加压力或同时加热，使之产生塑性变形，通过原子间的结合使之连接成整体的焊接方法。钎焊（Soldering）是在焊件的结合处填充低熔点的钎料，将其加热至熔化，冷凝后连接成整体的焊接方法。

5.2 焊条电弧焊

焊条电弧焊（Electrode Welding）是利用电弧热熔化焊件和焊条以形成焊缝的手工操作焊接方法。焊条电弧焊的操作灵活，设备简单，并适用于各种接头型式和焊接位置，是目前工业生产中应用最广的焊接方法。

焊条电弧焊焊接时，将焊件和焊钳（夹持焊条用）分别与电焊机的两个输出端相接，接通电源，使焊条与焊件间引燃电弧，电弧热将焊件接头处及焊条端部的金属熔化形成熔池，随着熔池的冷凝便形成了焊缝，使分离的焊件连成整体，如图5-2所示。

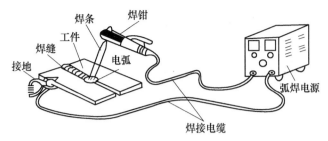

图 5-2 焊条电弧焊

5.2.1 焊接电弧

焊接电弧(Welding Arc)是在焊条和焊件之间的空气电离区内产生的一种强烈而持久的气体放电现象,由阳极区、阴极区和弧柱区组成,如图 5-3 所示。通常用钢焊条焊接时,阳极区产生的热量约占电弧总热量的 42%,温度约为 2300℃;阴极区产生的热量约占电弧总热量的 38%,温度约为 2100℃;弧柱区产生的热量约占电弧总热量的 20%,弧柱中心温度可达 5700℃以上。

5.2.2 焊条电弧焊设备

焊条电弧焊设备主要有直流弧焊机和交流弧焊机两类。

1. 直流弧焊机

直流弧焊机分为直流弧焊发电机和弧焊整流器两类。直流弧焊发电机结构复杂、价格高、噪声大,不易维修,目前很少使用,只是在焊接质量要求较高或焊接薄的碳钢件、有色金属铸件和特殊钢件时选用。

弧焊整流器是通过整流器把交流电变成直流电供焊接使用的,如图 5-4 所示。它结构简单、价格便宜、效率高、噪声小、维修方便,电弧稳等优点,应用已趋普遍。

直流弧焊机在工作时可采用正接(正极接工件,负极接焊条)和反接(正极接焊条,负极接工件)两种接线方法,如图 5-5 所示。焊接黑色金属或厚板时,一般采用直流正接;焊接薄板、有色金属或采用低氢型焊条时,一般采用直流反接。但在使用碱性焊条时,均采用直流反接。

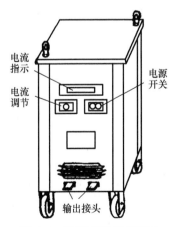

图 5-4 整流式直流弧焊机

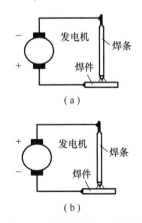

图 5-5 直流弧焊机正反接
(a) 正接;(b) 反接。

2. 交流弧焊机

交流弧焊机是符合焊接要求的降压变压器，如图 5-6 所示。它能将 220V 或 380V 的电源电压

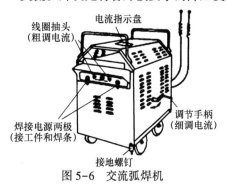

线圈抽头
（粗调电流）

电流指示盘

焊接电源两极
（接工件和焊条）

调节手柄
（细调电流）

接地螺钉

图 5-6　交流弧焊机

降至 60~80V（焊机的空载电压），既满足引弧的需要，又保证了安全；焊接时电压会自动下降到电弧正常工作所需的电压 20~30V，同时提供较大的焊接电流；若短路时，电压又会下降到趋于零。交流弧焊机供给的焊接电流可根据焊条直径及焊件厚薄来调节，电流的调节分为粗调和细调。

交流弧焊机的结构简单、价格便宜、工作噪声小、使用可靠、制造和维修方便，应用较广泛，但焊接电弧不稳定，对某些种类的焊条不适应（酸性焊条优选）。

采用交流弧焊机焊接时，不存在正反接问题。

5.2.3　焊条

焊条（Electrode）由金属焊芯和药皮组成，如图 5-7 所示。

1）焊芯

焊芯是焊条内的金属丝。焊芯的作用是充当电极传导电流、产生电弧，并作为焊缝的填充金属。常用的焊芯为 2.5~6.0mm，长度为 350~450mm。

2）药皮

药皮是压涂在焊芯表面的涂料层，由矿石粉、铁合金粉和黏结剂等组成。药皮的作用是引弧、稳弧（改善焊条工艺性）、保护焊缝（不受空气中有害气体侵害）、去除杂质和合金化（添加有用合金元素）。

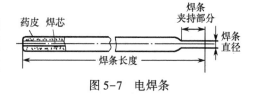

药皮　焊芯

焊条
夹持部分

焊条
直径

焊条长度

图 5-7　电焊条

3）焊条的分类

焊条的种类很多，按用途可分为结构钢焊条、不锈钢焊条、铸铁焊条和有色金属用焊条等。按药皮熔渣的化学性质可分为酸性焊条和碱性焊条。

国家标准 GB/T5117—1995 规定以"E"加四位数字来表示碳素钢焊条。"E"表示焊条；前两位数字表示熔敷金属的最低抗拉强度值（MPa）；第三位数字表示焊接位置（"0"或"1"表示全位置焊接；"2"表示平焊及平角焊位置）；第三位和第四位数字组合起来表示药皮类型和焊接电流种类（"03"表示钛钙型药皮，交、直流两用；"05"表示低氢型药皮，直流焊接）。

酸性焊条（E4301，E4303，E4322）工艺性能好，焊接时焊缝成形好，抗气孔能力强，但药皮的氧化性强，焊缝抗裂性差，用于一般钢结构的焊接，可使用交、直流电源焊接。

碱性焊条（E4315，E4316，E5015，E5016）的焊缝金属抗裂性能好，但飞溅大，工艺性能差，用于低合金钢、合金钢及承受动载的低碳钢重要结构的焊接，且直流反接。表 5-1 所列为常用碳素钢焊条。

表 5-1　常用碳素钢焊条

型　号	原牌号	药皮类型	主　要　用　途	焊接位置	焊接电流
E4303	结 422	钛钙型	焊接低碳钢结构	全位置	直流或交流
E4322	结 424	氧化铁型	焊接低碳钢结构	平角焊	直流或交流
E5015	结 507	低氢钠型	焊接重要的低碳钢或中碳钢结构	全位置	直流反接
E5016	结 506	低氢钾型	焊接重要的低碳钢或中碳钢结构	全位置	直流或交流

4）焊条的选用

（1）等强度原则。对于承受静载荷或一般载荷的工件或结构，通常选用抗拉强度与母材相等的焊条。

（2）同等性能原则。在特殊环境下工作的结构，如要求耐磨、耐蚀、耐高温或低温等，具有较高的力学性能，则应选用能保证熔敷金属的性能与母材相近或相似的焊条。

（3）等条件原则。根据工件或焊接结构的工作条件和特点选择焊条，如焊件要求承受冲击载荷，应选用熔敷金属冲击韧度较高的低氢型碱性焊条。

5.2.4 焊条电弧焊工艺

1. 焊接接头形式与坡口形状

根据焊件结构、厚度和工作条件的不同，应采用不同的焊接接头（Welding Joint）形式。常用接头形式有对接（Butt）、搭接（Lapping）、角接（Corner）和 T 字接（T-Joint）等，如图 5-8 所示。对接接头具有省材料、受力较均匀的特点，是最常用的焊接接头形式。

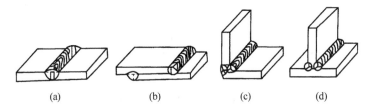

图 5-8　常用的接头形式
（a）对接；（b）搭接；（c）角接；（d）T 字接。

坡口（Groove）是在焊件待焊部位加工成一定几何形状的沟槽，保证焊件根部焊透，便于清除熔渣，获得较好的焊缝成形和焊接质量。坡口的基本形状有 I 形、V 形、X 形及 U 形，如图 5-9 所示。坡口的几何形状和尺寸均在国家标准（National Standard）中规定。

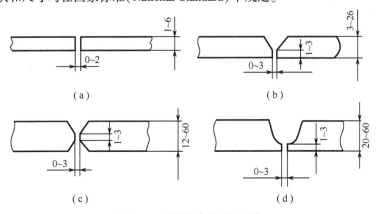

图 5-9　对接接头的坡口形状
（a）I 形坡口；（b）V 形坡口；（c）X 形坡口；（d）U 形坡口。

2. 焊缝位置

按焊缝在空间的位置可分为平焊（Flat Welding）、立焊（Vertical Welding）、横焊（Horizontal Welding）和仰焊（Overhead Welding），如图 5-10 所示。平焊操作方便，劳动强度小，液态金属不会流散，易于保证质量，在生产中应用较普遍。

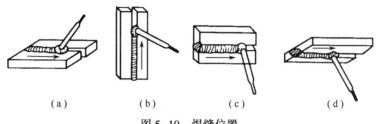

图 5-10　焊缝位置

(a) 平焊;(b) 立焊;(c) 横焊;(d) 仰焊。

3. 焊接工艺参数

焊接工艺参数(Welding Condition)是指焊接时为保证焊接质量而选定的各物理量的总称。通常指焊条直径、焊接电流、焊接速度和弧长等。

焊条直径通常根据焊件厚度选择。焊件较厚,则应选直径较大的焊条。立焊、横焊和仰焊时,应选比平焊时直径较小的焊条。焊条直径的选择参见表5-2。

表 5-2　焊条直径的选择

焊件厚度/mm	2	3	4 ~ 7	8~12	≥13
焊条直径/mm	1.6~2.0	2.5~3.2	3.2 ~ 4.0	4.0~5.0	4.0 ~ 5.8

焊接电流(Welding Current)根据焊条直径选择。焊接低碳钢时,焊接电流 I 和焊条直径 d 的关系为

$$I = (30 ~ 50)d$$

用该式提供了一个焊接电流范围。实际生产中应根据焊接接头形式、焊接位置、焊接层数和焊条种类等因素,通过试焊进行调整。

焊接速度(Welding Speed)是指焊条沿焊接方向移动的速度。它对焊缝质量影响很大。焊速过快,易产生焊缝的熔深浅,焊缝宽度小,甚至可能产生夹渣和焊不透的缺陷。一般在保证焊透的情况下,应尽可能增加焊接速度。

弧长(Length Of Arc)是指焊接电弧的长度。电弧过长时,燃烧不稳定,熔深减少,易产生焊接缺陷,因此一般要求弧长小于或等于焊条直径。

焊接厚件时,宜开坡口进行多层焊或多层多道焊,保证焊缝根部焊透。每层的焊接厚度不超过4~5mm。每层厚度等于焊条直径的0.8~1.2倍时,生产率较高。

4. 焊接操作

焊条电弧焊的基本操作主要有引弧、运条和焊缝收尾。

1) 引弧

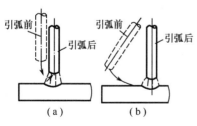

图 5-11　引弧方法

(a) 敲击法;(b) 划擦法。

引弧(String The Arc)是指在焊条和焊件之间产生稳定的电弧。引弧有直击法和划擦法,如图5-11所示。焊接时焊条端部与焊件表面作直击或划擦接触,形成短路后迅速提起2~4mm,电弧即引燃。

2) 运条

运条(Moving Electrode)是指在焊接过程中焊条应同时完成沿其轴线向熔池方向的送进、沿焊接方向的匀速移动和沿焊缝方向的横向摆动三个基本动作,如图5-12所示。同时还应掌握好焊条与焊件之间的角度,如图5-13所示。

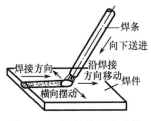

图 5-12 运条的基本动作

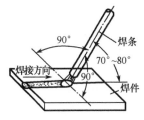

图 5-13 平焊的焊条角度

3) 焊缝收尾

焊缝收尾时,焊条要停止前移,在收弧处画一个小圈并慢慢将焊条提起,拉断电弧,以保证收尾处的成形。

5.3 气焊与切割

5.3.1 气焊

气焊(Gas Welding)是利用气体火焰来熔化焊件和焊丝形成焊接接头的焊接方法,如图 5-14 所示。气焊通常使用乙炔做可燃气体,氧气做助燃气体。

气焊的设备简单,操作灵活,不带电源。但热源温度低,热量分散,生产率低,焊件易变形,接头质量不高。因此,气焊主要用于焊接厚度在 3mm 以下的低碳钢薄板、高碳钢、有色金属及其合金和铸铁的焊补。

1. 气焊设备

气焊所用的设备及气路连接如图 5-15 所示。

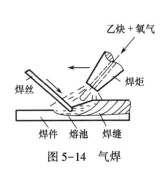

图 5-14 气焊

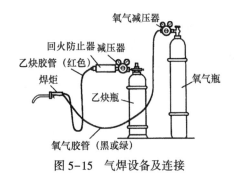

图 5-15 气焊设备及连接

氧气瓶是储存和运输高压氧气的钢瓶,容积为 40L,最高压力为 15MPa,外表漆成天蓝色,并用黑漆写上"氧气"字样。氧气瓶不得靠近气焊工作地和其他热源(如火炉、暖气片等)。

乙炔瓶是存储溶解乙炔的钢瓶,容积为 40L,最高压力为 1.5MPa,外表漆成白色,并用红漆写上"乙炔"字样。乙炔瓶要直立放置,严禁横躺卧放。

减压器用来将气瓶中的高压气体降低到焊炬要求的工作压力,并使其保持稳定。

焊炬是用于控制气体混合比、流量及火焰并进行焊接的工具,如图 5-16 所示。各种型号的焊

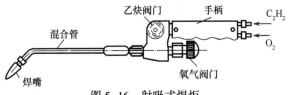

图 5-16 射吸式焊炬

炬均备3~5个不同的焊嘴,以便焊接不同厚度的焊件。

回火防止器是安装在焊炬和乙炔减压器之间防止火焰回烧而引起乙炔瓶爆炸的安全装置。

2. 焊丝

焊丝是作为填充金属与熔化的母材一起形成焊缝的金属丝。焊接低碳钢时,常用的焊丝牌号有H08和H08A。焊丝直径应根据焊件厚度来选择,一般为$\phi2\sim\phi4mm$。焊接有色金属、合金钢和铸铁时,还须使用气焊熔剂来保护熔池金属,去除氧化物,改善液态金属的流动性。

3. 气焊火焰

根据氧气与乙炔的混合体积比例,可得到中性焰、碳化焰和氧化焰三种火焰,见表5-3。

表5-3 气焊火焰的特性与应用

火焰	O_2/C_2H_2	特点	应用	简图
中性焰	1.0~1.2	气体燃烧充分,故被广泛应用	低、中碳钢,合金钢,铜和铝等合金	焰心 内焰 外焰
碳化焰	<1.0	乙炔燃烧不完全,对焊件有增碳作用	高碳钢、铸铁、硬质合金等	
氧化焰	>1.2	火焰燃烧时有多余氧,对熔池有氧化作用	黄铜	

4. 气焊基本操作

1)点火、调节火焰和灭火

点火时,先微开氧气阀门,再开乙炔阀门,随后点燃火焰,逐渐开大氧气阀门,将碳化焰调整成中性焰。灭火时,应先关乙炔阀门,后关氧气阀门。

2)平板对焊

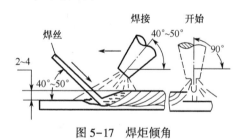

图5-17 焊炬倾角

气焊时,左手拿焊丝,右手握焊炬。焊接开始时,焊炬倾角应大些,以便尽快加热和熔化焊件形成熔池;焊接时,焊炬倾角保持为40°~50°;焊接结束时,焊炬倾角应减少,以便更好地填满弧坑和避免焊穿,如图5-17所示。

焊炬向前移动的速度应能保证焊件熔化并保持熔池具有一定的大小。工件熔化形成熔池后,再将焊丝适量地点入熔池内熔化。

5.3.2 切割

金属切割除机械切割外,常用的还有气割、等离子弧切割、激光切割和水射流切割等。

1. 气割原理

气割(Gas Cutting)是利用气体火焰(氧气与乙炔)的热能将被切割处金属预热至燃点后,喷射高速切割氧流,使其燃烧并放出热量,形成切口而实现切割的方法,如图5-18所示。

气割时用割炬代替焊炬,其余设备与气焊相同。手工气割的割炬比气焊的焊炬增加了输出切割氧气的管路和控制切割氧气的阀门,如图 5-19 所示。

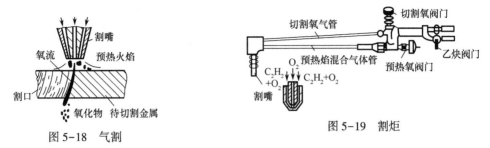

图 5-18 气割

图 5-19 割炬

2. 气割要求

气割过程是预热→燃烧 → 吹渣过程,必须具备下列条件:

(1) 金属在氧气中的燃点应低于其熔点。

(2) 气割时金属氧化物的熔点应低于金属的熔点。

(3) 金属在的切割氧流中的燃烧反应是放热反应。

(4) 金属的导热性不应太高。

满足上述条件的金属材料主要有纯铁、低碳钢、中碳钢和低合金钢及铁等。而高碳钢、铸铁、高合金钢和铜、铝及其合金均难以进行气割。

气割的设备简单、操作灵活方便、生产率高、适应性强,可在任意位置和任意方向切割任意形状、任意厚度的工件。

3. 等离子弧切割

等离子弧切割(Plasma Arc Cutting)是利用高温、高速的等离子弧将切割处金属加热熔化并吹走,形成整齐切口而实现切割的方法。等离子弧是电弧经机械、热和电磁压缩效应后形成的,如图 5-20 所示,其温度可达 10000~30000℃ 。

等离子弧切割的特点是高速、高效、高质量,切口光滑,切割厚度可达 150nm~200mm,主要适用于切割高合金钢、不锈钢、铸铁和铜、铝、镍、钛及其合金和难熔金属、非金属等。

4. 激光切割和水射流切割

激光切割是利用激光束的高能量可迅速将其转变成热能而实现金属切割。目前主要有激光升华切割、激光熔化切割和激光燃烧切割三种方法。激光切割适用于易氧化金属材料和非金属材料的切割。

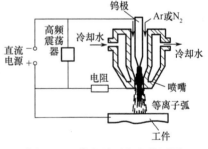

图 5-20 等离子弧发生装置图

水射流切割是利用高压水(200~400MPa),通过喷嘴喷射到金属上进行切割的方法。有时在高压水中加粉末状磨料,以增强切割性能。水射流切割可以切割金属材料和非金属材料。

5.4 焊接质量控制

5.4.1 焊接质量分析

焊接过程中,焊接接头的结构或工艺问题而形成缺陷,会减小焊缝的有效承载面积,或造成应力集中,直接影响焊接结构的安全。

常见的焊接缺陷有焊缝形状及尺寸不符合要求、咬边、夹渣、未焊透、焊瘤、裂纹、变形等,如图5-21所示。焊缝形状及尺寸不符合要求是指焊缝波纹太粗或宽度太宽、太窄或高度太高、太低等。咬边是指焊缝两侧与基体金属交界处产生沟槽或凹陷。夹渣是指焊渣残留于焊缝内。未焊透是指接头根部有未完全熔合的现象。焊瘤是指焊接过程中,熔化金属流到焊缝外未熔化母材上所形成的金属瘤。

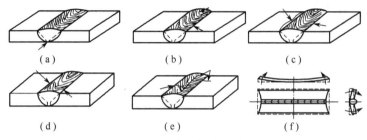

图5-21 常见焊接缺陷
(a) 未焊透;(b) 气孔;(c) 咬边;(d) 夹渣;(e) 裂纹;(d) 变形。

5.4.2 焊接质量检验

焊接质量检验是焊接生产过程的重要环节。通过对焊接质量的检验,发现焊接缺陷,及时采取措施,确保焊接产品的可靠性。

常用的检验方法分为无损检验和破坏检验两大类。无损检验包括外观检查、致密性检验、射线探伤、超声波探伤、磁粉探伤、渗透法探伤等;破坏检验包括焊接接头的机械性能试验、焊缝金属化学成分及金相组织检验和耐腐蚀性能试验等。

5.5 其他焊接方法

5.5.1 其他焊接方法

1. 埋弧自动焊

埋弧自动焊(Submerged Arc Welding)是电弧埋在焊剂层下燃烧,自动送丝、自动移动电弧的一种熔化焊,如图5-22所示。焊接时,送丝机构将焊丝自动送入电弧区,并保证选定的弧长,电弧在焊剂层下燃烧。电弧靠焊机控制、均匀地向前移动。在焊丝前面,颗粒状的焊剂从焊剂漏斗不断流出,均匀地撒在焊接接头处。电弧热使焊丝、接头及焊剂熔化形成熔池,金属与焊剂蒸发气体形成一个包围熔池的封闭气泡,隔绝了空气,使电弧更集中,且阻挡了弧光。全部焊接过程都由焊接小车上的控制系统自动完成。

埋弧自动焊的焊接质量好、生产率高、劳动条件好,但设备复杂、成本高,不能全方位施焊,主要用于成批生产水平位置的长直焊缝或大直径环状焊缝的中厚板焊接,如船舶、锅炉、桥梁等结构。

2. 气体保护焊

气体保护焊(Gas Shielded Arc Welding)是利用特定的气体在电弧周围形成气体保护层,将电弧、熔池与空气隔开而获得优质焊缝的一种熔化焊。通常采用CO_2气体和Ar

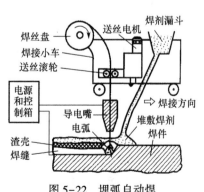

图5-22 埋弧自动焊

气体作为保护气体,焊接时焊丝和保护气体由不同的机构连续分别送入焊接区域。气体保护焊的操作方便,焊缝成形好,可全方位施焊。

CO_2 气体保护焊(Aarbon-Deoxide Arc Weldlng)是以 CO_2 作为保护气体的,如图 5-23 所示,主要用于低碳钢和普通低合金钢的焊接,如机车车辆、汽车、拖拉机等结构。

氩弧焊(Argon Arc Welding)是以氩气作为保护气体的,主要用于焊接易氧化的有色金属(铝、镁、钛及其合金等)、稀有金属(钼、锆及其合金等)、特殊性能钢(不锈钢、耐热钢等)和重要的低合金结构钢等。

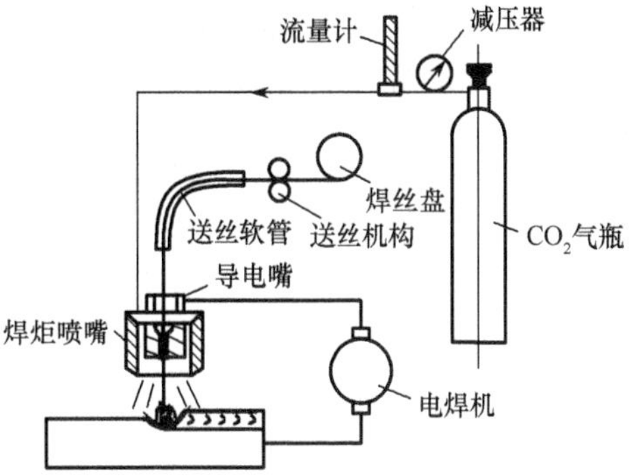

图 5-23　CO_2 气体保护焊

3. 电阻焊

电阻焊(Resistance Welding)是利用电流通过焊件接触处时产生的电阻热,将焊件接头局部金属加热到塑性或熔化状态,然后在压力下形成焊接接头的一种压力焊。

电阻焊的操作简便,焊接变形小,无须填充金属,成本低,生产率高、劳动条件好,焊接过程易实现机械化和自动化,在大批量生产中得到了广泛应用。

电阻焊主要分为对焊、点焊和缝焊三种。

1) 对焊

对焊(Butt Welding)是利用电阻热将两个对接焊件沿整个断面焊接起来的方法。按焊接工艺不同,对焊可分为电阻对焊和闪光对焊。

电阻对焊的焊接过程是:预压→通电→顶锻、断电→去压,如图 5-24 所示。预压使两焊件接触面紧密接触;通电将焊件接触面加热到塑性状态;顶锻使接触面在压力下产生塑性变形而焊合在一起。电阻对焊的操作简便、接头较匀称,但强度低,主要用于焊接截面形状简单、直径小于 20mm 和强度要求不高的焊件,也可用于棒材、管材和板材的焊接。

闪光对焊的焊接过程是:通电→闪光加热→顶锻、断电→去压,如图 5-25 所示。闪光加热是焊件端面逐渐达到局部接触时,接触点金属迅速熔化,以火花形式飞溅,形成闪光。多次闪光加热后,焊件端面均匀达到半熔化状态,然后断电加压顶锻,形成了焊接接头。闪光对焊的接头质量较高、强度好,但接头表面粗糙,主要用于棒料、型材等的焊接,也可用于异种金属的对接。

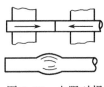

图 5-24　电阻对焊

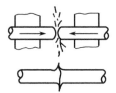

图 5-25　闪光对焊

2) 点焊

点焊(Spot Welding)是焊件搭接并压紧在两电极之间,利用电阻热熔化对接处的金属,形成焊点的焊接方法,如图 5-26 所示。点焊形成的焊点强度高、变形小,主要用于焊接厚度 4mm 以下无密封要求的薄板结构和钢筋构件,也可用于不锈钢、铜合金、铝合金、钛合金和铝镁合金等的焊接,广泛应用于飞机、火车、汽车等制造业。

3）缝焊

缝焊（Seam Welding）过程与点焊相似，只是用盘状滚动电极代替柱状电极。焊接时，转动的盘状电极压紧并带动焊件向前移动，配合断续通电，形成连续重叠的焊点，如图5-27所示。缝焊的焊缝具有良好的密封性，主要用于焊接厚度3mm以下、要求密封性的容器和管道（汽车的油箱、消声器等）。

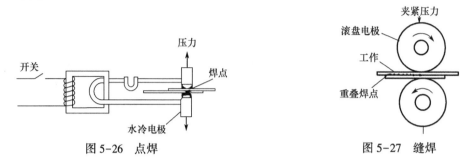

图 5-26　点焊　　　　　　　　　　图 5-27　缝焊

4. 钎焊

根据钎料的熔点不同，钎焊可分为硬钎焊（高温钎焊）和软钎焊（低温钎焊）。硬钎焊是使用熔点高于450℃的钎料（铝基、银基、铜基、锰基和镍基钎料等）进行钎焊，主要用于接头受力较大、工作温度较高的焊件（硬质合金刀头的焊接等）。软钎焊是使用熔点低于450℃的钎料（铋基、铟基、锡基、铅基和镉基钎料等）进行钎焊，主要用于受力较小、工作温度较低的焊件（电子线路与元件的连接等）。

钎焊的焊接过程是：焊前准备（除油、机械清理）→装配零件、安放钎料→加热、钎料熔化→冷却、形成接头→焊后清理→检验。

钎焊的加热方法有烙铁、火焰、电阻、感应、盐浴、红外、激光和气相（凝聚）加热等。

钎焊的焊接温度低、焊接应力和变形小、尺寸精度高，可焊接异种金属，易于实现机械化和自动化，但接头强度较低，耐热性差，多用搭接。钎焊主要用于电子工业、仪表制造工业等（微电子元件、精密仪表机械、真空器件和异种金属构件及某些复杂的薄板结构等）。

5.5.2　特种焊接

1. 摩擦焊

摩擦焊（Friction Welding）是利用焊件接触面相互旋转产生的摩擦热，使其达到热塑性状态，然后迅速顶锻，完成焊接的一种压力焊，如图5-28所示。摩擦焊的接头质量好，生产率高，易实现自动化，适用于碳钢、高速钢、不锈钢、低合金高强度结构钢、镍合金的焊接（石油钻杆、圆柄刀具等），尤其是异种金属的焊接（碳素钢—不锈钢、铝—铜、铝—钢、铝—陶瓷等）。

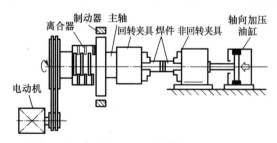

图 5-28　摩擦焊

2. 超声波焊

超声波焊(Ultrasonic Welding)是利用超声波的高频震荡对焊接接头进行局部加热和表面清理,然后施加压力实现点焊或缝焊的一种压力焊,如图5-29所示。超声波焊的焊件变形小、接头强度高,可用于微连接及薄厚差别很大的焊件,适用于同种或异种金属间、半导体、塑料、金属陶瓷等的焊接(微型电子元件、电机的电接头等)。

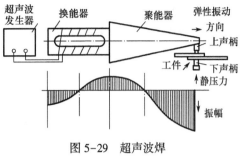

图5-29 超声波焊

3. 等离子弧焊

等离子弧焊(Plasma Arc Welding)是将等离子弧用于焊接的一种熔化焊。等离子弧焊使用专用的焊接设备和焊丝,焊炬的构造应能保证在等离子弧周围通以均匀的氩气流,以保护熔池和焊缝。等离子弧焊一般分为微束等离子弧焊(用于焊接0.025~2.5mm的箔材及薄板)和大电流等离子弧焊。

等离子弧焊的焊接速度高,焊缝成形好,生产率高,但设备复杂、成本高,主要用于各种难熔、易氧化及某些热敏感性强的金属材料(钨、铍、铜、铝、钽、镍、钛及其合金,以及不锈钢、超高强度钢、耐热钢等)的焊接,广泛应用于国防工业及尖端技术领域(波纹管器件、钛合金的导弹壳体、电容器的外壳、汽轮机叶片、飞机上薄壁等)。

4. 激光焊

激光焊(Laser Welding)是将具有高能量密度的聚焦激光束作为热源轰击焊件所产生的热量进行焊接的一种熔化焊。激光焊的焊接速度高,焊件不易氧化、变形小,适用于低合金高强度结构钢、不锈钢、耐热钢、难熔金属、非金属(陶瓷、玻璃钢等),以及同种或异种金属间的焊接(波纹管、温度传感器等)。

特种焊接目前应用的还有电渣焊、铝热焊、爆炸焊、磁力脉冲焊、扩散焊、旋弧焊和电子束钎焊等。

5.6 焊接新技术

新兴工业的快速发展和科学技术的进步推进了已有百年历史的焊接技术的不断发展。计算机技术、工业机器人技术推动了焊接生产的自动化;微电子工业的发展促进了微型连接工艺和设备的发展;陶瓷材料和复合材料的发展促进了真空钎焊、真空扩散焊、喷涂及黏结工艺的发展。

5.6.1 计算机技术在焊接中的应用

焊接生产的自动化主要依靠计算机的控制技术实现,计算机控制系统在各种自动焊接与切割设备中不仅控制各项焊接工艺参数,还能自动协调成套设备各组成部分的动作,实现无人操作,这些已给焊接生产和技术研究带来了革命性变化。

利用计算机技术可以对焊接电流、电压、焊接速度、气体流量和压力等参数快速进行综合运算分析和控制;也可对各种焊接过程的数据进行独立统计分析,总结出焊接不同材料、不同板厚的最佳工艺方案。计算机和摄影系统或红外摄影系统连接,采用计算机图像处理和模式识别技术,可以成功地测试各种焊接方法的温度场及动态过程,并可以自动识别各种焊接图象,即自动识别各种焊接缺陷、分析焊接接头金相组织等,并输出判别结果。

以计算机技术为核心可以建立各种焊接生产的控制系统,如设备控制系统、质量监控系统、焊接顺序控制系统、PID 调节系统、最佳控制及自适应控制系统等。这些系统均在电弧焊、压力焊和钎焊等生产实际中得到广泛应用。图 5-30 所示为弧焊设备计算机控制系统。该系统可完成对焊接过程的开环和闭环控制,可对焊接电流、焊接速度、弧长等参数进行分析和控制,对焊接操作程序和参数变化等作出反馈,并给出确切的焊接质量信息。

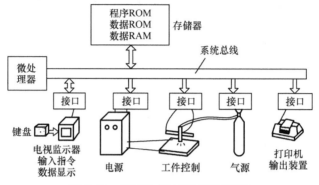

图 5-30　弧焊设备计算机控制系统

计算机模拟技术已用于焊接热过程、焊接冶金过程、焊接应力和变形等的模拟;数据库技术用于建立焊工档案管理数据库、焊接符号检索数据库、焊接工艺评定数据库、焊接材料检索数据库等;焊接领域中的 CAD/CAM 正处于不断开发应用阶段,柔性焊接制造系统开始应用。

5.6.2　焊接新技术

焊接新技术主要体现在焊接热源的研究开发、焊接生产率的提高和焊接机器人的应用及黏结技术的发展等方面。

1. 焊接热源

焊接热源的新技术主要有:①改善现有热源,使它更有效、方便和经济适用,电子束和激光焊接的应用最为显著;②开发更好、更有效的热源,采用两种热源叠加以求更强的能量密度,如在电子束中加入激光束等;③节能技术,如太阳能焊、电阻点焊中利用电子技术提高焊机的功率因数等。

2. 焊接生产率

焊接生产率的提高是推动焊接技术发展的重要驱动力。目前提高焊接生产率的途径主要有:①提高焊接熔敷率,如焊条电弧焊中的铁粉焊、重力焊、躺板极堆焊,以及埋弧焊中的多丝焊、热丝焊等;②减少坡口截面及熔敷金属量,如以气体保护焊为基础,采用单丝、双丝或三丝进行焊接的窄间隙焊等。

3. 焊接机器人

焊接机器人是一种新型自动焊接设备,工业发达国家已大量使用焊接机器人进行自动化焊接生产。焊接机器人既有自动化操作的特点,又有手工操作所固有的灵活性的特点。它是一种可改变程序控制的独立自动化焊接装置,可用操作人的焊接动作对机器人示教,机器人就会自动重复上述示教动作,完成施焊任务。焊接机器人不仅是一种可以模仿人操作的焊接自动机,而且能代替人在危险、有污染或其他特殊环境下进行各种焊接工作。目前,焊接机器人在焊接生产中的大量应用,是焊接自动化的革命性进步。它突破了焊接刚性自动化的传统方式,开拓了一种柔性自动化的新方式,实现了小批量产品焊接自动化,为焊接柔性生产线提供了技术基础。焊接机器人在焊接生产领域中的应用大都是以柔性焊接机器人工作站的形式。柔性焊接机器人工作站一般由焊接机器人、焊接电源、焊接工艺装备(转胎、变位器、自动夹具等)及上、下料机械手等组成。

4. 黏结技术

黏结技术的应用已有几千年的历史,无论是埃及的金字塔,中国的万里长城,还是各地的出土文物,考古学家都发现了胶黏剂的痕迹。黏结是利用胶黏剂把两种性质相同或不同的物质牢固地黏合在一起的连接方法。它同焊接、机械连接(铆接、螺栓连接等)统称为三大连接技术。20世纪30年代出现了合成树脂、合成橡胶等合成高分子材料,为黏结技术开辟了广阔的前景。虽然现代黏结技术还属发展中的新工艺,但随着使用方便、无污染、高性能黏结剂的不断涌现,随着材料领域的不断革命,合成材料逐渐代替天然材料,非金属材料逐渐代替金属材料,黏结技术的应用将越来越广泛。

复习思考题

1. 焊接与机械连接的实质区别是什么?
2. 常用电弧焊设备有哪些?实习中使用焊机的焊接电流是怎么调节的?
3. 电焊条由哪两部分组成?各有何作用?
4. 焊接接头有哪些形式?焊接位置有哪几种?
5. 焊接工艺参数是什么?如何选择?
6. 气焊火焰有哪几种?低碳钢、铸铁、黄铜各用哪种火焰进行焊接?
7. 气割对金属材料有哪些要求?
8. 简述埋弧自动焊、气体保护焊和钎焊的特点及用途。

第3篇　机械制造技术

第6章　切削加工知识

教学要求：了解切削加工的基本原理；熟悉切削运动和切削用量；了解常用刀具材料；了解切削液；熟悉常用量具及其使用方法。

6.1　概　述

切削加工是利用切削刀具将毛坯上多余的材料切除，以获得符合技术要求的零件加工方法。切削加工可分为机械加工和钳工两大类。

机械加工是利用机床来完成的切削加工，主要方法有车削、铣削、刨削、磨削、钻削及齿轮加工等，如图6-1所示。它具有精度高、生产率高、劳动强度低等优点。通常所指的切削加工主要是指机械加工。

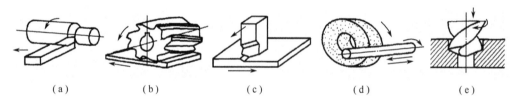

|　（a）　|　（b）　|　（c）　|　（d）　|　（e）　|

图6-1　常见的机械加工方法

（a）车削；（b）铣削；（c）刨削；（d）磨削；（e）钻削。

钳工是通过手持工具进行的装配、维修或切削加工，主要方法有划线、錾削、锯削、锉削、刮研、钻孔、攻螺纹和套螺纹等。

6.1.1　切削运动

切削运动（Cutting Motion）是指在切削加工过程中，刀具和工件之间的相对运动。它是实现切削过程的必要条件，分为主运动和进给运动。

主运动（Primary Motion）是形成机床切削速度或消耗主要动力的运动，是完成切削的基本运动。在切削加工中，主运动必须有，且只能有一个。

进给运动（Feed Motion）是使金属层不断投入切削的运动。在切削加工中，进给运动可以有一个或多个。

切削运动可以是旋转，也可以是直线或曲线；可以是连续，也可以是间歇，如图6-2所示。

切削加工时，工件上有三个不断变化的表面，即待加工表面、切削表面和已加工表面，如图6-3所示。

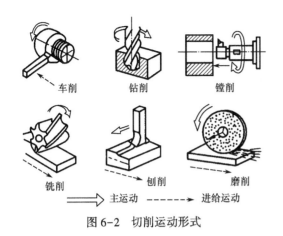

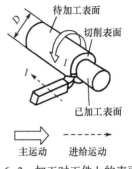

图 6-2 切削运动形式　　　　　　　图 6-3 加工时工件上的表面

6.1.2 切削用量

切削用量是描述切削运动大小的参数。一般指切削加工时的切削速度 v、进给量 f 和背吃刀量 a_p。

1. 切削速度 v

切削速度(Cutting Speed)是指在单位时间内,工件和刀具沿主运动方向的相对位移量,单位为 m/s。

若主运动为旋转运动时,切削速度为其最大线速度,即

$$v = \frac{\pi d n}{60 \times 1000} \quad (\text{m/s})$$

式中　d——工件或刀具的直径,单位为 mm;
　　　n——工件或刀具的转速,单位为 r/min。

若主运动为往复直线运动时,切削速度为其平均速度,即

$$v = \frac{2 L n_r}{60 \times 1000} \quad (\text{m/s})$$

式中　L——主运动行程长度,单位为 mm;
　　　n_r——主运动每分钟往复次数,单位为 st/min。

2. 进给量 f

进给量(Feed per Revolution or Stroke)是指在主运动一个工作循环内,刀具与工件间沿进给方向相对移动的距离。进给量 f 又称走刀量,单位为 mm/r(旋转运动)或 mm/str(往复直线运动)。

3. 背吃刀量 a_p

背吃刀量 a_p 又称切削深度(Depth of Cutting),单位为 mm。对外圆车削和平面刨削来说,背吃刀量 a_p 等于已加工表面和待加工表面之间的垂直距离。

切削用量是影响加工质量、刀具磨损、机床动力消耗及生产率的重要参数。选用时,要综合考虑以上各因素,首先应尽可能选择大的背吃刀量和进给量,最后确定合理的切削速度。

6.1.3 切削液

为有效降低切削温度,提高生产率和加工表面质量,切削加工中常使用各种切削液。切削液具有冷却、润滑、清洗排屑和防锈等重要作用。

1. 切削液的种类

生产中常用的切削液主要有水溶液、乳化液和切削油三种。

（1）水溶液主要成分是水，并加入少量的防锈剂等添加物。水溶液具有良好的冷却作用，可有效降低切削温度，但润滑性能较差。

（2）乳化液是将乳化油用水稀释而成，具有良好的流动性和冷却作用，并有一定的润滑作用。

（3）切削油主要用矿物油，少数采用动植物油或混合油。切削油润滑作用良好，而冷却作用较差，多用于降低工件表面粗糙度值。

2. 切削液的选用

切削液一般按加工性质（粗加工、精加工）和工件材料、工艺要求选用。

粗加工时，切削用量大，切削液的主要目的是降低切削温度，应选用以冷却为主，同时具有一定润滑、洗涤和防锈作用的水溶液和低浓度的乳化液。

精加工时，主要是提高表面质量、加工精度和刀具寿命，应选用润滑性好的切削液。

通常切削脆性材料（铸铁、青铜等）时不用切削液。硬质合金和陶瓷刀具不用切削液。

6.2　刀　具

刀具是切削加工中影响生产率、加工质量和成本最重要的因素。刀具的切削性能取决于刀具材料和几何形状。

刀具材料指刀具上直接参加切削部分的材料。由于切削过程存在高温摩擦、冲击和振动，因此刀具材料应具备高的硬度和耐磨性、足够的强度和韧性、高的耐热性及良好的工艺性能。

目前，常用的刀具材料见表 6-1。

表 6-1　常用刀具材料的性能及用途

刀具材料	常用牌号	硬度（HRC）	耐热性/℃	工艺性能	用途
碳素工具钢	T8A、T10 T12、T12A	60~64	<200	可冷、热加工成形，刃磨性能好	用于手动工具，如锉刀、锯条等
合金工具钢	9SiCr CrWMn	60~65	350~450	可冷、热加工成形，刃磨性能好；热处理变形小	用于低速成形刀具，如丝锥、板牙、铰刀等
高速钢	W18Cr4V W6Mo5Cr4V2	62~65	540~650	可冷、热加工成形，刃磨性能好；热处理变形小	用于中速及形状复杂的刀具，如钻头、铣刀、齿轮刀具等
硬质合金	YG3、YG6 YG8、YT5 YT15、YT30	74~82	850~1 000	粉末冶金成形，多镶片使用，性能较脆	用于高速切削刀具，如车刀、铣刀等，YG 类用于加工铸铁、有色合金及非金属材料，YT 类用于加工钢件

目前，随着新技术、新材料的不断涌现，新型刀具材料，如涂层刀具材料、陶瓷、金刚石、氮化硼等在工业生产中得到了广泛应用。

6.3　量　具

为保证零件加工符合设计要求，在加工过程中必须使用量具进行检测。

6.3.1　钢直尺

钢直尺（Steel Ruler）又称钢板尺，是最简单的常用量具，用来测量零件长度、台阶长度及盲孔的深度。在测量工件的外径和内径尺寸时需要与卡钳配合使用。

钢直尺规格有 150mm、300mm、500mm、1000mm 等几种,最小刻度为 0.5mm,测量精度为 0.25mm,一般用于精度要求不高或未注公差尺寸的测量。

6.3.2 卡钳

卡钳(Caliper)是间接量具,必须与有刻度线的量具配合使用。根据用途不同,卡钳分为内卡钳和外卡钳。

外卡钳只能用于粗加工测量,目前使用得较少,如图 6-4 所示。内卡钳使用较为灵活方便,应用得较多,但是不如卡尺或百分表应用方便、普通,如图 6-5 所示。内卡钳与千分尺配合使用可以进行半精加工件的测量。

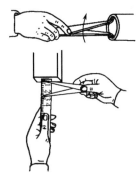
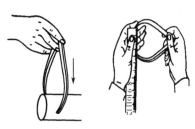

图 6-4　内卡钳测量方法　　　　图 6-5　外卡钳测量方法

6.3.3 游标卡尺

游标卡尺(Vernier Caliper)简称卡尺,它是最常用的量具之一。卡尺的应用范围较宽,可以测量零件的外径、内径、长度、厚度和深度等。卡尺按测量精度可分为 0.10mm、0.05mm、0.02mm 三个量级,按测量尺寸范围有 0~125mm、0~150mm、0~200mm、0~300mm、0~500mm 等多种规格。使用时,根据零件精度要求及尺寸大小进行选择。游标卡尺还有专门用于测量深度和高度的,分别称为深度游标尺和高度游标尺。高度游标尺也常用于精密划线。

游标卡尺是由主尺和副尺(游标)组成,刻度值是主尺与副尺刻线每格间距之差,一般刻度值为 0.02mm。其结构不仅有外卡爪,还常有内卡爪和测深尺,如图 6-6 所示。游标卡尺用于半精加工中的测量。

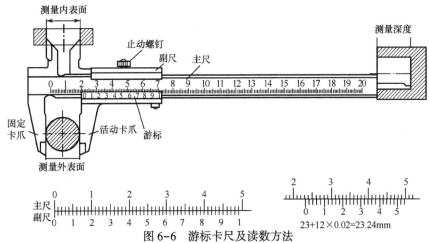

图 6-6　游标卡尺及读数方法

65

图 6-6 所示为 0.02mm 游标卡尺的某一状态,读数方法如图 6-6 所示。

游标卡尺测量工件时,应检查零线,使卡脚逐渐靠近工件并轻微接触,同时注意不要歪斜,以防读数产生误差。

6.3.4 百分尺

百分尺(Micrometer)又称千分尺,是比游标卡尺更为精确的测量工具,其测量精度为 0.01mm。按结构及用途不同分为外径百分尺、内径百分尺、深度百分尺、螺纹百分尺等,最常用的是外径百分尺,如图 6-7 所示。外径百分尺按其测量范围有 0~25mm、25~50mm、50~75mm、75~100mm 等多种规格。

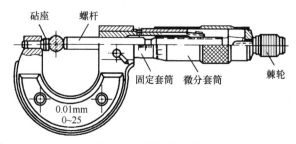

图 6-7　外径百分尺

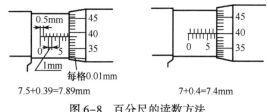

7.5+0.39=7.89mm　　7+0.4=7.4mm

图 6-8　百分尺的读数方法

图 6-7 所示外径百分尺的测量范围为 0~25mm,固定套筒上沿轴向有刻度值为 0.5mm 的刻线,活动套筒的圆周上有刻度值为 0.01mm 的刻线,读数方法如图 6-8 所示。

使用时,应校对零点;测量螺杆还没有接触工件前可直接转动活动套筒来移动测量螺杆,当测量螺杆将要接触工件时,改为转动手柄棘轮;当棘轮发出"嗒嗒"声时,表示压力合适,停止拧动。

6.3.5 百分表

百分表(Dial Indicator)是一种精度较高的比较量具,它只能测出相对数值,不能测出绝对数值,主要用于工件形位误差的检验、机床调试及安装工件时的找正。

百分表的结构如图 6-9 所示。当测量头向上或向下移动 1mm 时,小指针转一格。刻度盘每格的读数值为 0.01mm,小指针每格的读数值为 1mm。测量时大、小指针所示读数变化值之和就是尺寸的变化量。小指针的刻度范围就是百分表的测量范围。刻度盘可以转动,供测量时调整大指针对零线。

百分表使用时应装在专用表架上,如图 6-10 所示。

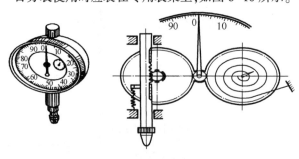

图 6-9　百分表

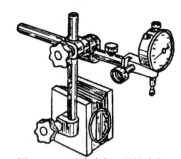

图 6-10　百分表架(磁性表架)

6.3.6　量规

量规(Gauge)是用于成批大量生产的一种定尺寸专用量具。它无刻度,只检查工件是否合格,而不能测量出工件的具体尺寸。

量规分为塞规和卡规,如图 6-11 所示。塞规用来检验孔径或槽宽,卡规用来检验轴径或厚度,二者都有通端(通规)和止端(止规)。塞规的通端直径等于工件的最小极限尺寸,止端直径等于工件的最大极限尺寸;而卡规则相反。检验时,通端过,止端不过,则工件尺寸合格。

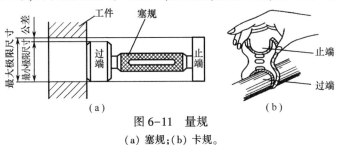

图 6-11　量规

(a) 塞规;(b) 卡规。

6.3.7　塞尺

塞尺(Thickness Gauge)是一组厚度不等的薄钢片,片上印有厚度标记,用于检验两贴合面之间的缝隙,如图 6-12 所示。塞尺测量精度不高。

6.3.8　直角尺

直角尺(Square)是两个边成准确的 90°角,用来检查工件表面间的垂直度的工具,如图 6-13 所示。使用直角尺时应将一条边与工件的基准面贴合,然后查看另一条边与工件之间的间隙。当工件的精度较低时,采用塞尺测量其缝隙大小;当精度较高时,借助于从工件与直角尺间的缝隙衍射出光的颜色来测出间隙大。

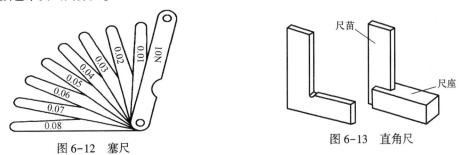

图 6-12　塞尺

图 6-13　直角尺

复习思考题

1. 切削加工的主要方法有哪些?
2. 简述车外圆、铣平面、刨平面、钻孔和磨外圆的主运动、进给运动及运动形式。
3. 切削用量包括哪些内容?选择切削用量的原则是什么?
4. 举例说明高速钢和硬质合金各适宜制作什么类型刀具。
5. 常用的切削液有几种?选用原则如何?
6. 简述游标卡尺和百分尺的使用方法及注意事项。

第7章 车削加工

教学要求：了解车削加工工艺及应用；了解车床的组成及其附件的使用；了解车刀的角度和应用，熟悉车刀安装；掌握车床的基本操作技能。

7.1 概　述

车削加工(Turning Machining)是在车床上用车刀或钻头等刀具进行切削加工的方法，是机械加工中最常用的加工方法之一。

车削时，主运动(Primary Motion)是工件的旋转运动，进给运动(Feed Motion)是车刀相对工件的移动。切削用量为切削速度v(m/s)、进给量f(mm/r)和背吃刀量a_p(mm)。切削速度是指工件加工表面上最大直径处的线速度；进给量是指工件旋转一周，车刀沿进给运动方向移动的距离；背吃刀量是指车刀每次切去金属层的厚度。

车削的加工工艺范围广泛，可加工各种回转表面及平面等，如图7-1所示。其加工精度一般可达 IT11～IT6，表面粗糙度 Ra 值达 12.5～0.8μm。

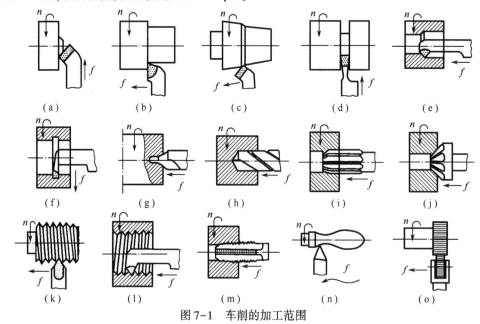

图7-1　车削的加工范围

(a) 车端面;(b) 车外圆;(c) 车外锥面;(d) 切槽、切断;(e) 镗孔;(f) 切内槽;(g) 钻中心孔;
(h) 钻孔;(i) 铰孔;(j) 镗锥孔;(k) 车外螺纹;(l) 车内螺纹;(m) 攻螺纹;(n) 车成形面;(o) 滚花。

7.2 车　床

车床(Lathe)是各种机械加工设备中应用最广泛的机床，占金属切削机床总数的 20%～30%。车床的种类很多，主要有卧式车床、立式车床、转塔车床、仿形车床、多刀车床、自动及半自动车床和数控车床等,其中卧式车床的使用最为广泛。

7.2.1 车床的型号

车床型号是根据 GB/T 15375—1994《金属切削机床型号编制方法》的规定,用汉语拼音字母和数字按一定规律组合进行编号的。型号的具体含义如下:

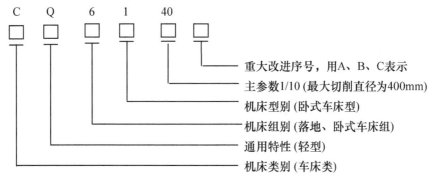

- 重大改进序号,用A、B、C表示
- 主参数1/10(最大切削直径为400mm)
- 机床型别(卧式车床型)
- 机床组别(落地、卧式车床组)
- 通用特性(轻型)
- 机床类别(车床类)

7.2.2 车床的组成

卧式车床(Engine Lathes)主要由床身、主轴箱、进给箱、溜板箱、刀架、尾座、光杠、丝杠等组成,如图 7-2 所示。

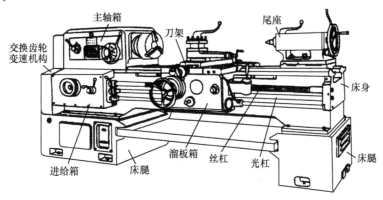

主轴箱　尾座　刀架　交换齿轮变速机构　床身　床腿　进给箱　床腿　溜板箱　丝杠　光杠

图 7-2　卧式车床

(1)床身(Bed)。床身是用来支承各主要部件,并使其在工作时保持准确的相对位置,是机床的基础件。床身上的导轨是引导刀架和尾座相对于主轴箱进行准确移动。

(2)主轴箱(Spindle Head)。主轴箱内装空心主轴和主轴变速机构。动力经变速机构传给主轴,使主轴按规定的速度带动工件旋转,实现主运动。主轴又通过传动齿轮带动挂轮旋转,将运动传给进给箱。

(3)进给箱(Feed Box)。进给箱内装进给运动的变速机构,调整各手柄位置,可以获得所需要的进给量或加工螺纹的螺距,并将主轴的旋转运动传给光杠或丝杠。

(4)溜板箱(Glide Box)。溜板箱与刀架相连,将光杠或丝杠的运动传给刀架。光杠运动时,可实现刀架的横向或纵向进给。丝杠运动时,可实现车削螺纹。

(5)光杠(Feed Rod)和丝杠(Lead Screw)。光杠和丝杠将进给箱的运动传给溜板箱。自动走刀用光杠,车削螺纹用丝杠,光杠和丝杠不能同时使用。

(6)刀架(Tool Box)。刀架用来装夹车刀并可做横向、纵向和斜向运动,由大拖板、中拖板、小拖板、转盘和方刀架组成，如图7-3所示。

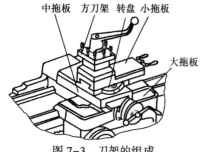

中拖板　方刀架　转盘　小拖板

大拖板

图7-3　刀架的组成

大拖板与溜板箱连接，可带动车刀沿床身导轨做纵向移动；中拖板可沿大拖板上的导轨做横向移动；转盘与中拖板用螺栓紧固，松开螺母，可使其在水平面内转动任意角度；小拖板可沿转盘上的导轨做短距离纵向进给或在转动转盘后做斜向进给；方刀架安装在小拖板上，用于装夹刀具，并可同时安装四把车刀。

（7）尾座（Tail Stock）。尾座用来支撑工件，安装孔加工刀具，可在导轨上纵向移动并固定在所需位置上。

7.2.3　车床的传动系统

机床常用的传动型式有皮带传动、齿轮传动、蜗杆蜗轮传动、齿轮齿条传动及丝杠螺母传动。车床的传动路线如图7-4所示。

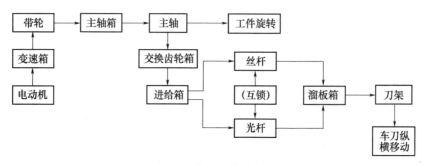

图7-4　车床的传动路线

1. 主运动传动系统

主运动传动系统是指从电动机到主轴之间的传动，其作用是使主轴带动工件旋转，并满足主轴变速和换向的要求。

C616车床的传动系统如图7-5所示。C616车床的变速箱可输出六种转速，经皮带轮传给主轴箱，再经主轴箱内变速机构的高、低速变换，主轴可获得27.6～1 350r/min的12种转速。C616车床的主运动传动路线为：

$$\text{电动机} - \frac{\phi 100}{\phi 160} - \text{I} - \begin{bmatrix} \frac{33}{45} \\ \frac{46}{32} \\ \frac{38}{40} \end{bmatrix} - \text{II} - \begin{bmatrix} \frac{42}{36} \\ \frac{22}{56} \end{bmatrix} - \text{III} - \frac{\phi 170}{\phi 190} - \text{IV} - \begin{bmatrix} \frac{26}{64} - V - \frac{17}{58} \\ \text{内齿轮离合器} \end{bmatrix} - \text{VI（主轴）}$$

主轴转速可根据电动机转速和不同的传动比进行计算。主轴的最高、最低转速分别为：

$$n_{\max} = 1440 \times \frac{100}{160} \times \frac{46}{32} \times \frac{42}{36} \times \frac{170}{190} = 1350(\text{r/min})\text{（各传动比均取最大值）}$$

$$n_{\min} = 1440 \times \frac{100}{160} \times \frac{33}{45} \times \frac{22}{56} \times \frac{170}{190} \times \frac{26}{64} \times \frac{17}{58} = 27.6(\text{r/min})\text{（各传动比均取最小值）}$$

主轴的反转是由电动机的反转实现的。

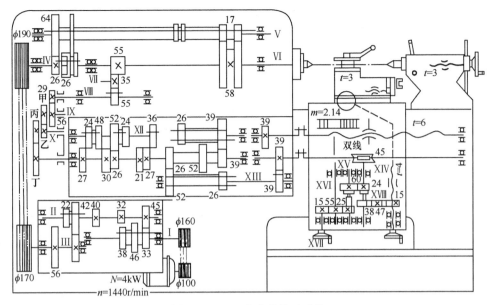

图 7-5　C616 车床的传动系统

2. 进给运动传动系统

进给运动传动系统是指从主轴到刀架之间的传动。C616 车床的进给运动传动路线为：

$$
\text{VI（主轴）}-\begin{bmatrix}\dfrac{55}{35}-\text{VII}-\dfrac{35}{55}\\[2mm]\dfrac{55}{55}\text{换向齿轮}\end{bmatrix}-\text{VIII}-\dfrac{29}{56}-\text{IX}-\dfrac{\text{甲}}{\text{乙}}-\text{X}-\dfrac{\text{丙}}{\text{丁}}-\text{XI}-\begin{bmatrix}\dfrac{26}{52}\\[1mm]\dfrac{30}{48}\\[1mm]\dfrac{27}{36}\\[1mm]\dfrac{21}{24}\\[1mm]\dfrac{27}{24}\end{bmatrix}-\text{XII}-\begin{bmatrix}\dfrac{39}{39}\cdot\dfrac{52}{26}\\[1mm]\dfrac{26}{52}\cdot\dfrac{52}{26}\\[1mm]\dfrac{39}{39}\cdot\dfrac{26}{52}\\[1mm]\dfrac{26}{52}\cdot\dfrac{26}{52}\end{bmatrix}-
$$

$$
\text{XIII}-\begin{bmatrix}\dfrac{39}{39}\text{光杠}-\dfrac{2}{45}-\text{XIV}-\begin{bmatrix}\text{离合器}-\dfrac{38}{47}-\text{XVIII}-\dfrac{47}{15}-\text{横进给丝杠}-\text{横向进给}\\[2mm]\dfrac{24}{60}-\text{XV}-\text{离合器}-\dfrac{25}{55}-\text{XVI}-\text{齿轮齿条}-\text{纵向进给}\end{bmatrix}\\[4mm]\dfrac{39}{39}\text{丝杠}\end{bmatrix}
$$

在进给运动的传动中,可根据各传动路线上不同的传动比计算出机动进给量和螺纹螺距。对于给定的一组交换齿轮,光杠或丝杠可获 20 种不同的转速,通过溜板箱就能使车刀获得 20 种不同的进给量或加工出 20 种不同螺距的螺纹。

7.2.4　车床附件

车床配备各种附件,以满足车削工艺及不同零件的加工要求。车床上常用的装夹附件有三爪卡盘、四爪卡盘、花盘(Face Plate)、顶尖、心轴(Mandrel)、中心架(Steady Rest)和跟刀架(Follow Rest)等,见表 7-1。车削加工时应根据工件的形状、尺寸和加工数量的不同选择合适的装夹附件。装夹工件时,应保证加工表面回转中心和车床主轴回转中心重合,同时夹紧工件,保证加工安全。

71

表 7-1 车床常用附件

附件名称	结构简图	结构特点
三爪卡盘		三爪卡盘为自定心卡盘,用锥齿轮传动,适宜于夹持圆形、正三角形或正六边形等工作;其重复定位精度高、夹持范围大、夹紧力大、调整方便,应用比较广泛
四爪卡盘		由于四爪卡盘的四个爪是用扳手分别调整的,故不能自动定心,需在工作上划线进行找正,装夹比较费时;主要用来夹持方形,椭圆或不规则形状的工件;同时,由于四爪卡盘夹紧力较大,也用来持尺寸较大的圆形工件
花盘		安装形状复杂的工件用。在花盘上安装工件时,找正比较费时;同时,要用平衡铁平衡工件和弯板等,以防止旋转时发生振动
顶尖	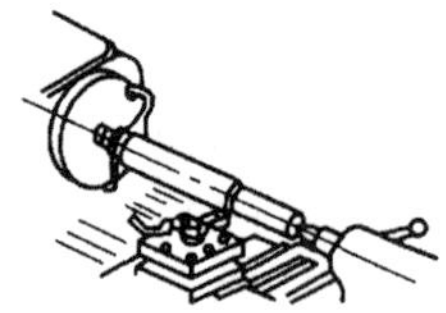	较长或加工工序较多的轴类工作,常采用两顶尖安装;工件装在前、后顶尖之间,由卡箍、拨盘或卡盘代替拨盘带动工件旋转,前顶尖装在主轴上,和工件一起旋转,后顶尖装在尾座上,固定不转
心轴	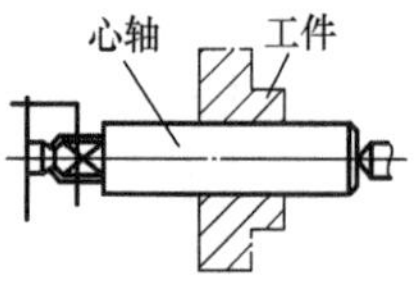	安装形状复杂和同心要求较高的套筒类零件;先加工孔,然后以孔定位,安装在心轴上加工外圆,以保证外圆和内孔的同轴度,端面和孔的垂直度
中心架		中心架是固定在床身导轨上的,用以车削有台阶或需要调头车削的细长轴,以增加轴的刚度,避免加工时由于刚度不够而产生形状误差
跟刀架		跟刀架装在车床刀架的大拖板上,与整个刀架一起移动,用来车削细长的光轴,以增加轴的刚度,避免加工时由于刚度不够而产生形状误差

7.2.5 其他类车床

生产中,除卧式车床(普通车床)以外,常用的还有台式车床(Bench Lathes)、转塔车床(图 7-6)、立式车床(图 7-7)、自动车床等,具体的性能特点和适用范围见表 7-2。

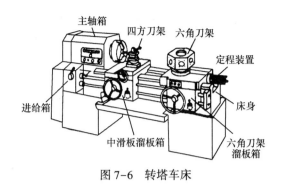

图 7-6　转塔车床

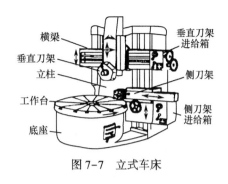

图 7-7　立式车床

表 7-2　常用车床的特点及适用范围

车床名称	特点	适用范围
卧式车床	有常用的车削米制螺纹功能； 结构简单，主轴转速级数较少； 整机刚度好，有较大的动力参数	适用于大、中型机械造业、大批或成批生产，为 V 级精度机床
精密卧式车床	具有较高的生产率，可车削各种型面； 刚度和抗振性好，主运动系统和进给运动系统精度高； 有机械、电气或液压变速和自动定程装置	适用于工具、仪器仪表及机械制造业大批或成批生产，用以加工较为精密的轴套、盘类等零件，为 IV 级精度车床
万能卧式车床	有车削米制、英制、模数与径节螺纹功能； 有较多级数的主轴转速和进给量； 有足够的刚度	适用于一般机械制造业的单件小批生产。为 V 级精度机床
落地车床	主轴箱落地，省去床身； 刀架座可在基座平板上纵横多位置安放； 小刀架在大刀架上纵横移动	适用于直径大、长度短、质量较小的盘环、薄壁筒形工件
立式车床	主轴垂直布置，并有一个直径很大的圆形工作台； 工件质量由床身导轨或推力轴承承受，易保证加工精度； 在横梁上布置刀架和侧刀架，并有回转刀架	适用于加工直径大，轴向尺寸相对较小、高径比为 0.32~0.8，形状复杂的大型和重型工件
转塔式六角车床	无尾座、丝杠； 有六角刀架，加工中可多次更换不同的刀具	适用于内外表面均须在一次安装中加工的中型复杂件
单轴自动车床	采用凸轮和档块或数控系统自动控制刀架、主轴箱的运动和其他辅助运动	按一定程序自动完成工作循环，主要用于棒料、盘料加工

7.3　车　刀

车刀是切削加工中最基本的切削刀具。

车刀的种类很多，按用途可分为外圆车刀、端面车刀、内孔车刀和螺纹车刀等。45°弯头车刀用于车削工件的外圆、端面和倒角，如图 7-1(a)所示；90°车刀(偏刀)用于车削工件的外圆、台阶面和端面,如图7-1(b)所示;切断刀用于切断工件或在工件上切槽,如图7-1(d)所示;内孔车刀用于车削工件的内孔,如图7-1(e)和图7-1(f)所示;圆弧车刀用于车削工件的圆弧面或成形面,如图7-1(n)所示;螺纹车刀用于车削工件的内外螺纹,如图7-1(k)和图7-1(l)所示。

车刀的合理选用可以保证加工质量、提高生产率、降低生产成本和延长刀具使用寿命。

7.3.1 车刀的组成和结构

1. 车刀的组成

车刀是由刀头(切削部分)和刀体(夹持部分)组成的,如图7-8所示。刀头用于切削工作,由刀具材料制造。刀体用于装夹在刀架上,由碳钢制造。

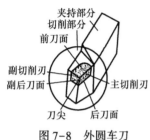

图7-8 外圆车刀

车刀的切削部分是由三面(前刀面、主后刀面、副后刀面)、两刃(主切削刃、副切削刃)和一尖(刀尖)组成的。

前刀面是指刀具上切屑流过的表面。

主后刀面是指刀具上与工件加工面相对的表面。

副后刀面是指刀具上与工件已加工面相对的表面。

主切削刃是指刀具上前刀面与主后刀面的交线,担负主要的切削任务。

副切削刃是指刀具上前刀面与副后刀面的交线,担负部分切削任务。

刀尖是指主切削刃与副切削刃的交点,通常是一段圆弧或直线。

2. 车刀的结构

车刀的结构形式主要有整体式、焊接式和机夹可转位式三种,如图7-9所示。整体式车刀用高速钢制造,适用于小型车床或有色金属加工;焊接式车刀是将硬质合金或高速钢刀片焊接在刀体上,适用于各类车刀;机夹可转位式车刀是将刀片用机械夹固的方法装夹在标准刀体上,适用于大批量自动化生产,是目前应用最广泛的刀具结构形式。

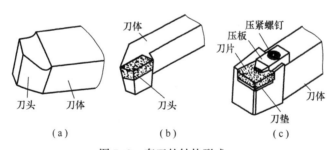

图7-9 车刀的结构形式
(a)整体式;(b)焊接式;(c)机夹式。

7.3.2 车刀的几何角度

刀具的几何角度是决定刀面和切削刃在空间相对位置及刀具切削性能的度量指标。

1. 确定车刀几何角度的辅助平面

为了确定和测量车刀的几何角度,需要选取基面、切削平面和正交平面三个互相垂直的平面作为辅助平面,如图7-10所示。

基面是通过主切削刃上某一点,与该点切削速度方向垂直的平面。

切削平面是通过主切削刃上某一点,与工件加工表面相切的平面。

正交平面是通过主切削刃上某一点并同时垂直于基面和切削平面的平面。

2.车刀的几何角度

车刀的几何角度主要有前角 γ_0、后角 α_0、主偏角 k_r、副偏角 k_r' 和刃倾角 λ_s，如图 7-11 所示。

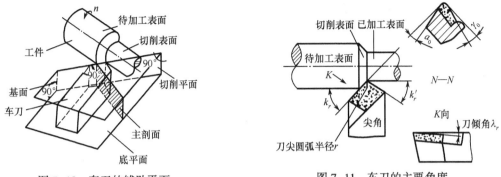

图 7-10　车刀的辅助平面　　　　　图 7-11　车刀的主要角度

（1）前角（Rake Angle）γ_0 是在正交平面内测量的基面与前刀面间的夹角。其作用是使刀刃锋利，但过大的前角会削弱刀刃的强度。前角 γ_0 一般为 $-5°\sim15°$，加工塑性材料时选较大值；加工脆性材料时选较小值。

（2）后角（Clearance Angle）α_0 是在正交平面内测量切削平面与主后刀面间的夹角。其作用是减小工件和主后刀面的摩擦，但过大的后角也会削弱刀刃强度。后角 α_0 一般为 $6°\sim12°$，精加工时选较大值，粗加工时选较小值。

（3）主偏角 k_r 是在基面内测量主切削刃与进给运动方向的夹角。主偏角减小，刀刃强度增加，切削条件得到改善。但车削时径向力会增大。加工细长杆件时为避免工件的变形和振动，应选较大的主偏角。车刀常用的主偏角有 $45°$、$60°$、$75°$、$90°$ 等。

（4）副偏角 k_r' 是在基面内测量副切削刃与进给运动相反方向的夹角。其作用是减小副切削刃和已加工表面之间的摩擦，以改善加工表面的粗糙度。一般副偏角 k_r' 为 $5°\sim15°$。

（5）倾角 λ_s 是在主切削面内测量切削刃与基面间的夹角。其作用是控制切屑的流向，并影响刀头强度。刃倾角 λ_s 一般为 $-5°\sim5°$，粗加工时选负值，精加工时选正或零值。

7.3.3　车刀的安装

车刀使用时必须正确安装，如图 7-12 所示。

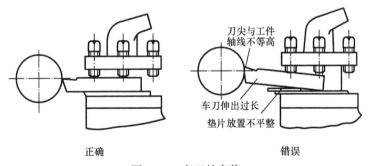

正确　　　　　　　　　　　　　　错误

图 7-12　车刀的安装

车刀安装的基本要求有：

（1）刀的悬伸长度一般不超过刀杆厚度的 2 倍，否则会降低刀杆刚性而在切削时产生振动。

（2）刀下需加垫片时，一般不超过 3 片，且要将其放平整，与刀架对齐。

（3）刀的刀尖应与车床主轴线等高,否则会引起车刀实际前角和后角的变化,导致加工出的端面中心留有凸台。

（4）刀轴线应与车床主轴线垂直,否则会引起主偏角和副偏角的变化。

（5）刀位置装正后,应交替拧紧两个刀架螺钉压紧。

（6）工前应检查车刀在工件加工极限位置时,是否会产生运动干涉或碰撞。

7.3.4 车刀的刃磨

车刀通过刃磨(整体和焊接式车刀)才能保持合理的几何角度,获得良好的切削性能。车刀通常在砂轮机上刃磨,主要磨三个刀面和刀尖圆弧,如图7-13所示。

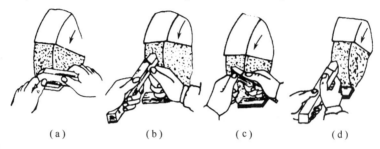

（a） （b） （c） （d）

图7-13 车刀的刃磨

（a）磨前刀面;（b）磨主后刀面;（c）磨副后刀面;（d）磨刀尖圆弧。

刃磨时应注意下列事项:

（1）刃磨高速钢车刀或硬质合金车刀的刀体部分用氧化铝砂轮(白色);刃磨硬质合金刀头用碳化硅砂轮(绿色)。

（2）刃磨时应站在砂轮的侧面,戴防护镜,以防磨屑、砂粒或砂轮飞出伤人。

（3）砂轮旋转方向应使刀片压向刀体,双手握稳车刀,用力均匀,要在砂轮圆周面的中间部位左右移动。

（4）刃磨高速钢车刀时,应及时蘸水冷却,以免刀头温度过高而软化;磨硬质合金车刀时不能蘸水,以免产生热裂纹。

（5）车刀刃磨后,应加机油并在油石上细磨各刀面,以提高其使用寿命和加工质量。

7.4 车削方法

根据加工工艺要求,车削分为粗车、半精车和精车。

粗车的目的是尽快切去毛坯上大部分的加工余量,使工件接近形状和尺寸要求。粗车后,一般尺寸精度可达 IT12～IT11,表面粗糙度 Ra 值为 12.5～6.3 μm。

精车(Extractive Turning)的目的是保证零件的尺寸精度和表面粗糙度要求。精车后尺寸精度可达 IT8～IT7、表面粗糙度 Ra 值为 1.6 μm(精车有色金属可达 0.8～0.4 μm)。精车一般靠试切保证尺寸精度,试切的方法与步骤如图7-14所示。

车削时,正确使用横刀架和小刀架的刻度盘,才能迅速地控制加工尺寸。如横刀架移动的距离可根据刻度盘转过的格数计算。即刻度盘每转一格,横刀架移动的距离=丝杠螺距÷刻度盘格数。如 C616 车床横刀架丝杠螺距为 4mm,横刀架的刻度盘等分为 200 格,故刻度盘每转一格,车刀就进退 0.02mm,若切削深度为 0.3mm,则横刀架的刻度盘所需转过的格数就为 $n=0.3÷0.02=15$ 格。正确进刻度的方法如图7-15所示。

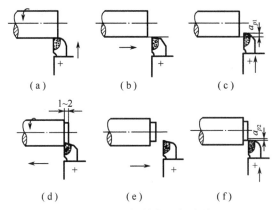

图 7-14　试切的方法与步骤

（a）开车对刀；（b）向右退出车刀；（c）横向进刀 a_{p1}；

（d）切削 1~2mm；（e）退刀测量；（f）未到尺寸，再进刀 a_{p2}。

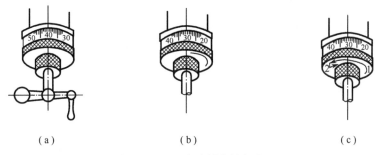

图 7-15　正确进刻度的方法

（a）要求手柄转至 30,但转过头成 40；（b）错误,直接退到 30；（c）正确,反转约一圈后,再转至所需位置 30。

7.4.1　车削外圆

车削外圆（Turning Out Round）是最基本的车削方法,其方法如图 7-16 所示。

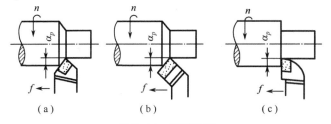

图 7-16　车削外圆

（a）直头车刀；（b）45°弯头车刀；（c）90°车刀。

直头车刀主要用于无台阶的外圆粗车,并可倒角；45°弯头车刀用于有台阶的外圆粗车,也可用于车端面和倒角（Chamfering）；90°车刀用于有直角台阶的外圆和细长轴的粗和精车。

7.4.2　车削端面和台阶

车削端面（Turning Front）常用偏刀或弯头车刀,如图 7-17 所示。车刀安装时,刀尖应准确对准工件中心,以免车出的端面中心留有凸台或崩刃。为提高端面的加工质量,可由中心向外车削。

车削直径较大端面时,为防止出现凹心或凸面,应检查车刀或方刀架是否锁紧,并将纵溜板紧固于床身上,用小刀架调整背吃刀量。

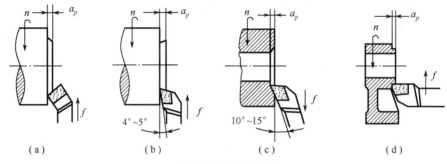

图 7-17 车削端面
(a) 弯头车刀;(b) 右偏刀(由外向中心);(c) 右偏刀(由中心向外);(d) 左偏刀。

车台阶实际上是车外圆和端面的组合加工。轴上台阶高度在 5mm 以下的低台阶可在车外圆时同时车出,如图 7-18 所示。装夹刀具时,用角尺对刀,保证车刀的主切削刃垂直于工件轴线。轴上台阶高度在 5mm 以上的高台阶可分层进行切削,如图 7-19 所示。

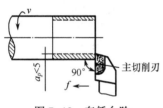

图 7-18 车低台阶

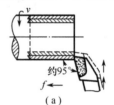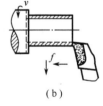

图 7-19 车高台阶
(a) 偏刀主切削刃和工件轴线约成 95°,分多次纵向进给车削;
(b) 在末次纵向进给后,车刀横向退出,车出 90° 台阶。

台阶长度可用钢尺和内卡钳或用深度规测量,如图 7-20 和图 7-21 所示。

图 7-20 钢尺和内卡钳确定台阶长度

图 7-21 深度规确定台阶长度

7.4.3 孔加工

车床上可用钻头、扩孔头、铰刀和镗刀进行钻孔、扩孔、铰孔和镗孔。

1. 钻孔、扩孔和铰孔

车床钻孔时,工件旋转,钻头装在尾座套筒内,手摇尾座手轮使钻头作纵向进给,如图 7-22 所示。钻孔前应先将工件端面车平、用中心钻钻出定心孔,以防钻头偏斜;钻孔时必须加冷却液,钻深孔时应经常退出,以便排屑和冷却钻头。钻孔一般用于孔的粗加工,加工精度可达 IT12~IT11,表面粗糙度 Ra 值为 25~6.3μm。

扩孔是用扩孔钻或钻头对工件上已有的孔进行扩大的加工方法,属孔的半精加工,加工精度可达 IT10~IT9，表面粗糙度 Ra 值为 $6.3~3.2\mu m$。

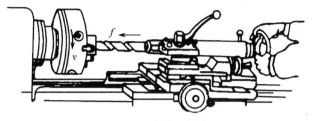

图 7-22　车床上钻孔

铰孔是用铰刀对孔进行精加工，加工精度可达 IT8~IT7，表面粗糙度 Ra 值为 $1.6~0.8\mu m$。

钻孔、扩孔及铰孔是车床上通常用于加工直径较小而精度和表面粗糙度要求较高的孔。

2. 镗孔

镗孔是对锻出、铸出或钻出的已有孔进行扩大孔径、提高精度、降低表面粗糙度或纠正原孔轴线偏斜等的加工，镗孔方法如图 7-23 所示。精镗后孔的精度可达 IT8~IT7，表面粗糙度 Ra 值为 $1.6~0.8\mu m$。

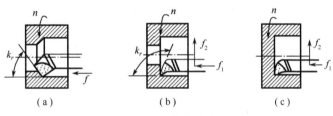

图 7-23　车床镗孔

（a）镗通孔；（b）镗台阶孔；（c）镗不通孔。

镗刀的刀杆应尽量粗些，伸出刀架的长度应尽量短些，以免颤振。装刀时刀尖应略高于主轴旋转中心，以免扎刀和碰伤孔壁。

镗孔深度的控制可采用在刀杆上做记号的方法，如图 7-24 所示。孔深度的测量可以用游标卡尺或深度尺。

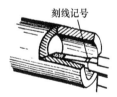

图 7-24　测量孔深

7.4.4　车削锥面

车削锥面（Turning Taper Face）的方法主要有宽刀法、小刀架转位法、偏移尾架法和靠模法。

1. 宽刀法

宽刀法（Brood Tool Method）是指利用主切削刃横向运动直接车出圆锥面，如图 7-25 所示。该方法简便、生产率高，可加工任意角度的圆锥面。在使用宽刀时，车床和工件必须有较好的刚度，否则易引起振动。宽刀法一般适用于批量加工较短的圆锥面。

2. 小刀架转位法

小刀架转位法（Small Drag Board Indexing Method）是指根据零件的锥度，松开小刀架的紧固螺母，使小刀架绕转盘扳转（角度后锁紧，摇动小刀架手柄进给，车刀即沿锥面的母线移动，加工出所需的锥面，如图 7-26 所示。该方法操作简单，可加工任意大小的内、外圆锥面。但其所加工的锥面长度受小刀架行程限制，且不能自动进给。小刀架转位法一般适用于单件小批量加工长度不大、要求不高的圆锥面。

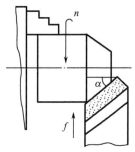

图 7-25 宽刀法车削锥面

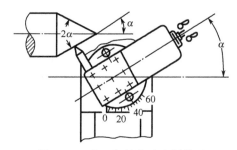

图 7-26 小刀架转位法车削锥面

3. 偏移尾架法

偏移尾架法(Shift Tail Stock Method)是将尾架顶尖偏移距离 S,使工件回转轴线与主轴轴线成半锥角 α。利用车刀的纵向进给,加工出所需锥面,如图 7-27 所示。

尾架的偏移量为

$$S = L\sin\alpha \ 或 \ S = L\tan\alpha = L(D - d)/2 \ l(\alpha \ 较小)$$

偏移尾架法可自动进给,能车削较长的锥面,且加工质量好。但因受尾架偏移量的限制,只能加工半锥角 $\alpha<8°$ 的锥面,且不能加工锥孔,一般适用于成批加工圆锥面。

4. 靠模法

靠模法(Alongside Template Method)是利用滑块沿固定在床身上的锥度靠模板内的移动来控制车刀的运动轨迹,从而加工出所需锥面,如图 7-28 所示。该方法适用于批量加工精度要求高、任意锥角($\alpha<12°$)的长圆锥面和圆锥孔。

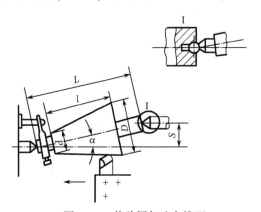

图 7-27 偏移尾架法车锥面

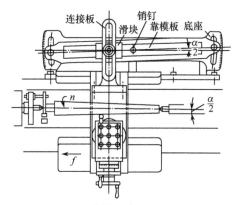

图 7-28 靠模法车削锥面

7.4.5 车削成形面

车削成形面(Turning Shaped Face)的方法主要有双向手动法、成形刀法、靠模法和数控加工法。

1. 双向手动法

双向手动法是指用双手同时摇动中拖板和小拖板的手柄,使刀尖的运动轨迹与所需成形面的回转曲线相符,加工出所需的成形面,如图 7-29 所示。该方法对操作技能要求高,且生产率低,故适用于加工单件小批、精度要求不高的成形面。

2. 成形刀法

成形刀法是指用切削刃形状与工件成形面形状一致的成形刀来加工成形面,如图 7-30 所示。加工时车刀只做横向进给。该方法操作简便,生产率高,能获得准确的表面形状,但刀具制造成本高,切削力大,故适用于成批加工刚性好、形状简单、长度较短的成形面。

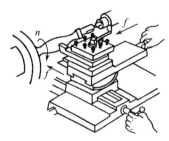

图 7-29 双向手动法车成形面

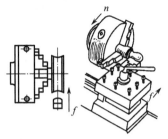

图 7-30 成形刀法车成形面

3. 靠模法

靠模法车削成形面如图 7-31 所示。该方法加工质量好、生产率高,但靠模的制造成本高,故适用于大批量加工成形面。

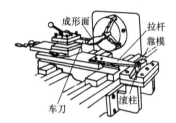

图 7-31 靠模法车成形面

4. 数控加工法

数控加工法是目前成形面加工的主要方法,可加工任意要求的成形面。

7.4.6 切槽和切断

切槽使用切槽刀,如图 7-32 所示。切 5mm 以下的窄槽时,可用主切削刃与槽宽相等的切槽刀一次切出;切宽槽时需分几次横向进给,如图 7-33 所示。最后一次精车的顺序如图 7-33(c)所示。

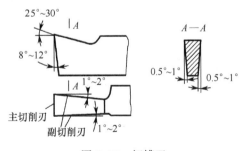

图 7-32 切槽刀

切断使用切断刀,其形状与切槽刀相似,但头部更窄长。切断时切断刀伸进工件内部,散热条件差,排屑困难,易折断。工件切断一般用卡盘装夹,且切断处应靠近卡盘,以防切削时工件振动,如图 7-34 所示。用手动进给时一定要均匀,即将切断时,需放慢进给速度,以免刀头折断。

81

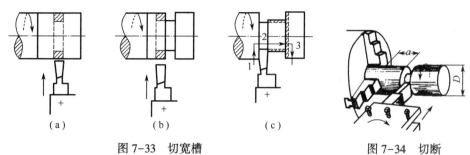

图 7-33　切宽槽　　　　图 7-34　切断

(a) 第一次横向进给;(b) 第二次横向进给;

(c) 末次横向进给后,再以纵向进给精车槽底切宽槽。

7.4.7　车削螺纹

螺纹的加工方法很多,主要有车削、铣削、攻螺纹和套螺纹、搓螺纹与滚螺纹、磨削及研磨等,但车削螺纹(Turning Screw Thread)应用广泛。

螺纹有多种类型,如图 7-35 所示,其中三角普通螺纹应用最广泛。

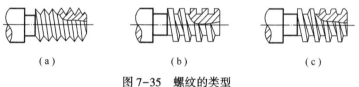

图 7-35　螺纹的类型

(a) 三角螺纹;(b) 方牙螺纹;(c) 梯形螺纹。

车削螺纹时,必须保证螺纹的中径、牙形角和螺距。为获得准确的螺距,必须由丝杠带动刀架进给,使工件每转动一周,刀具移动的距离等于螺纹的导程(单头螺纹导程为螺距),其传动路线(由主轴至丝杠)如图 7-36 所示。改变进给箱手柄的位置或更换交换齿轮,就可改变丝杠的转速,从而车削出不同螺距的螺纹。

车削螺纹使用螺纹车刀,一般用高速钢或硬质合金制造。螺纹牙形的精度取决于螺纹车刀刃磨后的形状及其在车床上安装的位置正确与否。为获得准确的螺纹牙形,螺纹车刀的刀尖角 ε 应等于被切螺纹的牙型角,如图 7-37 所示。

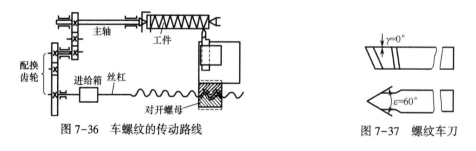

图 7-36　车螺纹的传动路线　　　　图 7-37　螺纹车刀

安装螺纹车刀时,应使刀尖与工件轴线等高,刀头中心线与工件轴线垂直。

车削螺纹时,根据工件螺距的大小,选定进给箱手柄位置或更换齿轮,脱开光杠,啮合丝杠,并选较低的主轴转速,同时调整横溜板导轨间隙和小刀架丝杠与螺母的间隙。车削螺纹的方法如图 7-38 所示。为避免乱扣,车削螺纹应始终保持主轴至刀架的传动系统不变、车刀在刀架上的位置保持不变、工件与主轴的相对位置保持不变,否则必须重新对刀检查。

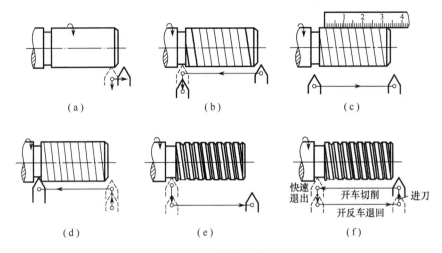

图 7-38　车削螺纹的方法

（a）开车，使车刀与工件轻微接触，记下刻度盘读数，向右退出车刀；

（b）合上对开螺母，在工作表面上车出一条螺旋线，横向退出车刀，停车；

（c）开反车，使车刀退到工件右端，停车，用钢尺检查螺距是否正确；

（d）利用刻度调整背吃刀量，开车切削；

（e）车刀将至行程终了时，应做好退刀停车准备，先快速退出车刀，然后停车，开反车退回刀架；

（f）再次横向进背吃刀量，继续切削。

螺纹可用螺纹环规或螺纹塞规检验，如图 7-39 所示。

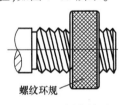

螺纹环规

图 7-39　螺纹检验

7.4.8　滚花

滚花在车床上用滚花刀挤压工件表面，使其产生塑性变形而形成的，如图 7-40 所示。通常花纹有直纹和网纹两种。滚花(Knurling)前应将滚花部位直径加工到小于工件所要求尺寸的 0.15～0.8mm；滚花时滚花刀与工件表面平行接触，与工件中心等高，且工件转速要低，加切削液冷却润滑。

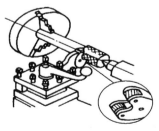

图 7-40　滚花

复习思考题

1. 车削的主运动和进给运动是什么？车削用量包括哪些内容？

2. 车削所加工的典型表面有哪些？分别使用哪种刀具？

3. 卧式车床主要由哪几部分组成？各部分有何作用？

4. 车床上安装工件的方法有哪些？各适用于加工什么样的零件？

5. 车刀的主要几何角度有哪些？它们对刀具切削性能的影响是什么？

6. 车刀安装时应注意什么？

7. 外圆车削时试切的步骤有哪些？

8. 车削圆锥面和车削成形面各有哪些方法？其特点和应用范围有何不同？

9. 安装切断(切槽)刀时,为什么刀尖一定要和工件中心等高？

10. 车削螺纹时,如何防止"乱扣"现象？

第8章 铣削加工

教学要求:了解铣削加工工艺及应用;了解铣床的结构和组成;熟悉铣刀的种类、安装及调试方法;掌握铣床的基本操作技能。

8.1 概 述

铣削加工(Milling Machining)是在铣床上利用铣刀进行切削加工的方法,是一种高效率的加工方法。

铣削时,主运动是铣刀的高速旋转运动,进给运动是工件的低速移动。铣削用量为铣削速度 v(m/s)、进给量 f(mm/r)或每齿进给量 f_z(mm/z)或进给速度 v_f(mm/min)、背吃刀量(铣削深度 a_p,mm)和侧吃刀量(铣削宽度 a_e,mm),如图8-1所示。铣削速度是指铣刀最大直径处的线速度;进给量是指工件在进给方向上相对铣刀的位移量,因铣刀属多刃刀具,在计算时有每转进给量、每齿进给量和进给速度三种度量方法;背吃刀量是指垂直于已加工表面测量出的切削层尺寸;侧吃刀量是指垂直于进给方向测量出的已加工表面的宽度。

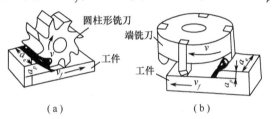

图 8-1 铣削运动及铣削用量
(a) 卧铣上铣平面;(b) 立铣上铣平面。

铣削可用于加工平面、台阶面、沟槽、成形面、齿轮和其他特殊型面等,如图8-2所示,是平面加工的主要方法。铣削属于粗加工或半精加工,其加工精度可达IT9~IT7,表面粗糙度 Ra 值为6.3~1.6μm。

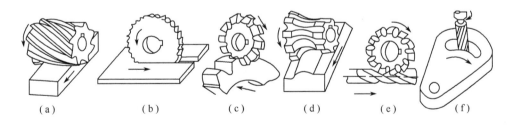

图 8-2 铣削的主要加工范围
(a) 铣平面;(b) 切断;(c) 铣齿轮;(d) 铣成形面;(e) 铣螺旋槽;(f) 铣圆弧槽。

8.2 铣 床

铣床(Miller)约占金属切削机床总数的25%。常用的铣床有卧式铣床、立式铣床、龙门铣床、工具铣床和数控铣床等,其中卧式万能铣床应用最广泛。

8.2.1 铣床的型号

铣床型号的具体含义如下：

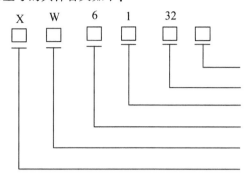

重大改进序号，用A、B、C表示
主参数1/10(工作台宽度320mm)
机床型别（万能卧式铣床型）
机床组别（落地、卧式铣床组）
通用特性（万能型）
机床类别（铣床类）

8.2.2 铣床的组成

卧式万能铣床的主轴是水平的，主要组成如图8-3所示。

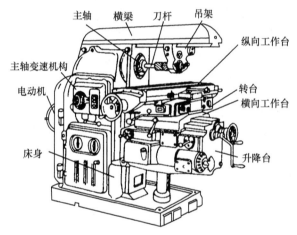

图8-3 卧式万能铣床

（1）床身。床身是用来支承和固定铣床上所有部件。床身呈箱形，内部装有主轴及其变速机构、润滑及传动系统，前壁有燕尾形垂直导轨，供升降台上、下移动；顶部有水平导轨，供横梁前后移动。

（2）横梁。横梁是用来支撑刀杆、增加刀杆刚度。横梁可根据工作要求沿燕尾导轨移动，调整其伸出的长度。

（3）主轴（Principal Axis）。主轴是空心的，前端有锥孔，用来安装刀轴(杆)或刀具，并带动铣刀旋转，主轴部件是铣床的关键部件。

（4）升降台（Lifter Table）。升降台可使工作台沿床身垂直导轨上、下移动，用以调整工作台面到铣刀的距离，并作垂直进给。

（5）工作台（Table）。工作台用来安装工件和夹具，由纵向工作台、横向工作台板和转台组成。

卧式万能铣床的传动方式与车床基本相似，不同的是主轴转动和工作台移动的传动系统是分开的，分别由单独的电动机驱动。此外，铣床的操纵系统较为完善，采用单手柄操纵机构，工作台在三个方向上均可快速移动，使工件迅速靠近刀具，转台可使纵向工作台在水平面内扳转一定角度（±45°），便于铣削螺旋槽。

86

8.2.3 铣床附件

铣床附件主要有分度头、万能铣头、回转工作台和平口钳等。

1. 分度头

分度头(Graduator)是用来铣齿轮、齿条、螺旋槽、多边形、花键等工件的分度装置,能对工件在圆周、水平、垂直和倾斜方向上进行等分和不等分。它主要由底座、回转体、主轴及分度盘组成,如图 8-4(a)所示。工作时,底座上的两个导向定位键与工作台的 T 形槽相配合,并用螺栓将其紧固在工作台上;主轴装在回转体内随回转体在垂直平面内可转至任意位置;主轴前端锥孔内可安装顶尖,用来与尾架顶尖一起支承工件;主轴前端的外螺纹和光轴颈可安装卡盘装夹工件。

分度头等分工件的原理如图 8-4(b)所示。主轴上固定有 40 齿的蜗轮,与蜗轮相啮合的是单头蜗杆,它与手柄固定在同一根轴上。因此,手柄旋转 40 周,主轴才带动工件转 1 周。如果要把工件分成 Z 等分,每一等分就需要工件转过 $1/Z$ 周,而手柄的转数 n 为:

$$n = 40 \times \frac{1}{Z} = \frac{40}{Z}$$

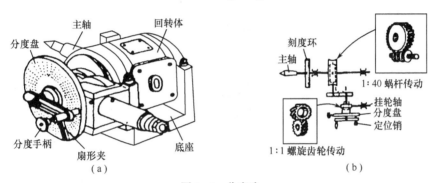

图 8-4 分度头

(a) 外形图;(b) 传动系统图。

分度手柄的转数是借助分度盘来确定的,分度盘正、反两面都有许多孔数不同的等分孔圈。如国产 FW250 型分度头备有两块分度盘,其各孔圈数如下:

第一块正面:24、25、28、30、34、37;

反面:38、39、41、42、43。

第二块正面:46、47、49、51、53、54;

反面:57、58、59、62、66。

例如,铣齿数为 30 的齿轮,分度手柄的转数 n 为:

$$n = \frac{40}{Z} = \frac{40}{30} = 1\frac{10}{30}$$

将手柄中的定位销插入带有孔数为 3 的倍数(如 30)的分度盘圆周上,当手柄转过一周后再在 30 个孔中过 10 个孔距,即可得到所需的等分。为确保手柄转过的孔距数可靠,可使分度盘上的扇形夹的夹角等于所需的孔距数。

2. 万能铣头

万能铣头可以扩大卧式铣床的加工范围,完成立式铣床的工作。使用时卸下卧式铣床横梁、刀杆,装上万能铣头。根据加工需要,可把铣刀轴扳成任意角度,如图 8-5 所示。

3. 回转工作台

回转工作台(Rotating Table)又称圆形工作台,可用于加工圆弧面和较大零件的分度。回转工作台内部装有蜗杆蜗轮传动机构,摇动手柄可使工作台绕轴线转动;工作台周围有刻度,用以确定其位置;工作台的中央孔便于工件定位,如图8-6所示。

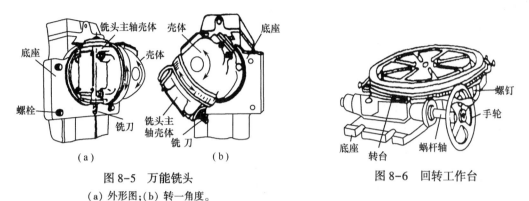

图8-5 万能铣头
(a)外形图;(b)转一角度。

图8-6 回转工作台

铣床常用的工件装夹方法有平口钳装夹、压板螺栓装夹和分度头装夹。当零件的生产批量较大时,为保证加工质量、提高生产率,常使用各种专用夹具或组合夹具。

8.2.4 其他类铣床

1. 立式铣床

立式铣床的主轴与工作台面垂直,为适应铣削斜面,有时还将主轴相对于工作台面偏转一定的角度,如图8-7所示。立式铣床的刚性好、操作简便,便于装夹硬质合金端铣刀进行高速铣削,应用广泛。

2. 龙门铣床

龙门铣床有单轴、双轴等形式,可以同时用多个铣刀对工件的多个表面进行加工,生产率高,适用于批量较大的大型或重型工件的加工,如图8-8所示。

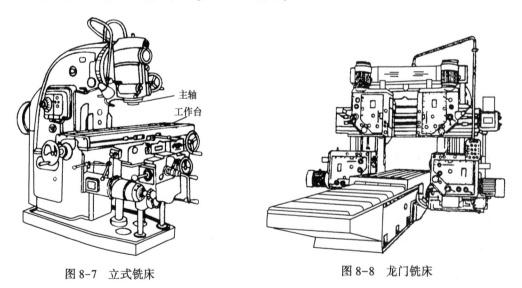

图8-7 立式铣床

图8-8 龙门铣床

3. 滚齿机

滚齿机是应用最广泛的齿轮加工机床,主要用于加工直齿、斜圆柱齿轮和蜗轮,如图8-9所示。

4. 插齿机

插齿机主要用于加工内、外啮合的圆柱齿轮,尤其适用于在滚齿机上不能加工的多联齿轮、内齿轮和齿条,但插齿机不能加工蜗轮,如图 8-10 所示。

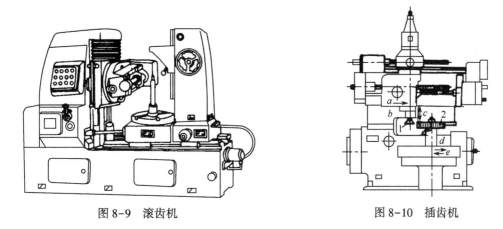

图 8-9 滚齿机   图 8-10 插齿机

8.3   铣   刀

铣刀是多齿刀具,刀齿分布在圆柱面或端面上,一般有多个齿同时参加切削。常用铣刀有高速钢和硬质合金两种。

8.3.1 铣刀的种类

铣刀根据安装方法分为带孔铣刀和带柄铣刀两大类,如图 8-11 所示。带孔铣刀多用于卧式铣床;带柄铣刀多用于立式铣床,带柄铣刀又分为直柄铣刀和锥柄铣刀。

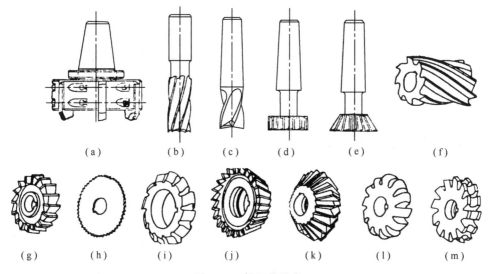

(a)   (b)   (c)   (d)   (e)   (f)

(g)   (h)   (i)   (j)   (k)   (l)   (m)

图 8-11 铣刀的种类

(a) 硬质合金镶齿端铣刀;(b) 立铣刀;(c) 键槽铣刀;

(d) T 形槽铣刀;(e) 燕尾槽铣刀;(f) 圆柱铣刀;(g) 三面刃铣刀;

(h) 锯片铣刀;(i) 模数铣刀;(j) 单角铣刀;(k) 双角铣刀;(l) 凸圆弧铣刀;(m) 凹圆弧铣刀。

8.3.2 铣刀的安装

1. 带孔铣刀的安装

带孔铣刀中的圆柱形、圆盘形铣刀,多采用长刀杆安装,如图 8-12 所示。刀杆一端为锥体,装入机床主轴锥孔,由拉杆拉紧。主轴旋转运动通过主轴前端的端面键带动,刀具则套在刀杆上由刀杆上的键来带动旋转。刀具的轴向位置由套筒来定位。为了提高刀杆的刚度,铣刀尽可能靠近主轴或吊架。拧紧刀杆的压紧螺母时,必须先装好吊架,以防刀杆弯曲变形。带孔铣刀中的端铣刀,多采用短刀杆安装,如图 8-13 所示。

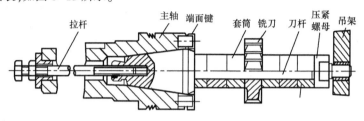

图 8-12 圆盘形铣刀的安装

2. 带柄铣刀的安装

直柄铣刀一般直径不大,可直接安装在主轴锥孔内的弹性夹头中,如图 8-14(a)所示。锥柄铣刀安装时,要选用过渡锥套,再用拉杆将铣刀及过渡锥套一起拉紧在主轴端部的锥孔内,如图 8-14(b)所示;若铣刀锥柄尺寸和锥度与铣床主轴锥孔相符时,就可直接安装,用拉杆拉紧,如图8-14(c)所示。

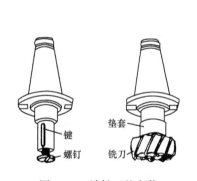

图 8-13 端铣刀的安装

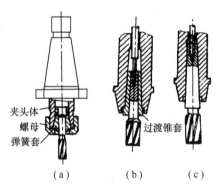

图 8-14 带柄铣刀的安装

8.4 铣削方法

8.4.1 铣削平面

铣削较大平面时,多采用镶硬质合金刀片的端铣刀在立式铣床或卧式铣床上进行,生产率高,加工质量好,如图 8-15 所示。

铣削较小平面时,多采用螺旋齿的圆柱形铣刀在卧式铣床上进行,切削过程平稳,加工质量好,如图 8-2(a)所示。

90

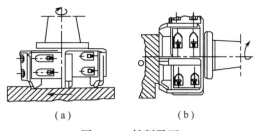

图 8-15　铣削平面
(a) 立铣;(b) 卧铣。

8.4.2　铣削台阶

铣削台阶采用三面刃盘铣刀在卧式铣床上进行,如图 8-16(a)所示,或采用大直径的立铣刀在立式铣床上进行,如图 8-16(b)所示。成批生产中一般用组合铣刀在卧式铣床上同时铣削几个台阶,如图 8-16(c)所示。

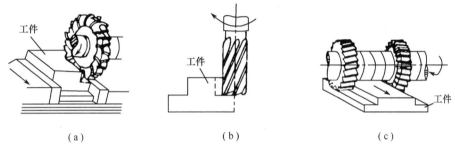

图 8-16　铣削台阶面
(a) 用三面刃盘铣刀;(b) 用立铣刀;(c) 用组合铣刀。

8.4.3　铣削斜面

铣削斜面的方法如图 8-17 所示。

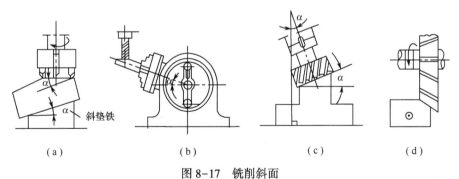

图 8-17　铣削斜面
(a) 用斜垫铁;(b) 用分度头;(c) 用万能铣头;(d) 用角度铣刀。

使用斜垫铁铣斜面的方法适用于大批量的平面加工。改变倾斜垫铁的角度,就可以加工不同的斜面;利用分度头铣斜面的方法适用于在圆柱形或特殊形状零件上加工斜面;利用角度铣刀铣斜面的方法适用于在立式铣床或卧式铣床上加工较小的斜面;旋转万能铣头铣斜面也是铣斜面常用的加工方法。

8.4.4 铣削沟槽

根据沟槽的形状,选用相应的沟槽铣刀来完成加工。

1. 铣键槽

铣开口式键槽,一般采用三面刃盘铣刀在卧式铣床上进行,如图 8-18 所示。

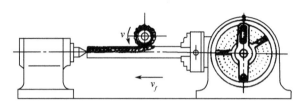

图 8-18　铣开口式键槽

单件铣封闭式键槽(Keyway),一般在立式铣床上进行。当批量较大时,常在键槽铣床上加工。用键槽铣刀铣键槽时,应在纵向行程结束时,进行垂直进给,然后反向走刀,如此反复多次直到完成进给;用立铣刀铣键槽,须预先在槽的一端钻一个落刀孔,才能进给,如图 8-19 所示。

2. 铣 T 形槽和燕尾槽

铣削 T 形槽和燕尾槽应先铣出宽度合适的直槽,再用相应的 T 形槽铣刀或燕尾槽铣刀进行铣削,如图 8-20 所示。

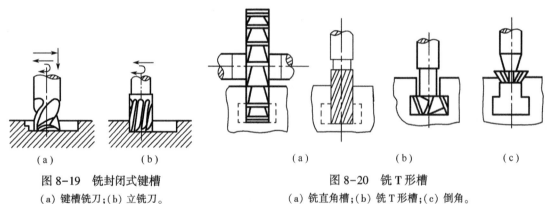

（a）	（b）

图 8-19　铣封闭式键槽
(a) 键槽铣刀;(b) 立铣刀。

图 8-20　铣 T 形槽
(a) 铣直角槽;(b) 铣 T 形槽;(c) 倒角。

3. 铣螺旋槽

铣螺旋槽通常在卧式铣床上利用分度头进行,如图 8-21 所示。铣削时,工件一面随工作台作纵向运动,同时又被分度头带动做旋转运动。通过工作台的纵向丝杠与分度头之间的交换齿轮搭配来保证工件转动一周,工作台纵向移动的距离等于工件螺旋槽的一个导程。

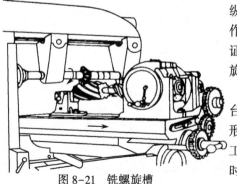

图 8-21　铣螺旋槽

用成形铣刀在卧式铣床上铣螺旋槽时,应将工作台旋转一个工件的螺旋角,以保证螺旋槽的法向截面形状和成形铣刀的端面形状一致。加工左螺旋槽时,工作台应顺时针旋转;加工右螺旋槽时,工作台应逆时针旋转。

8.4.5 铣削成形面

铣成形面多采用盘状成形铣刀在卧式铣床上进行,如图 8-2(d)所示。

8.4.6 齿形加工

铣齿属于成形法,是用与被加工齿轮齿间形状相符的一定模数的盘状或指状成形铣刀(模数铣刀)在卧式铣床上加工齿形,如图 8-22 所示。工件安装在分度头和后顶尖之间,铣完一个齿间后,刀具退出分度,再继续铣下一个齿间。盘状铣刀适用于加工模数 $m \leqslant 10$ 的齿轮,指状铣刀适用于加工模数 $m > 10$ 的齿轮。铣齿可加工直齿、斜齿圆柱齿轮及锥齿轮和齿条,适用于单件小批量加工精度不高的低速齿轮。

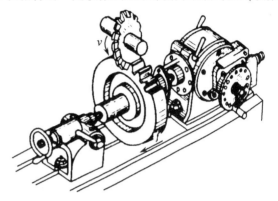

图 8-22　铣齿轮

滚齿和插齿均属于展成法加工齿轮。

滚齿是用齿轮滚刀在滚齿机上加工齿轮齿形,其加工原理相当于一对螺旋齿轮的啮合,如图 8-23 所示。与铣齿相比,滚齿加工精度高、生产率高,精度可达 IT8～IT7,齿表面粗糙度 Ra 值为 6.3～3.2μm。滚齿可加工外啮合的直齿、斜齿圆柱齿轮及蜗轮,但不能加工内齿轮和相距太近的多联齿轮。

插齿是利用插齿刀在插齿机上加工齿轮齿形,其加工原理相当于一对齿轮的啮合,如图 8-24 所示。插齿的加工精度高、表面质量好,精度可达 8～7 级,齿表面粗糙度 Ra 值可达 1.6μm。插齿可加工直齿圆柱齿轮,尤其适用于滚齿不能加工的内齿轮和多联齿轮。

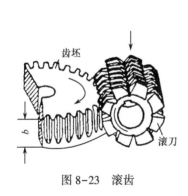

图 8-23　滚齿

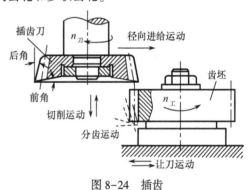

图 8-24　插齿

复习思考题

1. 铣削时的主运动和进给运动是什么? 铣削用量是什么?
2. X6132 万能铣床主要由哪几部分组成? 各部分的作用是什么?
3. 铣床的常用附件有哪些? 其主要作用是什么?
4. 试述分度头的工作原理。若工件需作 47 等分,应如何分度?
5. 简述圆柱平面铣刀、端铣刀及立铣刀的安装方法。
6. 铣削斜面有哪些方法? 其有什么特点和应用场合?
7. 常见的沟槽有哪些? 怎样进行相应的铣削加工?

第9章 刨削与磨削加工

教学要求：了解刨削加工工艺及应用；了解刨床的的结构和组成；熟悉牛头刨床的调整方法；了解刨刀装夹方法；掌握牛头刨床的基本操作技能；了解磨削加工工艺及应用；了解磨床的结构和组成；了解砂轮的类型；初步掌握平面磨削及外圆磨削的基本操作技能。

9.1 刨削加工

9.1.1 概述

刨削加工是在刨床上利用刨刀进行切削加工的方法。

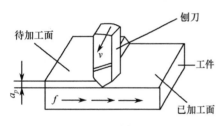

图 9-1 牛头刨床刨削用量

牛头刨床刨削时，主运动是刨刀的往复直线运动，进给运动是工件的间歇移动。刨削用量为刨削速度 $v(\mathrm{m/s})$、进给量 $f(\mathrm{mm/str})$ 和背吃刀量 $a_p(\mathrm{mm})$，如图 9-1 所示。刨削速度是指刨刀工作行程的平均速度；进给量是指刨刀每往复一次，工件沿进给方向移动的距离；背吃刀量是指刨刀切入工件的深度。

刨削主要用来加工平面、沟槽和直线型成形面，如图 9-2 所示，加工精度可达 IT9~IT8，表面粗糙度 Ra 值为 6.3~1.6μm。

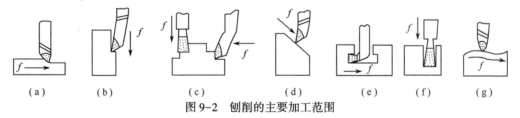

(a)   (b)   (c)   (d)   (e)   (f)   (g)

图 9-2 刨削的主要加工范围

(a) 刨水平面；(b) 刨垂直面；(c) 刨台阶面；(d) 刨斜面；(e) 刨 T 形槽；(f) 刨直槽；(g) 刨成形面。

9.1.2 刨床

1. 刨床的型号

刨床型号的具体含义如下：

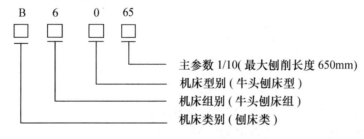

主参数 1/10(最大刨削长度 650mm)

机床型别 (牛头刨床型)

机床组别 (牛头刨床组)

机床类别 (刨床类)

2. 刨床的组成

牛头刨床应用广泛,适用于刨削尺寸不超过 1000mm 的中、小型零件。其组成如图 9-3 所示。

(1) 床身。床身用来支承刨床的各部件,床身内部装有传动机构。其顶面的燕尾形导轨供滑枕做往复运动,垂直面导轨供工作台升降。

(2) 滑枕。滑枕主要用来带动刨刀做往复直线运动,其前端有刀架。

(3) 刀架。刀架用来夹持刨刀,实现垂直和斜向进给,其滑板上装有可偏转的刀座。抬刀板可以绕 A 轴顺时针抬起,供刨刀返程时抬离加工表面。如图 9-4 所示。

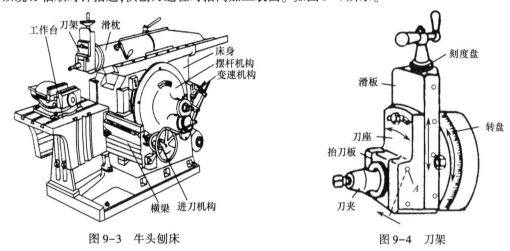

图 9-3　牛头刨床　　　　　　　　　　图 9-4　刀架

(4) 工作台。工作台用来装夹工件,它可随横梁上下移动,也可沿横梁做水平方向移动或间歇进给。

3. 牛头刨床的调整

B6065 型牛头刨床的传动系统示意图如图 9-5 所示。

1) 摇臂机构(曲柄摆杆机构)

摇臂机构是牛头刨床的主运动机构,其作用是把由电动机经变速机构传来的旋转运动变为滑枕的往复直线运动,带动刨刀进行刨削。其原理如图 9-5 所示,传动齿轮 19 带动摇臂齿轮 20 转动,固定在摇臂齿轮上的滑块 21 可在摇臂 22 的槽内滑动并带动摇臂绕下支点 23 前后摆动,实现滑枕的往复直线运动。

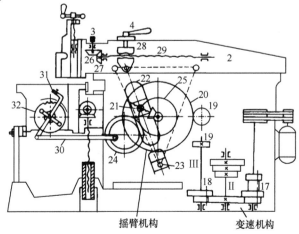

图 9-5　牛头刨床的传动系统示意图

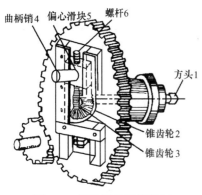

曲柄销4 偏心滑块5 螺杆6

方头1

锥齿轮2

锥齿轮3

图 9-6 调整滑枕行程长度

刨削前,应调节滑枕行程的大小,使其略大于工件刨削长度。调节方法如图 9-6 所示,转动方头 1,通过一对锥齿轮 2、3 转动螺杆 6,使偏心滑块 5 在导槽内移动,曲柄销 4 带动图 9-5 中的滑块 21,改变其在摇臂齿轮端面上的偏心位置,从而改变滑枕 2 的行程长度。

滑枕行程确定后,还需确定滑枕的起始位置。调节方法是松开图 9-5 中的锁紧手柄 4,用曲柄摇杆转动轴 3,通过一对锥齿轮 26、27 转动螺杆 29,改变螺母 28 在螺杆 29 上的位置,从而改变滑枕 2 的起始位置。

2)进给机构(棘轮机构)

进给机构的作用是使工作台在水平方向做自动间歇进给,其原理如图 9-7 所示。齿轮 25 与图 9-5 中摇臂齿轮 20 同轴旋转,齿轮 25 带动齿轮 24 转动,使固定于偏心槽内的连杆 30 摆动拨杆 31,拨动棘轮 32 使同轴丝杠 33 转一个角度,实现工作台的横向进给。

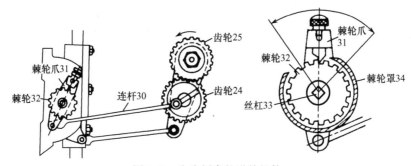

齿轮25

棘轮爪31

棘轮32

连杆30

齿轮24

棘轮爪31

棘轮32

棘轮罩34

丝杠33

图 9-7 牛头刨床的进给机构

刨削时,根据工件的加工要求调整进给量和进给方向。进给量的大小取决于滑枕往复一次时棘轮爪能拨动的棘轮齿数,即通过转动棘轮罩 34 的缺口位置来改变棘轮爪拨过的棘轮齿数,实现横向进给量大小的调整。改变棘轮罩 34 的缺口方向,并使棘轮爪反向(180°)来实现反向进给。

3)变速机构

变速机构的作用是将电动机的旋转运动以不同的速度传给摇臂。轴Ⅰ和轴Ⅲ上分别装有两组滑动齿轮,使轴Ⅲ有 3×2=6 种转速传给摇臂齿轮 20,使滑枕行程速度相应变换,满足不同的刨削要求。

4. 其他类刨床

1)龙门刨床

龙门刨床的刚性好、功率大、操作方便,适用于加工大型工件上的窄长平面、大平面或多件同时刨削,也用于批量生产,如图 9-8 所示。

龙门刨床的主运动是工作台(工件)的往复直线运动,进给运动是刀架(刀具)的间歇移动。安装在横梁上的两个垂直刀架做横向进给运动,刨削水平面;安装在立柱上的两个侧刀架做垂直进给运动,刨削垂直面。各个刀架均可扳转一定的角度刨削斜面。横梁可沿立柱导轨升降,适应刨削不同高度的工件。

2)插床

插床又称立式刨床,如图 9-9 所示。其主要用于单件小批加工零件直线成形的内表面(内键槽、花键孔、方孔和多边形孔等)及与之相似的外表面。

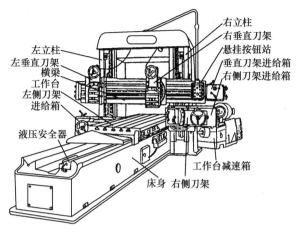

图 9-8 B2010A 龙门刨床

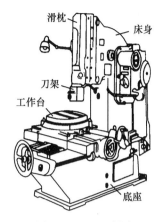

图 9-9 B5020 插床

插床的主运动是滑枕垂直方向上的往复直线运动;进给运动是工作台(工件)的纵向、横向或回转间歇转动或移动。圆形工件台可进行圆周分度。插削斜面时,可将滑枕倾斜一定角度,且可在小于 10°的范围内任意调整。

3) 拉床

拉床主要用于大批量加工各种形状的通孔、平面和成形表面,如图 9-10 所示。拉床的运动较简单,只有主运动(拉刀的移动),没有进给运动(进给运动由递增的齿升量决定)。

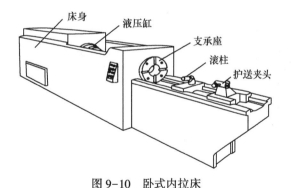

图 9-10 卧式内拉床

9.1.3 刨刀

刨刀的几何参数与车刀相似,但刀体的横截面比车刀大 1.25~1.5 倍,用以承受较大的冲击力。刨刀常作成弯头,使其在受到较大切削力时,刀杆所产生的弯曲变形可绕 O 点向后上方弹起,避免啃伤工件,如图 9-11 所示。

刨刀按其加工形式和用途的不同,通常可分为平面刨刀[图 9-2(a)]、偏刀[图 9-2(b)、(d)]、角度偏刀、弯切刀[图 9-2(e)]和成形刀等。

刨刀装夹时,将刀架上的转盘对准零线,以准确控制吃刀深度。刀架下端与转盘底部基本对齐,以增加刀架的刚度。直刨刀的伸出长度一般为刀体厚度 H 的 1.5~2 倍,如图 9-12 所示。弯头刨刀的伸出量可长些。

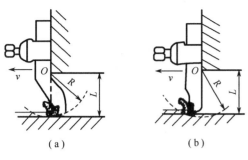

(a)   (b)

图 9-11　刨刀

(a) 弯头刨刀;(b) 直头刨刀。

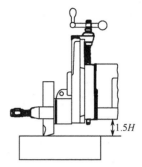

图 9-12　刨刀的装夹

9.1.4　刨削方法

1. 刨削平面

粗刨时用普通平面刨刀;精刨时用圆头精刨刀。

2. 刨削垂直面和斜面

刨削垂直面时可采用偏刀。根据加工表面位置的不同,选用左偏刀或右偏刀。刨削时,刀架转盘应对准零线,使滑板(刨刀)能准确地沿垂直方向移动。同时,刀座还必须偏转一定的角度(10°~15°),使刨刀在返程时可自由离开工件表面,以免擦伤已加工面和减少刀刃磨损,如图 9-13 所示。

刨削斜面与刨削垂直面基本相同,只是刀架转盘扳转一个加工所要求的角度。如刨削 60°斜面,就应使刀架转盘对准 30°刻线,如图 9-14 所示。

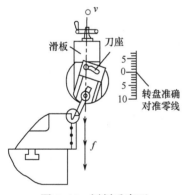

图 9-13　刨削垂直面

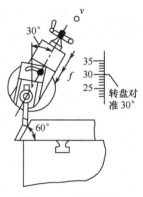

图 9-14　刨削斜面

3. 刨削矩形工件

矩形工件可以铣削,也可以刨削。当工件采用平口钳装夹时,加工四个面的步骤应按照 1—2—4—3 的顺序进行,如图 9-15 所示。

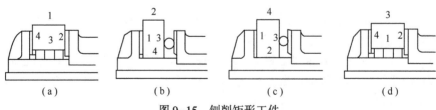

(a)   (b)   (c)   (d)

图 9-15　刨削矩形工件

4. 刨削沟槽

V形槽、T形槽、燕尾槽等沟槽是由平面、斜面、直槽等组成。刨槽前应先划线。各槽表面的加工顺序如图9-16所示。

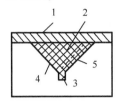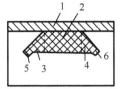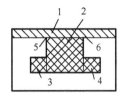

图9-16 刨沟槽的顺序

9.1.5 插削与拉削加工

插削加工是指在插床上利用插刀加工工件,可看成是"立式刨床"加工,如图9-17所示。插刀类似刨刀,但受内表面限制,刀杆刚性差,插削精度不如刨削,但插削的形位精度高,生产率低,一般多用于工具车间、机修车间和单件小批量生产,加工的表面粗糙度 Ra 值为 $6.3 \sim 1.6\mu m$。

拉削加工是指在拉床上利用拉刀加工工件,如图9-18所示。拉刀相对于工件作直线移动(主运动)时,拉刀的每一个刀齿依次从工件上切下一层薄的切屑(进给运动),当全部刀齿通过工件后,就完成了工件的加工。拉削孔的长度一般不能超过孔径的3倍。拉削加工的生产率高,加工质量好,广泛应用于各种孔、键槽、平面、半圆弧面和某些组合表面的加工,加工精度可达 IT8~IT6,表面粗糙度 Ra 值为 $0.8 \sim 0.4\mu m$。但拉刀的结构复杂,价格昂贵,且为定尺寸刀具,因此拉削主要用于大批量生产。

图9-17 插削方孔

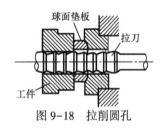

图9-18 拉削圆孔

9.2 磨 削 加 工

9.2.1 概述

磨削加工(Grinding Machining)是在磨床上利用砂轮进行切削加工的方法,是零件精加工的主要方法之一。

磨削外圆时,主运动是砂轮的高速旋转运动;圆周进给运动是工件的低速旋转运动;纵向进给运动是工件的纵向移动;横向进给运动是砂轮的横向移动。磨削用量为磨削速度 $v_{轮}$(m/s)、圆周进给量 $v_{工}$(m/s)、纵向进给量 $f_{纵}$(mm/r)和横向进给量 t(也称磨削深度,mm),如图9-19所示。磨削速度是指砂轮外圆的线速度;圆周进给量是指工件外圆的线速度;纵向进给量是指工件每转一周沿其轴向的位移量;横向进给量是指工作台每双行程内砂轮相对工件横向的位移量。

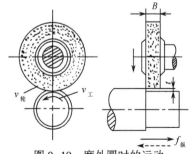

图9-19 磨外圆时的运动

磨削可以精加工零件的内外圆柱面、内外圆锥面、平面及成形表面(花键、螺纹、齿轮等)和一些难加工高硬材料(淬火钢、硬质合金等),加工精度可达 IT6~IT5,表面粗糙度 Ra 值为 1.25~0.16μm,如图 9-20 所示。

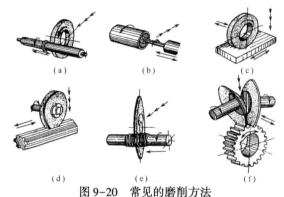

图 9-20　常见的磨削方法

(a) 外圆磨削;(b) 内圆磨削;(c) 平面磨削;(d) 花键磨削;(e) 螺纹磨削;(f) 齿形磨削。

9.2.2　磨床

磨床(Grinder)按用途可分为外圆磨床(Column Grinder)、内圆磨床、平面磨床(Plane Grinder)、无心磨床、花键磨床、螺纹磨床和齿轮磨床等。

1. 磨床的型号

磨床型号的具体含义如下:

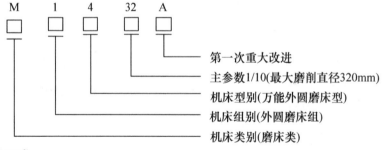

2. 磨床的组成

万能外圆磨床可以磨削内外圆柱面、锥度较大的内外圆锥面和端面,其主要组成如图 9-21 所示。

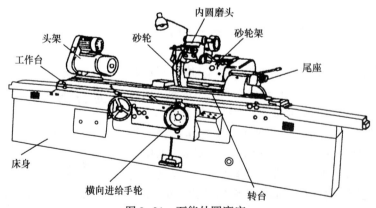

图 9-21　万能外圆磨床

100

（1）床身。床身用来支承和连接磨床各部件，上部的纵向导轨供工作台用，横向导轨供砂轮架用，内部装有液压传动装置和操纵机构。

（2）工作台。工作台有两层，上工作台可在水平面内偏转一定的角度（±10°），以便磨削圆锥面；下工作台由液压系统控制沿床身导轨做纵向往复运动。工作台前侧面的T形槽内，装有两个换向挡块，用以控制工作台的行程和换向。

（3）头架。头架用于安装及夹持工件，并使其旋转。头架主轴由单独电动机驱动，在水平面内可逆时针方向转动90°。

（4）尾座。尾座套筒内装有顶尖，可与头架的前顶尖一起支承工件。尾座在工作台上的位置，可根据工件长度任意调整。

（5）砂轮架。砂轮架用于安装砂轮，由单独电动机带动做高速旋转。砂轮架安装在床身的横向导轨上，可通过手动或液压传动实现横向进给，可以在水平面内调整至一定角度位置（±30°）。

3. 磨床的液压传动系统

磨床的液压传动原理如图9-22所示。磨床的液压传动系统主要由油泵、油缸、转阀、安全阀、节流阀、换向滑阀、工作介质（机油）及操作手柄等元件组成。安全阀的作用是使系统中维持一定压力，并把多余的高压油排入油池。工作台的往复直线运动是按下述循环实现的。

工作台左移（操纵手柄在图9-22中实线位置）：

高压油：油泵→转阀→安全阀→节流阀→换向滑阀→油缸右腔。

低压油：动力油缸左腔→换向滑阀→油池。

工作台右移（操作手柄在图中虚线位置）：

高压油：油泵→转阀→安全阀→节流阀→换向滑阀→油缸左腔。

低压油：动力油缸右腔→换向滑阀→油池。

操纵手柄由工作台侧面左右挡块推动。工作台行程长度由挡块位置来调整，当转阀转过90°时，油泵中的高压油全部流回油池，工作台停止运动。

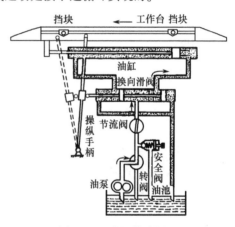

图9-22 液压传动原理

4. 其他类磨床

平面磨床主要用来磨削平面，如图9-23所示。磨削时，主运动是砂轮的高速旋转，进给运动是工作台的纵向移动。工作台上装有电磁吸盘或其他夹具，用以安装工件。磨削平面的加工精度可达IT6~IT5，表面粗糙度 Ra 值为 0.4~0.2μm。

内圆磨床主要用来磨削圆柱孔、圆锥孔及端面，如图9-24所示。磨削运动和外圆磨床相同。砂轮做高速旋转，且旋转方向与工件旋转方向相反。磨削内圆的加工精度可达IT7~IT6，表面粗糙度 Ra 值为 0.8~0.2μm。

无心外圆磨床主要用于成批及大量生产中磨削细长轴和无中心孔的短轴。磨削时不用装夹工件，而是放置在砂轮和导轮之间，用托板支持，工件由低速旋转的导轮带着旋转，由高速旋转的砂轮磨削，如图9-25所示。磨削的加工精度可达IT6~IT5，表面粗糙度 Ra 值为 0.8~0.2μm。

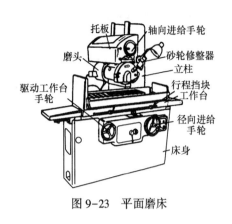

图 9-23　平面磨床

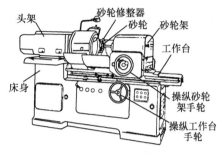

图 9-24　内圆磨床

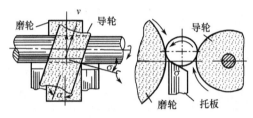

图 9-25　无心外圆磨原理

9.2.3　砂轮

1. 砂轮特性

　　砂轮(Grinding Wheel)是磨削加工的刀具。磨料、结合剂和空隙是构成砂轮的三大要素,如图 9-26 所示。砂轮的特性包括磨料、粒度、黏合剂、硬度、组织、形状和尺寸等。

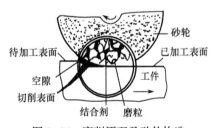

图 9-26　磨削原理及砂轮构造

　　磨料(Abrasive)直接担负切削工作,应具有坚韧、锋利、耐热等性能。常用的磨料有刚玉(Al_2O_3)和碳化硅(SiC)两大类。刚玉类适用于磨削钢料及合金钢刀具,碳化硅类适合于磨削铸铁、青铜等脆性材料及硬质合金刀具等。磨料的大小用粒度表示,粒度号(GB 2477—1983)越小,颗粒越大。粗磨和磨软材料时用小号,精磨和磨硬材料时用大号。常用的粒度号为 $30^{\#} \sim 100^{\#}$。

　　磨料由黏合剂黏结成具有一定形状和强度的砂轮,如图 9-27 所示。最常用的是陶瓷结合剂,磨粒被黏结得越牢,砂轮的硬度就越高。

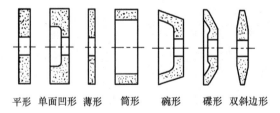

平形　单面凹形　薄形　筒形　碗形　碟形　双斜边形

图 9-27　砂轮的形状

　　砂轮的组织是指磨料、黏合剂、气孔三者体积的比例关系,分为紧密、中等、疏松三大类 16 级,最常用的是 5 级、6 级,级数越小,砂轮越紧密。磨淬火钢及工具时常用中等组织。

砂轮选用时主要根据工件的材料、形状、尺寸及热处理方法。在砂轮的非工作面上印有特性代号,例如:

GC	60#	ZR₁	A	P	400×50×203
磨料	粒度	硬度	黏合剂	形状	尺寸(外径×宽度×孔径)

2. 砂轮的安装

砂轮安装前必须确保其无裂纹,以防高速旋转时破裂。大砂轮用台阶法兰盘安装并必须做平衡试验;中等尺寸的砂轮用法兰盘安装在主轴上,如图9-28所示;小砂轮直接黏固在主轴上。

砂轮工作一定时间后,需用金刚石刀将砂轮表面变钝的砂粒切去,以恢复其几何形状和锐利程度,如图9-29所示。修整时要用大量冷却液,以避免金刚石刀因温度剧升而破裂。

图9-28 砂轮的安装

图9-29 砂轮的修整

9.2.4 磨削方法

磨削加工应使用大量的冷却液,降低磨削温度,及时冲走屑沫,以保证工件表面质量。

1. 外圆磨削

外圆磨削(Column Grinding)是对工件圆柱、圆锥、台阶轴外表面和旋转体外曲面的磨削。其一般作为外圆车削后的精加工工序,主要是在外圆磨床上进行。

常用的磨削方法有纵磨法、横磨法、深磨法、综合磨法及无心外圆磨法,如图9-30所示。

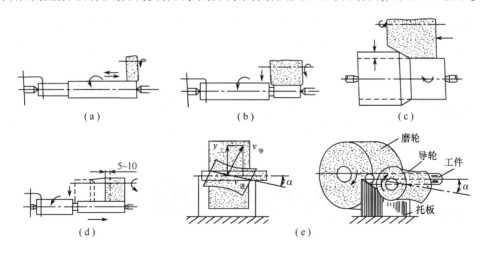

(a) (b) (c)

(d) (e)

图9-30 外圆磨床磨外圆

(a)纵磨法;(b)横磨法;(c)深磨法;(d)综合磨法;(e)无心外圆磨法。

纵磨法的磨削力小,磨削热少,散热条件好,所加工的工件的精度高,表面粗糙度小,目前在生产中应用最广泛,主要用于单件小批生产,特别适用于细长轴的精磨。

横磨法的生产率高,适用于成批大量粗磨刚度好的工件,尤其适用于成形磨削。

深磨法磨削时用较小的纵向进给量(一般取 1~2mm/r)、较大的背吃刀量(一般为 0.3mm 左右),在一次行程中切除全部余量,生产率高,适用于大批大量加工刚度较大的工件,且被加工工件表面两端要有较大距离,允许砂轮切入和切出。

综合磨法是先用横磨法将工件表面进行分段粗磨,相邻两端有 5~10mm 的搭接,工件上留 0.01~0.03mm 的余量,然后用纵磨法进行精磨。该方法综合了横磨法和纵磨法的优点,生产率比纵磨法高,精度和表面质量比横磨法高。

无心外圆磨法是工件不定回转中心的磨削,是一种生产率很高的精加工方法。磨削时工件置于磨轮和导轮之间,靠托板支撑,由于不用顶尖支撑,所以称无心磨削。磨削时砂轮旋转,导轮除带动工件回转外,与工件接触点的水平分速度推动工件作自动纵向进给。无心外圆磨法的安装方便,可连续加工,易于实现自动化,生产率高,尤其适用于细长轴类零件的精磨。

2. 内圆磨削

内圆磨削主要用直径较小的砂轮加工圆柱通孔、圆锥孔、成形内孔、盲孔等。磨削方式有两种:一种是工件和砂轮均做回转运动,如图 9-31(a)所示;另一种是工件不回转,砂轮做行星运动,适应于加工较大的孔,如图 9-31(b)所示。

内圆磨削在内圆磨床和万能外圆磨床上进行。常用的磨削方法有纵磨法和横磨法,其中纵磨法应用最为广泛。磨削内圆时,通常采用三爪卡盘、四爪卡盘、花盘及弯板等夹具装夹工件,其中最常用的是用四爪卡盘通过找正装夹工件,如图 9-32 所示。

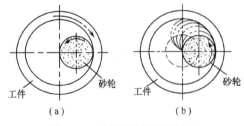

图 9-31　内圆磨削的两种方法

(a)普通内圆磨削;(b)行星式内圆磨削。

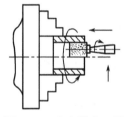

图 9-32　卡盘装夹工件

3. 平面磨削

平面磨削(Plane Grinding)是在平面磨床上进行的。常用的磨削方法有周磨法(用回转砂轮周边磨削)和端磨法(用回转砂轮端面磨削)两种,如图 9-33 所示。周磨法加工时,砂轮与工件接触面积小,发热量小,便于冷却,加工质量高,但生产率低,主要用于精磨。端磨法的磨削效率高,但磨削精度低,主要用于粗磨和半精磨。工件一般采用电磁吸盘直接装夹在工作台上或用专门夹具夹持,大型工件以夹压方式安装在工作台上。

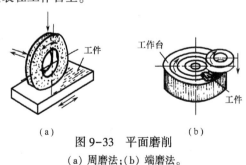

图 9-33　平面磨削

(a)周磨法;(b)端磨法。

复习思考题

1. 刨削的主运动和进给运动是什么？刨削运动有何特点？
2. 刨削前,牛头刨床需进行哪几方面的调整？如何调整？
3. 刨刀与车刀相比有何异同？
4. 刨削垂直面和斜面时,刀架如何调整？
5. 试述六面体零件的刨削加工过程。
6. 外圆磨削时,砂轮和工件需做哪些运动？
7. 万能外圆磨床由哪几部分组成？各部分有何作用？
8. 如何选择砂轮？为什么砂轮在安装前要进行平衡？
9. 外圆磨削的方法有哪几种？各有什么特点？
10. 平面磨削常用方法有哪几种？如何选用？

第 10 章 钳工与装配

教学要求：了解钳工在机械制造、装配及维修中的作用；掌握划线、锯削、锉削、钻孔、攻螺纹等钳工基本操作；了解机械部件和产品装拆工艺与方法。

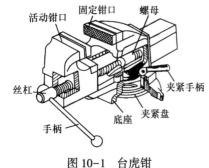

图 10-1 台虎钳

钳工（Locksmith And Assemblage）是手持工具完成工件加工、装配和修理等工作的方法。钳工基本操作有划线、錾削、锯削、锉削、钻孔、铰孔、攻螺纹、套螺纹、刮研和装配等。

钳工常用设备有钳工工作台（简称钳台）、台虎钳、砂轮机和钻床等。台虎钳固定在钳台上，用于夹持工件，如图 10-1 所示。

钳工所用工具简单、加工灵活、适应性强，可以完成机械加工中不便或无法完成的工作。但劳动强度大，生产率低，操作技能高，主要用于生产前的准备工作、单件小批生产中的加工、部件装配和设备维修工作。

10.1 划 线

划线（Lineation）是根据图样要求，在毛坯或工件的已加工表面上划出加工轮廓线或作为找正、检查依据的尺寸界线的操作。

划线时要求尺寸准确、位置正确、线条清晰、冲眼均匀，划线精度为 0.25～0.5mm。

10.1.1 划线的作用

（1）确定加工余量、加工位置或工件安装时的找正线，作为工件加工和安装的依据。

（2）检查毛坯尺寸和校正几何形状，避免不合格的毛坯投入加工。

（3）合理分配各加工表面的余量，保证加工质量。

10.1.2 划线工具

1. 基准工具

划线基准工具是平板。平板由铸铁制成，经时效处理，上平面为划线的基准平面。平板安放应稳固，不准敲击和碰撞，并保持表面洁净，长期不用应涂油防锈。

2. 支承工具

划线支承工具主要有 V 形铁、方箱和千斤顶。

V 形铁是用于支承圆柱形工件，使工件轴线与平板平行，以便划出中心线，如图 10-2 所示。

方箱是用于夹持尺寸较小而加工面多的工件，是能根据需要转换位置的划线工具。它是用铸铁制成的空心立方体。通过在平板上翻转方箱，就可以在工件表面上划出相互垂直的线，如图 10-3 所示。

千斤顶是在平板上支承和找正工件用的，一般三个为一组，可用于不规则或较大的工件划线，如图 10-4 所示。

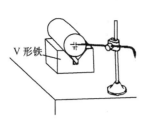

图 10-2　V 形铁支承工件

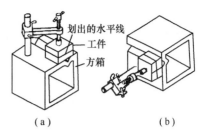

（a）　　　　　　　　　　（b）

图 10-3　方箱

（a）划水平线；（b）翻转 90°划垂直线。

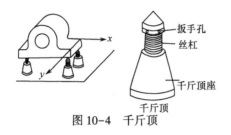

图 10-4　千斤顶

3. 划线工具

划线工具主要有划针、划卡、划规、划针盘、样冲、高度游标卡尺等。

划针是用于在工件表面上划线,如图 10-5 所示。

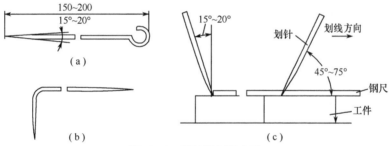

图 10-5　划针及划针方法

（a）直划针；（b）弯头划针；（c）划针划线。

划卡是用于确定轴和孔的中心位置,也可用于划平行线,如图 10-6 所示。

划规是用于在工件上划圆、弧线、等分线段及量取尺寸等,是平面划线作图的主要工具,如图 10-7 所示。

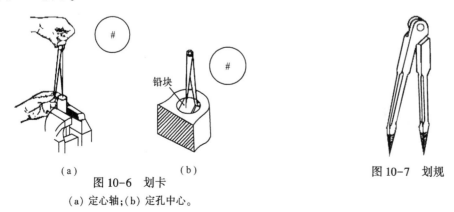

（a）　　　　　　　　　（b）

图 10-6　划卡

（a）定心轴；（b）定孔中心。

图 10-7　划规

划针盘是在平台上进行立体划线和找正的主要工具。调整夹紧螺母,可将划针固定在立柱的任何位置。划针直头用来划线,弯头用来找正工件位置,如图10-8所示。

样冲是用于在工件表面划好的线上打出样冲眼,以强化显示划线标记和便于钻头定位,如图10-9所示。

高度游标卡尺是划针盘与高度尺的组合,是一种精密工具,主要用于半成品划线,如图10-10所示。

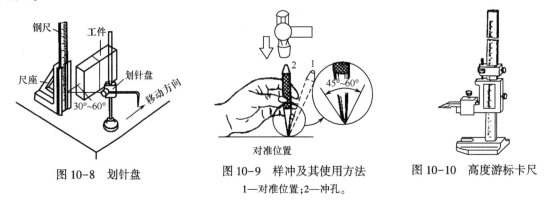

图10-8　划针盘　　　图10-9　样冲及其使用方法　　　图10-10　高度游标卡尺

1—对准位置;2—冲孔。

4. 划线量具

划线量具有钢尺、高度尺(由钢尺和尺座组成)及直角尺。

10.1.3　划线分类

划线分为平面划线和立体划线。

平面划线是在工件的一个表面上划线,如图10-11(a)所示。其方法类似平面几何作图,即在工件表面按图样要求划出点和线。批量大的工件可用样板进行划线。

立体划线是指在工件的长、宽、高三个方向上划线,如图10-11(b)所示,是平面划线的综合应用。图10-12为立体划线示例。

（a）　　　　　　　　　　　（b）

图10-11　划线分类

（a）平面划线;（b）立体划线。

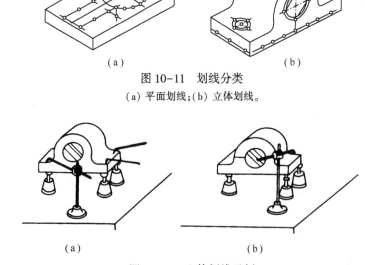

（a）　　　　　　　　　　　（b）

图10-12　立体划线示例

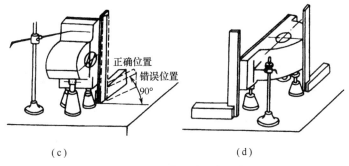

（c）　　　　　　　　　　　（d）

图 10-12　立体划线示例(续)

10.1.4　划线基准

划线基准是指划线时在工件上所选择的一个或几个点、线、面作为划线依据,用以确定工件的几何形状和各部分的相对位置。一般可选重要孔的中心线或已加工面作为划线基准,如图 10-13 所示。

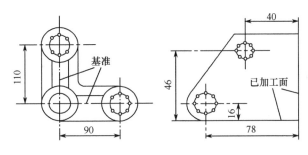

图 10-13　划线基准

10.1.5　划线涂料

划线涂料常用的有白灰浆、紫溶液和硫酸铜等。划线前,在工件表面上应先涂上一层薄而均匀的涂料,使划出的线条清晰可见。

10.2　锯削和锉削

10.2.1　锯削

锯削(Sawing)是用手锯锯断金属材料或进行切槽的操作。锯削可用于加工切割异形工件、开槽和修整等。

1. 锯削工具

锯削常用工具是手锯,由锯弓和锯条组成。锯弓拉紧并夹持锯条,分为固定式和可调式两种,如图 10-14 所示。

锯条是由碳素工具钢或合金工具钢经淬硬后制成。常用锯条的规格为长 300mm,宽 12mm,厚 0.8mm。锯条的锯齿左、右错开,排列成一定的形状,如图 10-15 所示。锯条按齿距的大小分为粗齿、中齿和细齿。粗齿锯条用于锯削软的或厚的材料;细齿锯条用于锯削硬的或薄的材料;中齿锯条用于锯削普通钢、铁及厚度适中的材料。

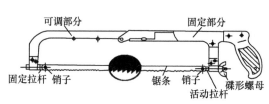

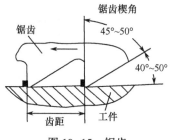

图 10-14　可调式锯弓　　　　　　　　图 10-15　锯齿

2. 锯削基本操作

（1）选择锯条。根据工件材料的硬度和厚度选择锯条。

（2）安装锯条。锯条的锯齿应朝前安装在锯弓上，保证前推时进行切削，且安装松紧要适当。

（3）装夹工件。工件应装夹在虎钳的左边，锯切线离钳口要近，以免锯削时产生颤振。

（4）起锯。起锯时，左手拇指靠稳锯条，右手稳推手柄，起锯角度应小于15°[图10-16(b)]。锯弓往复行程应短，压力要轻，锯条要与工件表面垂直[图10-16(a)]，开出锯口后，应逐渐将锯弓引至水平方向。

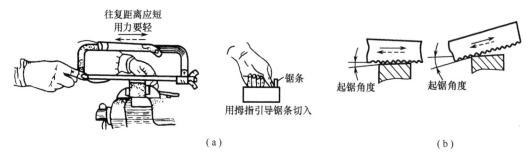

图 10-16　起锯

(a) 起锯姿势；(b) 起锯角度。

（5）锯削。正常锯削时，锯条作直线往复运动，不得左右摆动，保持锯条全长的2/3参与切削，且前推时均匀加压，返回时在工件上轻轻滑过。锯削速度不宜过快，应控制在20～40次/min。锯削钢料时，应加机油润滑。

（6）结束锯削。锯削临结束时，速度要慢，用力要轻，行程要小。

3. 锯削方法

（1）锯削角钢时，锯齿应顺工件棱角及表面向下锯削。第一面锯透后，将角钢转90°再锯；锯削扁钢时，应从宽面下锯；锯削槽钢时，应变换三个方向下锯，使锯缝较浅，锯条不易被卡住。

（2）锯削薄壁圆管时，应将其夹持在V形木衬之间，以防夹偏或夹坏表面。锯削时，应顺锯条推进方向多次变换锯削方向，每一个方向只能锯到管子的内壁处，直至锯断为止，如图10-17所示。

（3）锯削薄板时，应将其夹持在两木板之间，固定在虎钳上，以防振动和变形。锯切方法如图10-18所示。

（4）锯缝超过锯弓高度的深缝时[图10-19(a)]，应将锯条转过90°重新安装，把锯弓转到工件旁边[图10-19(b)]；当锯弓横过来的高度仍不够时，也可将锯条转过180°，使其锯齿安装在锯弓内进行切削[图10-19(c)]。

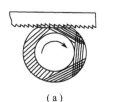

图 10-17　锯削管子的方法

（a）正确；（b）不正确。

图 10-18　锯削薄板

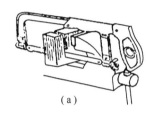
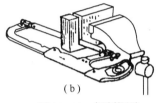

（a）　　　　　　（b）　　　　　　（c）

图 10-19　锯削深缝

10.2.2　锉削

锉削（Filing）是用锉刀对工件表面进行切削加工的操作。锉削加工可用于加工平面、曲面、沟槽和各种复杂表面，也可用于装配时的工件修整，是钳工最基本的操作。锉削加工的尺寸精度可达 IT8～IT7，表面粗糙度 Ra 值可达 $1.6～0.8\mu m$。

1. 锉刀

1）锉刀结构

锉刀（File）是由优质碳素工具钢经淬硬制成的，其规格以工作部分的长度表示，常用的有 100mm、150 mm、200mm、250mm、300mm、350mm 和 400mm 七种，如图 10-20 所示。

锉刀的锉齿是在剁锉机上剁出的，交叉排列，构成刀齿，形成容屑槽，如图 10-21 所示。

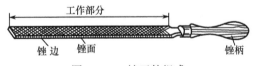
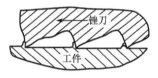

图 10-20　锉刀的组成

图 10-21　锉齿

锉刀的锉纹有单纹和双纹两种，一般制成双纹的，以便锉屑断碎，锉面不易堵塞，且省力。单纹锉刀用于锉削铝等软材料。

锉刀按锉面 10mm 内的锉齿数分为粗锉、细锉和油光锉三种。粗锉（4～12 齿）用于粗加工或锉削铜、铝等有色金属；细锉（13～24 齿）用于锉光表面或锉削硬金属；油光锉（30～40 齿）用于精加工修光表面。

2）锉刀种类

锉刀按用途可分为普通锉、整形锉（什锦锉或组合锉）和特种锉三种。普通锉按其截面形状分为平锉、方锉、圆锉、半圆锉、三角锉等，如图 10-22 所示。整形锉适用于精细加工及修整工件细小部位和精密工件（样板、模具等）的加工，一般分成 5～12 支一组。特种锉适用于加工零件上的特殊表面。

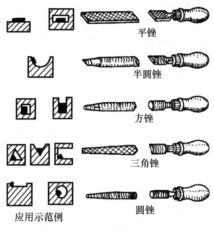

图 10-22 普通锉刀的种类

2. 锉削基本操作

1）锉刀的选用

根据工件形状和加工面的大小选择锉刀的形状和规格；根据工件材料的硬度、加工余量、表面粗糙度选择锉刀锉齿的粗细。

2）锉刀的握法

锉刀的握法如图 10-23 所示。

3）锉削力

锉削时，锉刀前推时加压、并保持水平；返回时不要紧压工件，以免磨钝锉齿和损伤已加工面，如图 10-24 所示。锉刀的齿面塞积切屑后，用钢丝刷顺着锉纹方向刷去锉屑。

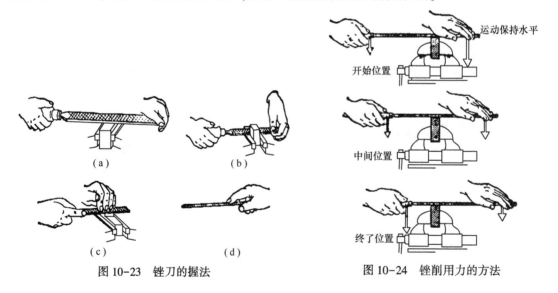

图 10-23　锉刀的握法

图 10-24　锉削用力的方法

3. 锉削方法

1）锉削平面

粗锉时，采用交叉锉法［图 10-25（b）］去屑快，且易根据锉痕判断加工面是否平整。待平面基本锉平后，采用顺锉法［图 10-25（a）］，降低加工的表面粗糙度值，并获得正直的锉纹。最后用细锉或油光锉用推锉法修光［图 10-25（c）］。

112

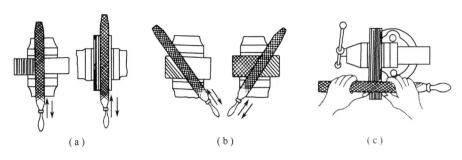

图 10-25 锉削方法

(a) 顺锉法;(b) 交叉锉法;(c) 推锉法。

锉削时,工件尺寸可用钢直尺或卡尺(卡钳)检验。工件的直线度、平面度和垂直度可用刀口形直尺、90°直尺是否透光法检查,如图 10-26 所示。

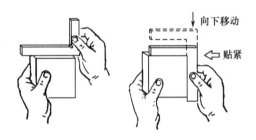

图 10-26 检查直线度和直角

2) 锉削外圆弧面、内圆弧面

锉削外圆弧面时,锉刀的运动为前推运动和绕工件圆弧中心摆动。常用的操作是顺着外圆弧面的滚锉法和横着外圆弧面的横锉法,如图 10-27 所示。

锉削内圆弧面时,锉刀的运动为前推运动、左右移动和绕自身轴线的转动,如图 10-28 所示。

外、内圆弧面锉好后,可用样板检查。

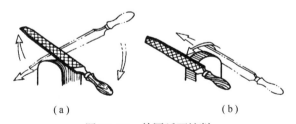

图 10-27 外圆弧面锉削

(a) 顺着外圆弧面滚锉;(b) 横着沿外圆弧面锉。

图 10-28 内圆弧面锉削

10.3 钻 削

钻削是在钻床上进行的切削加工,主要有钻孔、扩孔、铰孔和锪孔等,如图 10-29 所示。

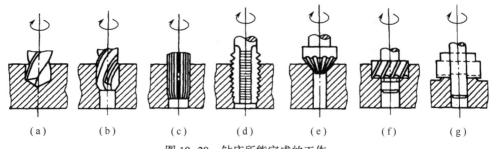

图 10-29　钻床所能完成的工作

(a) 钻孔；(b) 扩孔；(c)铰孔；(d) 攻螺纹；(e) 锪锥孔；(f) 锪圆柱孔；(g) 锪端面。

10.3.1　钻孔

钻孔(Drilling)是在钻床上用钻头在实体材料上加工孔的操作。钻削时,主运动是钻头的旋转运动,进给运动是钻头的轴向移动。钻孔属于粗加工,精度一般为 IT12,表面粗糙度值 Ra 为 $12.5 \sim 25 \mu m$。

1. 钻床

常用的钻床有台式钻床、立式钻床和摇臂钻床三种。

(1) 台式钻床简称台钻,是小型机床,主轴进给是手动的,具有移动方便、转速高的特点,适用于加工小型工件上的孔径小于 12mm 的各类孔,如图 10-30 所示。

(2) 立式钻床简称立钻,它的主轴相对于工作台的位置是固定的,主轴转速和走刀量的变化范围大,可以自动走刀,且刚性好、功率大,适用于单件、小批量加工中、小型工件,如图 10-31 所示。立钻的规格用最大钻孔直径来表示,常用的有 25mm、35mm、40mm 和 50mm 等。

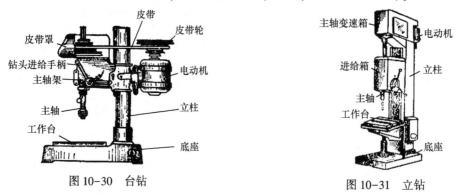

图 10-30　台钻

图 10-31　立钻

(3) 摇臂钻床的摇臂能绕立柱做 360° 回转和沿立柱上下移动,能方便地调整刀具对准被加工孔的中心,而不需移动工件,适用于单件、成批加工大型、复杂工件或多孔工件,如图 10-32 所示。

2. 麻花钻头

麻花钻(Twist Drill)是最常用的钻孔刀具,一般用高速钢制成。麻花钻是由柄部、颈部和工作部分(切削部分和导向部分)组成,其结构如图 10-33 所示。

麻花钻的切削部分有两个对称的切削刃,如图 10-34 所示,其主要几何角度有螺旋角 β、前角 γ_0、后角 α_0、槽刃斜角 ψ 和顶角 2ϕ。钻头顶部有横刃,为减少钻削时的轴向力,大直径钻头常采取修磨的办法使横刃缩短。导向部分有两条刃带和螺旋槽,起导向、排屑和修光孔壁的作用。柄部是钻头的夹持部分,起传递动力的作用,有直柄和锥柄两种。直柄用于直径小于 12mm 的钻头,锥柄用于直径大于 12mm 的钻头。颈部是工艺结构,是钻头打标记的地方。

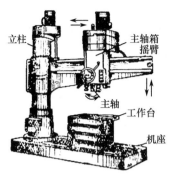

图 10-32　摇臂钻床

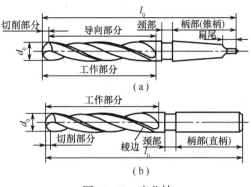

图 10-33　麻花钻

3. 钻孔基本操作

1) 钻头夹具

钻头夹具主要有钻夹头和钻套。钻夹头适用于装夹直柄钻头,如图 10-35 所示。钻夹头的三个斜孔中装有带螺纹的夹爪并与夹头套筒的螺纹相啮合,旋转套筒,就可使夹爪开合,装卸钻头。钻夹头柄部是圆锥面,与钻床主轴内锥孔配合安装。钻套(过渡套筒)适用于装夹锥柄钻头,如图 10-36 所示。大尺寸锥柄钻头可直接装入钻床主轴锥孔内,小尺寸则要选择合适的过渡套筒进行安装。

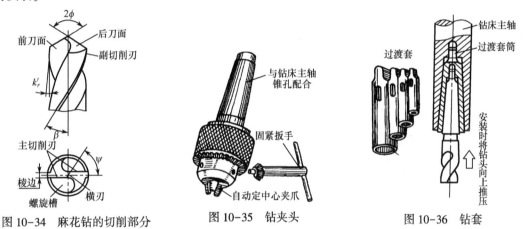

图 10-34　麻花钻的切削部分　　　　图 10-35　钻夹头　　　　图 10-36　钻套

2) 工件夹具

工件夹具主要有平口钳、V 形铁和压板等,如图 10-37 所示。钻削时,工件必须牢固地装夹在夹具或工作台上。

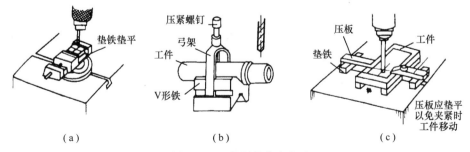

（a）　　　　　　　　　（b）　　　　　　　　　（c）

图 10-37　钻削的装夹方法

（a）用虎钳装夹;（b）用 V 形铁装夹;（c）用压板螺栓装夹。

4. 钻孔方法

（1）钻通孔。工件下应放置垫铁或钻头对准工作台空槽。孔将钻透时，进给量要减小，变自动进给为手动进给，避免钻头在钻透的瞬间抖动，影响加工质量，损坏钻头。

（2）钻盲孔。掌握钻孔深度。控制钻孔深度的方法有：调整好钻床上的深度标尺挡块；安置控制长度量具或用划线做标记等。

（3）钻深孔（孔深超过孔径3倍）。钻削时，要及时排屑和冷却，否则易造成切屑堵塞或钻头磨损、折断，影响孔的加工质量。

（4）钻大孔。直径 D 超过30mm的孔应分两次钻。第一次用（0.5~0.7）D 的钻头先钻，再用所需直径的钻头将孔扩大，有利于钻头负荷分担，提高钻孔质量。

10.3.2 扩孔

扩孔（Enlarging Hole）是用扩孔刀具对工件上已有的孔进行扩大孔径的操作。扩孔属于半精加工，能校正孔的轴线偏差，尺寸精度可达IT10~IT9，表面粗糙度 Ra 值可达6.3~3.2μm。扩孔加工余量为0.5~4mm。

扩孔一般使用麻花钻。但在扩孔精度要求高或大批量生产时，应采用专用的扩孔钻，如图10-38（a）所示。扩孔钻的形状与麻花钻相似，不同的是扩孔钻有3~4个切削刃，螺旋槽较浅，没有横刃，刚性、导向性能好，切削平稳，能提高孔的加工质量。

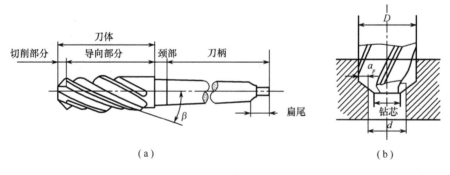

（a） （b）

图10-38 扩孔钻及扩孔

（a）扩孔钻；（b）扩孔。

10.3.3 铰孔

铰孔（Reaming Hole）是用铰刀对孔进行精加工的操作。其尺寸精度可达IT8~IT6，表面粗糙度 Ra 值为1.6~0.8μm。

铰孔的加工余量很小（粗铰为0.15~0.35mm，精铰为0.05~0.15mm），切削速度低（粗铰为4~10mm/min，精铰为1.5~5mm/min），并使用切削液。

铰刀（Reamer）是多刃刀具，有6~12个切削刃，多为偶数，且切削刃前角为零，有较长的修光部分，分为手用铰刀（多为直柄）和机用铰刀（多为锥柄、刀体较短），如图10-39所示。机用锥柄铰刀的安装，可选择适当的锥形钻头套筒，直接安装在机床主轴上。

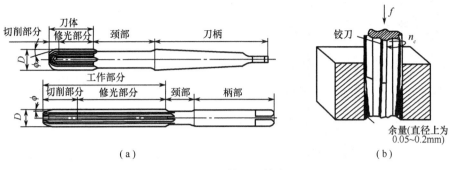

图 10-39　铰刀和铰孔
(a) 铰刀;(b) 铰孔。

10.4　攻螺纹与套螺纹

攻螺纹(Tap)是用丝锥在孔壁上加工出内螺纹的操作;套螺纹是用板牙在圆柱面上加工出外螺纹的操作。

10.4.1　攻螺纹

1. 丝锥和铰杠

丝锥是加工内螺纹的专用工具,用碳素工具钢或合金工具钢经滚牙(或切牙)、淬火回火制成,如图 10-40 所示。丝锥一般三只组成一套,分别称为头锥、二锥和三锥,其区别在于切削部分的锥度大小不同。也有两只一套的丝锥,仅在 M6~M24 的范围内应用。

铰杠是用来夹持并转动丝锥的工具。最常用的为可调式扳手,转动右边手柄,可调节方孔的大小,夹持各种尺寸的丝锥。

2. 螺纹底孔计算

攻螺纹前所钻底孔的直径要根据工件的塑性及钻孔扩张量来考虑。钻头的直径可按下面的经验公式计算(或查表)。

加工塑性材料,在中等扩张量的条件下:

$$D = d - P$$

加工脆性材料,在较小扩张量的条件下:

$$D = d - (1.05 \sim 1.1)P$$

式中　D——攻螺纹前,钻底孔的钻头直径,单位为 mm;

d——螺纹外径,单位为 mm;

P——螺距,单位为 mm。

攻不通孔螺纹时,丝锥不能攻到底,所以底孔的深度要大于螺纹长度,钻孔深度可按下式计算:

$$钻孔深度 = 螺纹长度 + 0.7d$$

3. 攻螺纹方法

先将头锥垂直地放入已倒过角的工件孔内,双手均匀适当施压,顺时针方向旋入。当丝锥的切削部分切入工件后,则只转动而不施压,且每扳转半周或一周,应反转 1/4 周,以利于断屑和排屑,如图 10-41 所示。攻完头锥,再依次攻二、三锥,谨防乱扣。攻钢质材料时应加机油润滑,攻铸铁、铝质材料时,应加煤油润滑。

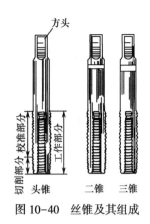

图 10-40　丝锥及其组成

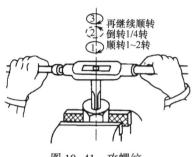

图 10-41　攻螺纹

10.4.2　套螺纹

1. 板牙和板牙架

板牙是加工外螺纹的专用刀具,用合金工具钢或高速钢经淬火回火制成,分为固定式和可调式,图 10-42 所示为开缝式可调板牙。板牙排屑孔的两端有 60° 锥形角,起着主要的切削作用;中间部分为校准部分,是套螺纹的导向部分;定径部分起修光作用。

板牙架是用来夹持板牙的工具,如图 10-43 所示。

图 10-42　开缝式可调板牙　　　　　　图 10-43　板牙架

2. 套螺纹圆杆直径计算

套螺纹前,圆杆直径可按下面的经验公式计算(或查表):

$$D(圆杆直径) = d(螺纹外径) - 0.13P(螺距)$$

圆杆端部应做略小于螺纹内径的倒角,以使板牙容易对准工件中心,并容易套入。

3. 套螺纹方法

将端部倒角的工件夹在虎钳上,伸出部分要短而垂直。开始套螺纹时,板牙端面要与圆杆垂直,扳转板牙架时,稍加压力,套入几扣后就只转不施压,与攻螺纹相同,要经常反转使之断屑,所加冷却液的选择方法与攻螺纹相同,如图 10-44 所示。

板牙应与圆杆垂直
图 10-44　套螺纹

10.5　刮削与研磨

10.5.1　刮削

刮削是用刮刀在工件表面上刮去很薄一层金属的操作。刮削是钳工中的精密加工,刮削后表面的精度高、配合面接触精度好,适用于零件上相互配合的滑动表面(机床导轨、滑动轴承、划线平台等)和有较高支承要求的表面加工。刮削后的表面粗糙度 Ra 值可达 $0.8 \sim 0.4 \mu m$。

1. 刮削工具

刮刀是刮削的主要工具,一般是由碳素工具钢或弹性好的轴承钢锻成的。刮刀分为平面刮刀和曲面刮刀。平面刮刀用于刮削平面和外曲面(平板、工作台、导轨面等),分为粗、细和精刮刀,如图 10-45 所示。曲面刮刀用于刮削内曲面,如轴瓦的精加工,常用的有三角刮刀和蛇头刮刀,如图 10-46 所示。

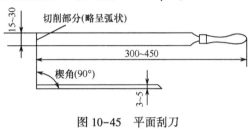

图 10-45　平面刮刀

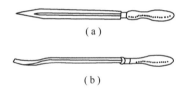

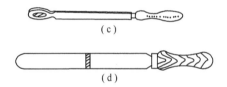

图 10-46　曲面刮刀

(a) 三角刮刀;(b) 匙形刮刀;(c) 蛇头刮刀;(d) 圆头刮刀。

2. 刮削质量检验

刮削质量是用研点法检验的,如图 10-47 所示。将工件的刮削表面擦净,均匀地涂上一层很薄的红丹油,然后与校准工具(校准平板)稍加力配研。工件表面上的高点,在配研后被磨去红丹油而显示出亮点(贴合点)。刮削表面的精度是以 25mm×25mm 的面积内,均匀分布的贴合点的数量和分布疏密程度来表示。点子数越多,点子越小,其刮削质量越好。

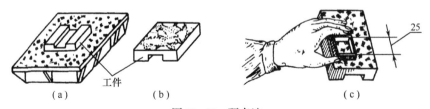

图 10-47　研点法

(a) 配研;(b) 显出的贴合点;(c) 精度检验。

3. 刮削方法

1) 平面刮削

平面刮削是根据不同的加工要求,分为粗刮、细刮、精刮和刮花。

粗刮时,使用长柄刮刀,且施力。刮刀痕迹要连成片,不可重复。粗刮方向要与机加工刀痕约成 45°,各次刮削方向要交叉,如图 10-48 所示。机械加工刀痕刮除后,即可研点子,并按显示出的高点刮削。当工件表面上贴合点增至每 25mm×25mm 面积内有 4~5 个点子时,可进行细刮。

细刮时,使用较短的刮刀,且施较小的力。刮刀刀痕较短,不连续,要朝同一个方向刮削。刮第二遍时,要与前者成45°或60°方向交叉刮削。直到刮削面上每25mm×25mm面积内有12~15个贴合点时,可进行精刮。

精刮时,使用的精刮刀短而窄,刀痕也短。经反复刮削及研点,直到刮削面上每25mm×25mm面积内有20~25个贴合点。

刮花是为了增加刮削表面的美观,保证良好的润滑,并借刀花的消失来判断平面的磨损程度,一般精刮后要刮花,常见花纹如图10-49所示。

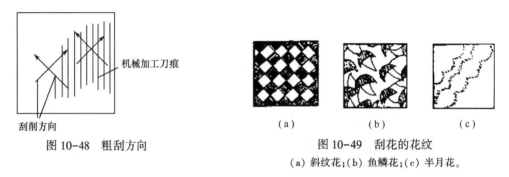

图 10-48　粗刮方向

图 10-49　刮花的花纹
(a) 斜纹花;(b) 鱼鳞花;(c) 半月花。

2) 曲面刮削

曲面刮削一般用于滑动轴承的轴瓦、衬套等要求较高的表面,获得良好的配合。刮削轴瓦时用三角刮刀,其方法如图10-50所示。

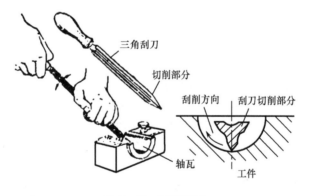

图 10-50　刮削轴瓦

10.5.2　研磨

研磨(Mull)是用研磨工具和研磨剂从工件已加工表面磨去极薄加工痕迹的操作。研磨是精密加工方法,尺寸公差等级可达IT7~IT5以上,表面粗糙度 Ra 值可达 $0.1~0.01\mu m$,还能修正工件的几何形状误差。经过研磨的表面,其表面耐磨性、耐蚀性和强度都有所提高。

10.6　装配与拆卸

装配(Assemblage)是将合格零件按照一定技术要求组装起来,并经调试成为合格产品的过程。装配是机械制造过程的最后阶段,产品的质量最终是通过装配工艺保证的。

10.6.1 零件连接方式

零件连接方式分为固定连接和活动连接,见表10-1。

表 10-1 零件连接方式

固定连接		活动连接	
可拆连接	不可拆连接	可拆连接	不可拆连接
螺纹、键、销等	铆接、焊接、压合、胶合等	轴与滑动轴承、柱塞与套筒、丝杠与螺母等	活动铆接、滚动轴承

固定连接是指装配后零件之间没有相对运动的连接,即零件间相互位置不再变动。活动连接是指在装配后零件在工作中能按规定要求做相对运动的连接。根据连接后能否拆卸又分为可拆连接和不可拆连接。可拆连接是指拆卸时不会损坏任何零件的连接。而不可拆连接是指拆卸时被连接的零件将受到损坏。

10.6.2 装配工艺过程

1. 装配形式

装配分为组件装配、部件装配和总装配。

组件装配是将若干个零件安装在基准零件上构成组件的装配过程,如减速箱的轴与齿轮的装配。

部件装配是将若干个零件、组件安装在另一个基准零件上构成部件的装配过程,如机床的主轴箱装配。

总装配是将若干个零件、组件及部件安装在产品的基准零件上构成产品的装配过程,如车床的各部件安装在床身上构成车床的装配。

装配单元是指可以单独进行装配的组件及部件。

2. 装配顺序

装配顺序一般是:组件装配→部件装配→总装配→调整→试验→检验→包装。

3. 装配方法

装配方法主要有完全互换法、分组装配法、修配法和调整法等。

完全互换法是指装配时各个零件不需要进行任何选择、修配和调整,就可以达到所规定的装配精度。该装配过程简单、生产率高,易更换零件,但对零件加工精度要求高,一般适用于装配精度要求不高的大批量生产。

分组装配法是指将零件的制造公差扩大,装配时按零件的实际尺寸大小顺序分组,然后对应各组进行装配,达到规定的装配精度,一般适用于某些需精密配合的成批生产。

修配法是指将零件的制造公差扩大,装配时用钳工的修配方法,修去某配合件上的预留量,以达到规定的装配精度,一般适用于装配精度要求较高的单件、小批生产。

调整法是指装配时调整一个或几个零件的位置,以达到规定的装配精度。其特点是可进行定期调整,易于保持和恢复配合精度,且零件的加工精度不高,一般适用于小批量生产或单件生产。

4. 装配步骤

(1) 研究和熟悉产品装配图及技术要求,了解产品结构、工作原理、各零件的作用及相互联接关系,查清零部件的工作表面和数量、重量及其装拆空间。

(2) 确定装配方法、装配顺序,准备所需用的装配工具。

(3) 领取零件并对装配的零件进行清理、清洗(去油污、毛刺、锈蚀及污物),涂防护润滑油。

(4) 完成需要的修配工作(零件的补充加工)。

（5）按组件装配、部件装配、总装配的顺序依次进行装配。

（6）对装配好的产品进行调整、测试、检验。

（7）对检验通过的合格产品进行油漆、涂油、包装装箱。

5. 装配新工艺

装配自动化可以减轻劳动强度、提高生产率，保证装配质量和稳定性，是未来装配工艺发展的主要方向，主要包括给料自动化、传输自动化、装入自动化、连接自动化、检测自动化等。装配自动化主要适用于批量装配。

装配自动化系统分为刚性装配和柔性装配。

刚性装配系统是按一定的产品类型设计的，适合于大批量生产，能实现高速装配，节拍稳定，生产率恒定，但缺乏灵活性。

柔性装配系统是按照成组的装配对象，确定工艺过程，选择若干相适应的装配单元和物料储运系统，由计算机或其网络统一控制，能实现装配对象变换的自动化，能适应产品设计的变化，主要适合于多品种中小批生产，且多用于自动化和无人化的生产。柔性装配系统主要包括：可调装配机、可编程的通用装配机、装配中心、装配机器人和机械手等。

10.6.3 典型零件装配

1. 螺纹连接装配

螺纹连接是最常用的可拆式固定联接，具有结构简单、装拆方便、连接可靠等特点。常用的螺纹连接零件有螺栓、螺钉、螺母及各种专用螺纹件等。

装配时应注意：

（1）螺纹配合应做到用手能自由旋入。过紧会咬坏螺纹，过松则受力后螺纹易断裂。

（2）螺母端面应与螺栓轴线垂直，使其受力均匀。

（3）用螺栓、螺钉与螺母连接零件时，配合面要平整光洁，否则螺纹易松动。为提高贴合质量，可加垫圈。

（4）双头螺栓要牢固地拧在连接体上，松紧适当。装配时，应使用润滑油。

（5）装配成组螺钉、螺母时，为保证零件贴合面受力均匀，应按一定顺序分两次或三次拧紧，如图 10-51 所示。

（6）螺纹连接要有防松措施，常用的防松措施如图 10-52 所示。

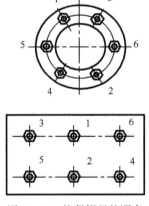

图 10-51　拧紧螺母的顺序

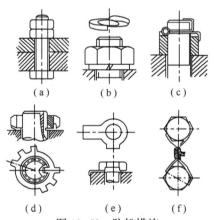

图 10-52　防松措施

（a）双螺母；（b）弹簧垫圈；（c）开口销；

（d）止动垫圈；（e）锁片；（f）串联钢丝。

2. 销连接装配

销主要用于固定两个或两个以上零件之间的相对位置,传递的载荷较小。常用的有圆柱销和圆锥销。圆柱销与孔一般采用过盈配合,用以固定零件、传递动力或做定位元件,不宜多次装拆。被销联接的两孔应配钻、配铰。装配时,销子涂油,用铜棒轻敲打入。圆锥销用于定位及需经常装拆的地方。装配时,一般边铰孔、边试装,以销子能自由插入孔中 80%~85% 为宜,然后轻轻打入。

3. 键联接装配

键主要用于传递扭矩的固定联接,如轴和齿轮的联接。键的侧面是传递扭矩的表面,一般不修锉。键的顶部应有间隙,如图 10-53 所示。装配时,将键轻轻打入轴的键槽内,然后对准轮孔的键槽将带键的轴推进轮孔中。

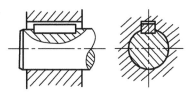

图 10-53　键的装配

4. 滚动轴承装配

滚动轴承的内圈与轴、外圈与箱体的孔均采用较小的过盈配合或过渡配合。装配时,为使轴承圈受力均匀,必须借助套垫用手锤或压力机压装,如图 10-54 所示。若轴承与轴采用较大的过盈配合,最好将轴承放于温度为 80~90℃ 的机油中,加热后装入。

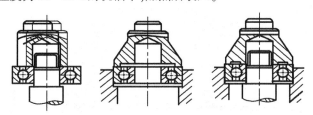

图 10-54 滚动轴承的装配

10.6.4　拆卸工艺

拆卸是指装配好的产品,经过一定时间的使用后需要进行检查或修理,以及某些零部件磨损或损坏后需要更换而将其拆开的过程。

1. 拆卸工作要求

(1)拆卸前,应熟悉装配图样,了解机器零部件的结构、故障类型及部位,确定机器的拆卸方法。切不可盲目拆卸,猛敲乱砸,造成零件的损坏。

(2)对不易拆卸或拆卸后就会降低连接或损坏一部分连接零件的连接,应当尽量避免拆卸,如密封连接、过盈连接、铆接和焊接。

(3)拆卸时,应做到先装的零件后拆,后装的零件先拆,并按先上后下、先外后内的顺序,依次进行。对成套加工或不能互换的零件,要做好标记,以防搞混。过盈配合的零件拆卸时需用专用工具。对于不能用铁锤直接敲击的零件,可用铜锤、木锤或用软材料垫在零件上敲击,以防零件损坏。对于锥度配合或螺纹连接的零件,必须分清旋松方向。

(4)拆下的零件,必须按次序摆放整齐,并尽可能地按原来结构套在一起。对丝杠、长轴类零

123

件必须将其吊起,防止变形。

　　(5) 拆下的零件应尽快清洗,并涂上润滑油。对精密零件,还需用油纸包好或浸入油盘中,以防生锈腐蚀或碰伤表面。

　　滚动轴承的拆卸常用心轴拆卸法和拉出器拆卸法,如图 10-55 和图 10-56 所示。

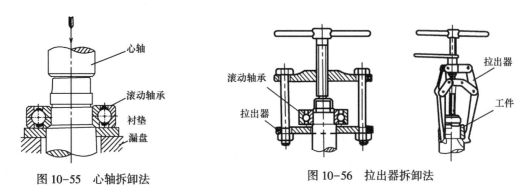

图 10-55　心轴拆卸法　　　　　　　　图 10-56　拉出器拆卸法

2. 拆卸机械工具

　　拆卸机械的常用工具如图 10-57 所示,有些是标准工具,如拔销器、各种扳手、挡圈装卸钳;有些是自制工具,如钩形扳手、销子冲头、铜棒。拆卸时,使用合适的工具是提高拆卸质量和工作效率的重要保证。

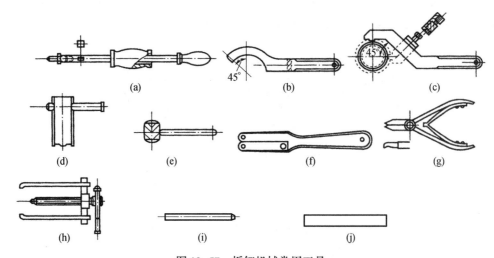

图 10-57　拆卸机械常用工具

(a) 拔销器;(b) 钩形扳手;(c) 可调式钩形扳手;(d) 管子圆螺母扳手;

(e) 木锤;(f) 双插销扳手;(g) 挡圈装卸钳;(h) 顶拔器;(i) 销子冲头;(f) 铜棒。

复习思考题

　　1. 钳工的基本操作有哪些?

　　2. 划线的作用是什么?如何选择划线基准?举例说明立体划线的过程。

　　3. 安装锯条应注意什么?简述圆管、深缝的锯削方法。

　　4. 锉削有哪些方法?锉刀如何选择?

5. 锉削时产生凸面是什么原因？怎样克服？

6. 钻孔、扩孔和铰孔有什么区别？

7. 如何安装和拆卸钻头？

8. 攻螺纹和套螺纹时应如何保证螺孔质量？

9. 刮削的特点和用途是什么？刮削表面的质量如何检验？

10. 装配方法主要有哪些？

11. 螺纹连接的防松措施有哪些？

12. 拆卸机械时应注意哪些事项？

第4篇 现代制造技术

第11章 数控加工知识

教学要求：了解数控技术在切削加工中的应用及加工特点；了解数控机床的工作原理、组成及作用；掌握数控编程的内容和方法。

11.1 概　述

数控（Numerical Control，NC）是利用数字和符号信息进行控制的一种技术。它是数字程序控制的简称，是一种可编程序的自动控制方式。

数控加工就是用数字化信息对机床运动及加工过程进行控制的一种加工方法。它是解决产品零件多品种、小批量、形状复杂、精度高等问题，以及实现高效化和自动化加工的有效途径。

数控加工具有以下加工特点：

（1）加工适应性强、灵活性好。数控机床能实现几个坐标联动，加工程序可根据工件的要求变换，且加工运动可控，能完成形状复杂零件的加工，适用于单件、小批量生产及新产品试制。

（2）加工精度高、质量稳定。数控机床的机械传动系统和结构都有较高的精度、刚度和热稳定性，而且机床的加工精度不受工件复杂程度的影响。数控机床的定位精度为±0.01mm，重复定位精度为±0.005mm。数控机床的自动加工方式可避免人为误差，零件加工精度高，加工质量稳定。

（3）加工生产率高。数控机床主轴转速和进给量的调节范围大，机床刚度好，功率大，能自动进行切削加工，允许进行大切削量的强力切削，有效节省了加工时间。数控机床移动部件空行程运动速度快，缩短了定位和非切削时间。数控机床按坐标运动，可以省去划线等辅助工序，减少了辅助时间。被加工零件往往安装在简单的定位夹紧装置中，缩短了工艺装备的设计和制造周期，加快了生产准备过程。数控机床带有刀库和自动换刀装置，零件只需一次装夹就能完成多道工序的连续加工，减少了半成品的周转时间，提高了生产率。

（4）自动化程度高，劳动强度低。数控加工除了加工程序编辑、程序输入、装卸零件、准备刀具、加工状态的观测及零件的检验外，操作者不需要进行繁重的重复性手工操作，劳动强度大幅度降低。此外，数控加工一般是封闭式加工，清洁、安全。

（5）有利于生产管理现代化。数控加工能准确计算零件加工工时，并有效简化了检验和刀、夹、量具及半成品的管理工作，且使用数字信息，适于计算机联网，成为计算机辅助设计、制造、管理等现代集成制造技术的基础。

数控加工目前主要应用于以下零件的加工：

（1）结构复杂、精度高或必须用数学方法确定的复杂曲线、曲面类零件。

（2）多品种小批量生产的零件。

（3）使用通用机床加工时，要求设计制造复杂的专用工艺装备或需很长调整时间的零件。

（4）价值高、不允许报废的零件。

（5）钻、镗、铰、攻螺纹及铣削加工等工序联合进行的零件,如箱体、壳体等。

（6）需要频繁改型的零件。

11.2 数控加工原理

数控机床(NC Machine Tools)是一种以数字量作为指令信息形式,通过计算机或专用电子计算装置控制的机床。它是实现机械加工柔性自动化的重要设备。

11.2.1 数控机床的组成

数控机床主要由输入/输出装置、数控装置、伺服系统、测量装置和机床本体等组成,如图 11-1所示。

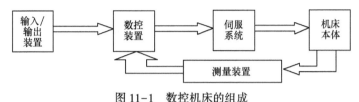

图 11-1　数控机床的组成

1. 输入/输出装置

数控机床加工零件时,首先根据零件的技术要求,确定加工方案,工艺路线,然后编制加工程序,通过输入装置将加工程序输送给数控装置。数控装置中储存的加工程序可以通过输出装置输出。

2. 数控装置

数控装置是数控机床的控制核心。其功能是接收输入装置输入的零件加工信息,经计算机处理后向机床各执行部件输出各种相应的控制信息。这些控制包括:

（1）轴运动控制(启动、转向、转速、准停)。

（2）进给运动的控制(点位、轨迹、速度)。

（3）各种补偿功能(刀具长度、传动间隙和传动误差补偿等)。

（4）各种辅助功能(冷却、润滑、排屑、自动换刀、故障自诊断、显示和联网通信等)。

目前,数控系统均是以计算机作为数控装置,称为计算机数控(Computer Numerical Control,CNC)。

3. 伺服系统

伺服系统是数控机床的执行机构。其功能是接受数控装置传来的信号指令,使机床执行件(工作台或刀架)做相应的运动,并对其定位精度和速度进行控制。

4. 机床本体

数控机床本体主要包括支承部件(床身、立柱)、主运动部件(主轴箱)、进给运动部件(工作滑台及刀架)等。数控机床与普通机床相比,普遍采用滚珠丝杠、滚动导轨等高效传动部件;采用高性能的主轴及伺服传动系统;数控机床机械机构具有较高的动态刚度和阻尼精度,较高的耐磨性,且热变形小。

5. 测量装置

测量装置是用测速发电机、光电编码盘等检测伺服电动机的转角,间接测量移动部件的实际位移量、速度等信息,并将其反馈给数控装置与指令信息进行比较和校正,实现精确控制。

11.2.2 数控机床的分类

1. 按工艺用途分类

（1）金属切削类。如数控车床、数控铣床、数控磨床、数控钻床、数控拉床、数控刨床、数控齿轮加工机床及各类加工中心（镗铣类加工中心、车削中心、钻削中心等）。

（2）金属成形类。如数控压力机、数控折弯机、数控弯管机和数控旋压机等。

（3）特种加工类。如数控线切割机床、数控电火花成形机床、数控火焰切割机床和数控激光热处理机床、数控激光成形机床、数控等离子切割机床等。

（4）测量、绘图类。如三坐标测量仪、数控对刀仪和数控绘图仪等。

2. 按刀具的运动轨迹分类

1）点位控制数控机床

点位控制（Point to Point Control，PTPC）是控制刀具与工件之间相对运动的一种最简单的控制方式。这类机床只对加工点的位置进行准确控制，其数控装置只控制机床执行件（工作台）从一个位置（点）准确地移动到另一个位置（点），两点之间的运动轨迹和运动速度可根据简单、可靠原则自行确定，刀具移动过程中不加工，如图 11-2 所示。这类机床主要有数控钻床、数控坐标镗床、数控冲床和钻镗类加工中心等。

2）直线控制数控机床

直线控制（Straight Line Control，SLC）数控机床不仅要控制点的准确位置，而且还要保证两点之间的运动轨迹为一直线，并按指定的进给速度进行切削。其数控装置在同一时间只控制一个执行件沿一个坐标轴方向运动，但也可以控制一个执行件沿两个坐标轴以形成 45° 斜线的方向运动，移动中可以切削加工，图 11-3 所示。这类控制的机床有数控车床、数控铣床和数控磨床等。

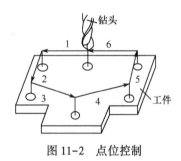

图 11-2　点位控制

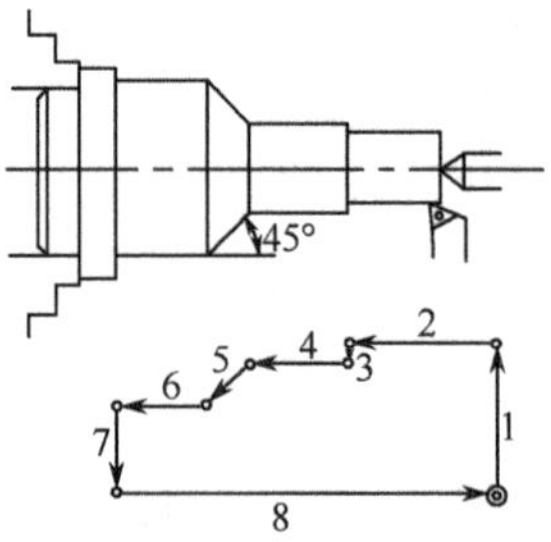

图 11-3　直线控制

将点位控制和直线控制结合在一起，就成为点位-直线控制系统，目前采用这种控制系统的有数控车床、数控铣镗床及某些加工中心。

3）轮廓控制数控机床

轮廓控制（Contour Control，CC）是数控系统中最复杂的机床控制方式。它能同时控制两个或两个以上的坐标轴进行连续切削，加工出复杂曲线轮廓或空间曲面，如图 11-4 所示。这类机床具有主轴速度选择功能、传动系统误差补偿功能、刀具半径或长度补偿功能和自动换刀功能等，可加工出任何方向的直线、平面、曲线和圆、圆锥曲线，以及能用数学公式定义的图形。该类机床有数控车床、数控铣床、数控磨床、数控线切割机床和加工中心等。

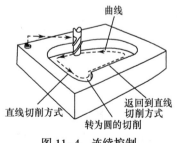

图 11-4　连续控制

根据它所控制的联动坐标轴数不同，又可分为以下几种形式。

（1）二轴联动。数控车床加工旋转曲面或数控铣床加工曲线柱面，如图11-5(a)所示。

（2）二轴半联动。主要用于三轴以上机床的控制，其中两根轴可以联动，而另外一根轴可以做周期性进给，如图11-5(b)所示。

（3）三轴联动。一般分为两类，一类就是X、Y、Z三个直线坐标轴联动，多用于数控铣床、加工中心等；另一类是除了同时控制X、Y、Z其中两个直线坐标外，还同时控制围绕其中某一坐标轴旋转的旋转坐标轴，如车削加工中心，它除了纵向(Z轴)、横向(X轴)两个坐标轴联动外，还需同时围绕Z轴旋转的主轴(C轴)联动，如图11-5(c)所示。

（4）四轴联动。同时控制X、Y、Z三个直线坐标轴与某一旋转坐标轴联动。

（5）五轴联动。除同时控制X、Y、Z三个直线坐标轴联动外，还同时控制围绕这些直线坐标轴旋转的A、B、C坐标轴中的两个坐标轴，形成同时控制五个轴联动，这时刀具可以被定在空间的任意方向，如图11-5(d)所示。

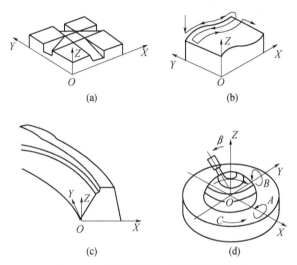

图11-5 空间平面和曲面的数控加工

(a) 两轴联动加工零件沟槽面加工；(b) 两轴半联动加工曲面；(c) 三轴联动加工曲面；(d) 五轴联动。

3. 按伺服系统的类型分类

1）开环控制数控机床

这类机床对其执行件的实际位移量不作检测，不进行误差校正，工作台的进给速度和位移量是由数控装置输出指令脉冲的频率和数量所决定，如图11-6所示。伺服电动机采用步进电动机，结构简单、成本较低和性能稳定，加工精度较低，一般适用于中、小型经济型数控机床。

图11-6 开环伺服系统

2）闭环控制数控机床

这类机床装有直线位移检测装置，加工中随时对工作台的实际位移量进行检测并反馈到数控装置的比较器，与指令信息进行比较，用其差值（误差）对执行件发出补偿运动指令，直至差值为零，使工作台实现高的位置精度，如图11-7所示。但其调试和维修较困难，系统复杂、成本高，一般适用于精度要求较高的大型精密数控机床。

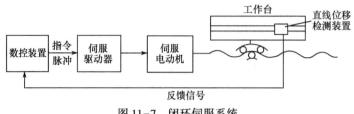

图 11-7　闭环伺服系统

3) 半闭环控制数控机床

这类机床装有角位移测量装置,检测伺服电动机的转角,推算出工作台的实际位移量,将此值与指令值进行比较,用差值补偿来实现控制,如图 11-8 所示。伺服电动机常采用宽调速直流伺服电动机,其性能介于开环和闭环之间,精度没有闭环高,调试比闭环方便,应用较普遍。

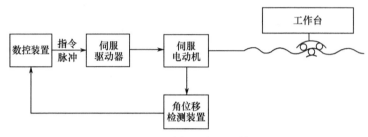

图 11-8　半闭环伺服系统

4) 混合控制数控机床

这类机床将以上三类控制的特点有选择地集中,在开环或半开环控制系统的基础上,附加一个校正伺服电路,通过装在工作台上的直线位移检测装置的反馈信号来校正机械系统的误差,特别适用于大型数控机床。

11.2.3　数控机床工作原理

数控机床与普通机床相比,其工作原理如下:

(1) 根据被加工零件的图样与工艺规程,用规定的代码和程序格式编写加工程序,形成数控机床的工作指令。

(2) 将所编制的程序指令输入至机床数控装置。

(3) 数控装置将程序(代码)进行译码、运算之后,向机床各个坐标的伺服机构和辅助控制装置发出信号,驱动机床的各运动部件,并控制所需要的辅助动作,最后加工出合格的零件,如图 11-9所示。

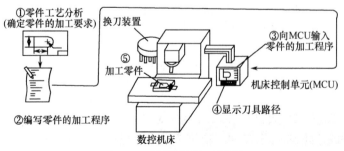

图 11-9　数控机床加工零件

11.3 数 控 系 统

数控系统主要由加工程序 I/O、数控装置、伺服系统和可编程逻辑控制器（Program Logic Controller,PLC）四部分组成,如图 11-10 所示。数控装置（CNC 装置）是数控系统的核心,它实质上是一个微型计算机组成的控制器,主要作用是在正确识别和解释输入数控加工程序的基础上进行数据计算和逻辑运算,完成对伺服系统、可编程控制器等的控制（包括反馈信号的检测）。数控系统向伺服系统输出的是连续控制量,向可编程控制器输出的是离散的开关控制量。

数控系统是数控机床的核心。数控机床根据其功能和性能要求,可以配置不同的数控系统。常用的有 SIEMENS（德国）、FANUC（日本）、MITSUBISHI（日本）、FAGOR（西班牙）、HEIDEN-HAIN（德国）等公司的数控系统及相关产品,它们在数控机床行业占据主导地位;我国数控产品以华中数控、广州数控、航天数控为代表,并已将高性能数控系统产业化。这些数控系统的功能代码相近,但各系统也有不同之处,需要查阅相应的编程手册。

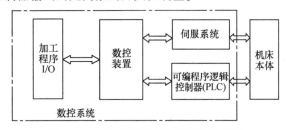

图 11-10　数控机床与数控系统的关系

1. SIEMENS 数控系统

SIEMENS 数控系统由于高品质、高可靠性、高性价比成为我国数控机床中普遍使用的中高档数控系统。目前在国内使用较多的 SIEMENS 数控系统有 802 系列、810D、840D 等。

802 系列适用于控制轴数较少的车床、铣床或其他专用机床,具有性价比高的特点。802S 控制三个步进电动机的进给轴和一个主轴,进给轴采用 STEPDRIVEC 步进驱动器。它的维护简单,功能全。802C 控制三个伺服电动机的进给轴和一个主轴,主轴采用交流伺服电动机或变频电动机。802D 最多可以控制四个进给轴和一个主轴。PCU（Panel Control Unit）、I/O 模块及驱动采用 Profibus 工业总线实现相互连接的数控系统。

810D 是一种紧凑型中档数控系统,最多六轴。从 810D 开始西门子系统支持 NURBS 曲线插补（非均匀有理 B 样条曲线）,这是 STEP 国际标准规定的 CAD/CAM 曲线曲面造型、计算机图形学等领域的标准形式。此外 810DPowerline 主要用于高速运动控制,适用于模具制造的高速铣机床（High-speed Machining Center）。

840D 系列是高档数控系统,有多个型号的控制单元。840DI 是基于 Windows NT 的一种开放式（Open-CNC）的数控系统,适用于木工机械、玻璃加工等领域。840D Powerline 主要用于高速加工。

2. FANUC 数控系统

目前在国内使用较多的 FANUC 数控系统有 O 系列、Oi 系列和其他产品。其中,O 系列有 O-C 系列和 O-D 系列,O-C 系列为全功能系列,O-D 系列为普及系列。O-C 系列又有 O-TC（用于车床、自动车床）、O-MC（用于铣床、钻床、加工中心）、O-GCC（用于内、外圆磨床）、O-GSC（用于平面磨床）、O-PC（用于冲床）;而 O-D 系列又有 O-TD（用于车床）、O-MD（用于钻床及小型加工中心）、O-GCD（用于圆柱磨床）、O-GSD（用于平面磨床）、O-PD（用于冲床）等。另外,还有适合中国国情的用于小型车床的数控系统 PowerMate0。

Oi 系列中有 Oi-MODELA 和 OJ-MODELB,其中 Oi-MODELA 系列有 Oi-TA 和 Oi-MA,它们分别用于车床、铣床及加工中心,最大联动轴数为四轴,最大控制主轴数为两台;Oi-MODELB 分别有两大类四种规格,分别为 Oi-TB 和 Oi-MB 及 Oi-Mate TB 和 Oi-Mate MB,最大联动轴数分别为四轴和三轴。Oi 系列中 MODELA 与 MODELB 的主要区别是软件功能和硬件的具体连接不同。

FANUC 还拥有具有网络功能的超小型、超薄型系列 16i/18i/21i,所控制最大轴数和联动轴数有区别。16i/18i/21i-B 系列中,16i 最大控制轴八个,六轴联动;18i 最大控制轴为八个,四轴联动;21i 最大控制轴为五个,四轴联动。另外,还有实现机床个性化的 CNC 16/18/160/180 系列。

国内使用的 FANUC 数控系统,虽然规格和型号很多,但都有一个共同的特点:数控系统采用 32 位高速微处理器,具有丰富的 CNC 功能,采用高速、高精度智能型数字式伺服系统及高速内外装 PMC,可以大大提高机械加工精度和效率,且性能优良、可靠性高,具有良好的性能/价格比,可匹配使用高速、高精度 FANUCAC 伺服单元和 AC 伺服电动机。

3. 华中数控系统

华中数控主要有"世纪星"系列数控单元。HNC-21T 为车削系统,最大联动轴数为四轴;HNC-21/22M 为铣削系统,最大联动轴数为四轴,采用开放式体系结构,内置嵌入式工业 PC。在此基础上,华中数控通过软件技术的创新,自主开发出打破国外封锁的四通道、九轴联动"华中 I 型"高性能数控系统,并独创的曲面直接插补技术,达到国际先进水平。

4. 广州数控系统

广州数控的 GSK 系列车床数控系统已成为国内机床行业生产数控车床的主要配套系统,目前主要有中档数控车床 GSK980TD 系统和 GSK983、GSK21M 两款四轴联动加工中心数控系统。

11.4 数 控 编 程

11.4.1 概述

数控编程(Numerical Control Programming,NCP)是指编程者(程序员或数控机床操作者)根据零件图样和工艺文件的要求,编制出可在数控机床上运行并完成规定加工任务的一系列指令的过程。

数控程序的编制过程主要包括分析零件图样、工艺处理、数学处理、编写零件程序和程序校验。

1. 数控程序编制

数控程序编制的步骤如图 11-11 所示。

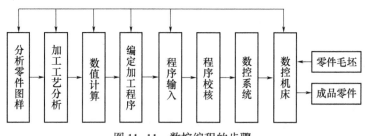

图 11-11　数控编程的步骤

(1) 分析零件图和工艺处理。编程人员要根据零件图中工件的形状、尺寸和技术要求进行分析,然后选择加工方案、确定加工顺序、加工路线、装卡方式、刀具及切削用量等。编程的原则是正确选择对刀点、换刀点,减少换刀次数,加工路线要短,加工安全可靠,能充分发挥数控机床的效能。

(2) 数值计算。根据零件的加工尺寸和确定的工艺路线,计算零件粗、精加工的运动轨迹,得到刀位数据。对于点位控制的数控机床(数控冲床等),一般不需要计算。只是当零件图样坐标系与编程坐标系不一致时,才需要对坐标进行换算。对于形状较简单零件(直线和圆弧组成的零件等)的轮廓加工,需要计算出几何元素的起点、终点、圆弧的圆心、两几何元素的交点或切点的坐标值。如果数控系统无刀具补偿功能,还应计算刀具中心的运动轨迹坐标值。对于形状较复杂的零件(非圆曲线、曲面组成的零件等),需要用直线段或圆弧段逼近,根据要求的精度计算节点坐标值。数控编程中,刀位的逼近误差、插补误差及数据处理时的圆整误差应根据零件加工精度的要求,限制在允许的误差范围内。

(3) 编写零件加工程序。加工路线、工艺参数及刀位数据确定后,可根据机床数控系统规定的功能指令代码及程序段格式,逐段编写加工程序单。

(4) 程序输入。编制好的程序输入到数控系统进行仿真。目前,一般通过机床控制面板或直接通信方式将程序输入。

(5) 程序校验与试切。程序必须经过校验和试切后才能正式使用。校验的方法是在数控机床CRT 图形显示屏上显示刀具的加工轨迹,来检验程序的正确性。然后,通过首件试切,检查被加工零件的加工精度。随着计算机科学的发展,可采用数控加工仿真系统对数控程序进行校验。

2. 数控编程方法

数控编程分为手工编程和自动编程。

1) 手工编程

手工编程是指整个数控加工程序的编制过程是由人工完成的。这要求编程人员不仅要熟悉数控代码及编程规则,而且还必须具备机械加工工艺知识和数值计算能力。对于点位加工或几何形状不太复杂的零件,数控编程计算较简单,程序段不多,采用手工编程即可实现。

2) 自动编程

自动编程是利用计算机编制数控加工程序,又称计算机辅助编程。其原理如图 11-12 所示。编程人员首先将被加工零件的几何图形及有关工艺过程用计算机能够识别的形式输入计算机,利用计算机内的数控系统程序对输入信息进行翻译,形成机内零件拓扑数据,然后进行工艺处理(刀具选择、走刀分配、工艺参数选择等)与刀具运动轨迹的计算,生成一系列刀具位置数据(包括每一次走刀运动的坐标数据和工艺参数),这

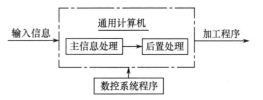

图 11-12　自动编程的基本原理

一过程称为主信息处理(或前置处理)。最后经过后置处理输出适应某一具体数控机床所要求的零件数控加工程序(又称 NC 加工程序),送入机床的控制系统。

目前常使用美国 APT(Automatically Programmed Tool)自动编程语言系统来实现自动编程,编程人员只需根据零件图样及工艺要求,使用规定的数控编程语言编写较简短的零件程序,并将其输入计算机(或编程机)自动进行处理,计算出刀具中心轨迹,输出零件数控加工程序。现在流行的自动编程系统还有图像仪编程系统、图形编程系统等。

自动编程可以减轻劳动强度,提高编程的效率和质量,有效地解决各种模具及复杂零件加工程序的编制,因此,原则上都应采用自动编程。

11.4.2　数控插补原理

数控机床加工零件时,由伺服系统接收数控装置传来的指令脉冲,将其转化为执行件(工作台或刀架)的位移。每一个脉冲可使执行件沿指令要求的方向走过一小段直线距离(0.01 ~ 0.001mm),这个距离称为"脉冲当量"。因此,执行件沿每个坐标的运动都是根据脉冲当量一步一步完成的,执行件的运动轨迹是一条折线。为保证执行件以一定的折线轨迹逼近所加工零件的轮廓(曲线或曲面),必须根据被加工零件的要求准确地向各坐标分配和发送指令脉冲信号,这个分配指令脉冲信号的方法称为"插补"。

插补运算是数控装置根据输入的基本数据(直线的起点和终点坐标值,圆弧的起点、圆心、半径和终点坐标值)计算出一系列中间加工点的坐标值(数据密化),使执行件在两点之间的运动轨迹与被加工零件的廓形相近似。

数控系统是根据插补运算去控制刀具或工件的运动轨迹。这种运动轨迹可以是平面曲线,也可以是空间曲线。凡是能用数学函数表达的任意曲线均可用无数小段的直线、圆弧和小平面来拟合。在两坐标联动的数控机床中,插补运算主要有直线、圆弧插补两种,在三坐标联动的数控机床中还有平面插补运算。

常用的插补运算方法有逐点比较法、数字积分法和时间分割法等。目前国内普遍采用逐点比较法。

1. 逐点比较法直线插补原理

如图 11-13 所示,要在 XOY 平面中加工斜直线 OA,刀具(或工件)并不是从 O 点沿 OA 走到 A 点,而是沿 $O \rightarrow 1 \rightarrow 2 \rightarrow 3 \rightarrow \cdots \rightarrow A$ 的顺序逼近 OA。即先沿 X 坐标走一步到 1 点,再沿 Y 坐标走一步到 2 点……沿阶梯形折线走完全程。只要折线与直线的最大偏差不超过加工精度允许的范围,就可将该折线近似为直线 OA。显然折线线段长,则加工误差大。用加密折线来插补所要加工的直线(缩短"步距"),可提高加工精度。这样,数控机床的脉冲当量应越小。

数控装置具有偏差判别等一系列逻辑功能,其作用是:当加工点在直线下方,即偏差值 $F<0$ 时(F 为该点与 O 点连线的斜率与 OA 线斜率的差值),就向+Y 方向前进一步;当加工点在直线上或直线上方时($F \geq 0$),沿+X 方向进给一步。每走一步都与 OA 线进行比较(判别加工点对规定轮廓的偏离位置),并对其偏差值进行计算以决定走向,直到终点。

2. 逐点比较法圆弧插补原理

圆弧插补与直线插补原理相同,如图 11-14 所示。当加工点在 AB 圆弧上或圆弧外侧时($F \geq 0$),沿-X 方向进给一步;当 $F<0$ 时,沿+Y 方向前进一步,直到终点。

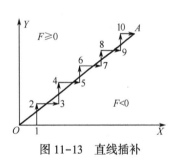

图 11-13　直线插补　　　　　　　图 11-14　圆弧插补

11.4.3　数控机床坐标系

数控机床加工零件时,刀具与工件的相对运动必须在确定的坐标系中,才能按照规定的程序进行加工。为了简化编程方法和保证程序的通用性,对数控机床的坐标轴和方向的命名国际标准化组织(ISO)制定了统一标准,我国也制定了《数控机床坐标和运动方向的命名》(JB 3051—82)数控标准,它与国际标准(ISO841)等效。

为使编程人员能在不知道机床在加工零件时是刀具移向工件,还是工件移向刀具的情况下,就可以根据图样确定机床的加工过程,特规定:永远假定刀具相对于静止的工件坐标系而运动。

1. 标准坐标系

为了确定数控机床的运动方向和移动的距离,需要在机床上建立一个坐标系,这个坐标系称为标准坐标系(机床坐标系)。

数控机床的坐标系是采用右手笛卡儿坐标系,如图 11-15 所示。该坐标系中,三坐标 X、Y、Z 的关系及其正方向用右手定则判定;围绕 X、Y、Z 各轴的回转运动及其正方向+A、+B、+C,分别用右手螺旋法则判定。与以上正方向相反的方向应用带"′"的+X'、+A'、…来表示。

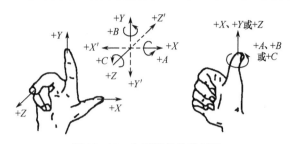

图 11-15　右手笛卡儿坐标系

2. 坐标轴及其运动方向

标准规定:机床某一部件运动的正方向,是增大工件和刀具之间距离的方向。

1)Z 轴及其运动方向

Z 轴的运动是由传递切削力的主轴所决定,与主轴轴线平行的坐标轴即为 Z 轴。对于车床、磨床等主轴带动工件旋转,以及铣床、钻床、镗床等主轴带着刀具旋转的,与主轴平行的坐标轴即为 Z 轴,如图 11-16 和图 11-17 所示。如果机床没有主轴(牛头刨床),Z 轴则垂直于工件装卡面。

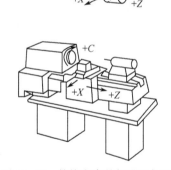

图 11-16　数控车床的标准坐标系

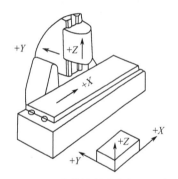

图 11-17　立式数控铣床的标准坐标系

Z 轴的正方向为增大工件与刀具之间距离的方向。如在钻、镗加工中,钻入和镗入工件的方向为 Z 轴的负方向,而退出为正方向。

2)X 轴及其运动方向

X 轴是水平的,它平行于工件的装卡面。这是在刀具或工件定位平面内运动的主要坐标。对于工件旋转的机床(车床、磨床等),X 坐标的方向是在工件的径向上,且平行于横滑座。刀具离开工件旋转中心的方向为 X 轴正方向,如图 11-17 所示。对于刀具旋转的机床(铣床、镗床、钻床等),若 Z 轴是垂直的,当从刀具主轴向立柱看时,X 轴运动的正方向指向右,如图 11-18 所示。若 Z 轴(主轴)是水平的,当从主轴向工件方向看时,X 轴运动的正方向指向右方。

3)Y 轴及其运动方向

Y 轴垂直于 X 和 Z 轴。Y 轴运动的正方向是根据 X 轴和 Z 轴的正方向,按照右手直角笛卡儿坐标系来确定。

4)旋转坐标

旋转运动用 A、B 和 C 表示,规定其分别为绕 X、Y 和 Z 轴的旋转运动。A、B 和 C 的正方向,相

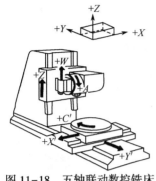

图 11-18　五轴联动数控铣床

应地表示在 X、Y 和 Z 轴的正方向上,按右手螺旋前进的方向,如图11-18所示。

5）附加坐标

如果在 X、Y 和 Z 轴坐标以外,还有平行于它们的坐标,可分别指定为 U、V、W,如图11-18所示。如还有第三组运动,则分别指定为 P、Q 和 R。

数控机床的进给运动,有的由主轴带动刀具运动来实现,有的由工作台带动工件运动来实现。上述坐标轴正方向是假定工件不动、刀具相对于工件做进给运动的方向,如果是工件移动则用加"'"的字母表示。

3. 坐标原点

1）机床原点

数控机床都有一个基准位置,称为机床原点,是机床制造厂家设置在机床上的一个物理位置。它是指机床坐标系的原点,即 $X=0$、$Y=0$、$Z=0$ 的点,其作用是使机床与控制系统同步,建立测量机床运动坐标的起始点。对于具体机床来说,机床原点是固定的。数控车床的原点一般设在主轴前端的中心,数控铣床的原点有的设在机床工作台中心,有的设在进给行程范围的终点。

2）机床参考点

与机床原点相对应的还有一个机床参考点,用 R 来表示,也是机床上的一个固定点。机床的参考点与机床的原点不同,是用于对机床工作台、滑板及刀具相对运动的测量系统进行定标和控制的点,如加工中心的参考点为自动换刀位置,数控车床的参考点是指车刀退离主轴端面与中心线最远并且固定的一个点。

3）工件坐标系、程序原点和对刀点

工件坐标系是编程时使用的,编程人员选择工件上的某一已知点为原点（也称程序原点）,建立一个新的坐标系,称为工件坐标系。工件坐标系一旦建立则一直有效,直到被新的工件坐标系取代为止。工件坐标系是用来确定刀具和程序起点,即对刀点和程序原点。

程序原点选择,要尽量满足编程简单、尺寸换算少、引起的加工误差小等条件。在一般情况下,以坐标系尺寸标注的零件,程序原点应选在尺寸标注的基准点上;对称零件或以同心圆为主的零件,程序原点应选在对称中心线或圆心上;Z 轴的程序原点通常选在工件的上表面。

对刀点是指零件程序加工的起始点,对刀的目的是确定程序原点在机床坐标系中的位置,对刀点可与程序原点重合,也可在任何便于对刀之处,但该点与程序原点之间必须有确定的坐标联系。当对刀精度要求较高时,对刀点应尽量选在工件的设计基准或工艺基准上。对于以孔定位的工件,可以取孔的中心作为对刀点。

对刀时应使对刀点与刀位点重合。刀位点是指确定刀具位置的基准点。换刀点应根据工序内容安排。为了防止换刀时刀具碰伤工件,换刀点常设在零件以外。

4. 绝对坐标系与增量（相对）坐标系

在具体编程时,标准坐标系又分为绝对坐标系和增量坐标系。

绝对坐标系指刀具（或机床）运动位置的坐标值是对于设定的坐标原点为基准给出的值,用 X、Y、Z 来表示。

增量坐标系指刀具（或机床）运动位置的坐标值是相对于前一位置（或起点）来计算的,用 U、V、W 来表示。该坐标系实际上是以刀具在上一点的位置作为它的坐标原点。

136

11.4.4 数控编程代码

数控编程所用代码主要有准备功能 G 指令、进给功能 F 指令、主轴功能 S 指令、刀具功能 T 指令、辅助功能 M 指令等。一般数控系统中常用的 G 和 M 功能都与国际标准一致。

目前通用的国际标准有 ISO 标准(表 11-1)和 EIA(美国电子工业协会)标准。我国在 JB 3208—83 标准中也规定了准备功能 G 代码(表 11-2)和辅助功能 M 代码(表 11-3)。从表中可看出,有些代码的功能未指定,加上有的数控机床生产厂家甚至不按标准自行指定代码功能,使得各类数控机床使用的指令、代码含义不完全相同,因此,编程时要按照数控机床使用手册的具体规定进行。表 11-4 所示为华中数控系统(HNC-21M)、FANUC 数控系统(FANUC 0M)和 SIEMENS 系统(SIMUMERIK 840D)部分 G 指令字功能含义对照表。

表 11-1 数控机床用 ISO 编码表

代码符号	含 义	代码符号	含 义
0	数字 0	S	主轴速度功能
1	数字 1	T	刀具功能
2	数字 2	U	平行于 X 坐标的第二坐标
3	数字 3	V	平行于 Y 坐标的第二坐标
4	数字 4	W	平行于 Z 坐标的第二坐标
5	数字 5	X	X 坐标方向的主运动
6	数字 6	Y	Y 坐标方向的主运动
7	数字 7	Z	Z 坐标方向的主运动
8	数字 8	.	小数点
9	数字 9	+	加/正
A	绕着 X 坐标的角度	−	减/负
B	绕着 Y 坐标的角度	*	星号/乘号
C	绕着 Z 坐标的角度	/	跳过任选程序段(省略/除)
D	特殊坐标角度尺寸;或第三进给速度功能	,	逗号
E	特殊坐标角度尺寸;或第二进给速度功能	=	等号
F	进给速度功能	(	左圆括号/控制暂停
G	准备功能	)	右圆括号/控制恢复
H	永不指定(或作特殊用途)	$	单元符号
I	沿 X 坐标圆弧起点相对于圆心的坐标系	:	对准功能/选择(或计划)倒带停止
J	沿 Y 坐标圆弧起点相对于圆心的坐标系	NL or LF	程序段结束,新行或换行
K	沿 Z 坐标圆弧起点相对于圆心的坐标系	%	程序号(程序开始)
L	永不指定	HT	制表(或分隔符号)
M	辅助功能	CR	滑座返回(仅对打印机适用)
N	程序段号	DEL	注销
O	不用	SP	空格
P	平行于 X 坐标的第三坐标	BS	反绕(退格)
Q	平行于 Y 坐标的第三坐标	NUL	空白纸带
R	平行于 Z 坐标的第三坐标	EM	载体终了

表 11-2　准备功能 G 代码(JB 3208—83)

代码	含义	代码	含义	代码	含义
G00	点定位	G41	刀具补偿—左	G61	准确定位 2(中)
G01	直线插补	G42	刀具补偿—右	G62	快速定位(粗)
G02	顺时针方向圆弧插补	G43	刀具补偿—正	G63	攻螺纹
G03	逆时针方向圆弧插补	G44	刀具补偿—负	G64~G67	不指定
G04	暂停	G45	刀具偏置+/+	G68	刀具偏置,内角
G05	不指定	G46	刀具偏置+/−	G69	刀具偏置,外角
G06	抛物线插补	G47	刀具偏置−/−	G70~G79	不指定
G07	不指定	G48	刀具偏置−/+	G80	固定循环注销
G08	加速	G49	刀具偏置 0/+	G81~G89	固定循环
G09	减速	G50	刀具偏置 0/−	G90	绝对尺寸
G10~G16	不指定	G51	刀具偏置+/0	G91	增量尺寸
G17	XY 平面选择	G52	刀具偏置−/0	G92	预置寄存
G18	ZX 平面选择	G53	直线偏移,注销	G93	时间倒数,进给率
G19	YZ 平面选择	G54	直线偏移 X	G94	每分钟进给
G20~G32	不指定	G55	直线偏移 Y	G95	主轴每转进给
G33	螺纹切削,等螺距	G56	直线偏移 Z	G96	恒线速度
G34	螺纹切削,增螺距	G57	直线偏移 XY	G97	每分钟转数(主轴)
G35	螺纹切削,减螺距	G58	直线偏移 XZ	G98~G99	不指定
G36~G39	永不指定	G59	直线偏移 YZ		
G40	刀具补偿/刀具偏置注销	G60	准确定位 1(精)		

表 11-3　辅助功能 M 代码(JB 3208—83)

代码	含义	代码	含义	代码	含义
M00	程序停止	M15	正运动	M49	进给率修正旁路
M01	计划停止	M16	负运动	M50	3 号冷却液开
M02	程序结束	M17~M18	不指定	M51	4 号冷却液开
M03	主轴顺时针方向	M19	主轴定向停止	M52~M54	不指定
M04	主轴逆时针方向	M20~M29	永不指定	M55	刀具直线位移,位置 1
M05	主轴停止	M30	纸带结束	M56	刀具直线位移,位置 2
M06	换刀	M31	互锁旁路	M57~M59	不指定
M07	2 号冷却液开	M32~M35	不指定	M60	更换工件
M08	1 号冷却液开	M36	进给范围 1	M61	工件直线位移,位置 1
M09	冷却液关	M37	进给范围 2	M62	工件直线位移,位置 2
M10	夹紧	M38	主轴速度范围 1	M63~M70	不指定
M11	松开	M39	主轴速度范围 2	M71	工件角度位移,位置 1
M12	不指定	M40~M45	如有需要作为齿轮换挡,此外不指定	M72	工件角度位移,位置 2
M13	主轴顺时针方向,冷却液开	M46~M47	不指定	M73~M89	不指定
M14	主轴逆时针方向,冷却液开	M48	注销 M49	M90~M99	永不指定

138

表 11-4 部分 G 功能字含义对照表

G 功能字	华中系统	FANUC 0M 系统	SINUMERIK840D 系统
G00/G01	快速定位/直线插补	快速定位/直线插补	快速定位/直线插补
G02/G03	顺/逆时针圆弧插补	顺/逆时针圆弧插补	顺/逆时针圆弧插补
G04	暂停	暂停	暂停
G17~G19	坐标平面选择	坐标平面选择	坐标平面选择
G20/G21	英/米制输入	英/米制输入	不指定
G27	不指定	参考点返回检验	不指定
G28	返回到参考点	自动返回参考点	不指定
G29	由参考点返回	从参考点移出	不指定
G40	刀具半径补偿取消	刀具半径补偿取消	刀具半径补偿取消
G41/G42	刀具半径左/右补偿	刀具半径左/右补偿	刀具半径左/右补偿
G43/G44	刀具长度正/负补偿	刀具长度正/负补偿	不指定
G50	缩放关	工件坐标原点设置,最大主轴速度设置	不指定
G65	子程序调用	宏程序调用	不指定
G70~G71	不指定	不指定	英/米制输入
G73~G89	孔加工固定循环	孔加工固定循环	孔加工固定循环
G74/G75	不指定	不指定	自动返回参考点/返回固定点
G90/G91	绝对/增量坐标编程	绝对/增量坐标编程	绝对/增量坐标编程

数控程序的程序段格式见表 11-5。

表 11-5 数控程序程序段的一般格式

N-	G-	X-	Y-	Z-	……	F-	S-	T-	M-	LF
语句顺序号	准备功能	坐标尺寸	坐标尺寸	坐标尺寸	……	进给功能	主轴功能	刀具功能	辅助功能	程序段结束

下面介绍一些常用的编辑功能代码。

1. 准备功能代码(G 代码)

准备功能代码的作用是用来规定刀具和工件的相对运动轨迹、机床坐标系、插补坐标平面、刀具补偿、坐标偏置等各种加工操作。G 代码由地址 G 和后面的两位数字组成,即从 G00 到 G99 共有 100 种,通常位于程序段坐标指令的前面。

1)绝对坐标和相对坐标指令(G90,G91)

G90 表示程序段中的尺寸字为绝对坐标值,即从编程零点开始的坐标值。

G91 表示程序段中的尺寸字为增量坐标值,即刀具运动的终点相对于起点坐标值的增量。

例如,图 11-19 所示刀具由起始点 A 直线插补到目标点 B,编程为:

N10 G90 G01 X30 Y60 F100;[注:第 10 号程序段,X30 Y60 为 B 点相对于编程坐标系 X、Y 坐标的绝对尺寸。]

N10 G91 G01 X-40 Y30 F100;[注:第 10 号程序段,X-40、

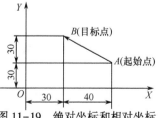

图 11-19 绝对坐标和相对坐标

Y30 为目标点 B 相对于起始点 A 的增量值。]

在实际编程中，是选用 G90 还是 G91，要根据具体的零件确定。

2）坐标系设定指令（G92）

在使用绝对坐标指令编程时，预先要确定工件坐标系，通过 G92 可以确定当前工件坐标系，该坐标系在机床重开机时消失。

G54~G59 指令与 G92 指令都可用于工件坐标系建立，G54~G59 是在加工前设定好的坐标系，而 G92 是在程序中设定的坐标系，用了 G54~G59 就没有必要再使用 G92，否则 G54~G59 会被替换，应当避免。

使用了 G92 设定坐标系，再使用 G54~G59 不起任何作用，除非断电重新启动系统，或接着用 G92 设定所需新的工件坐标系。使用 G92 的程序结束后，若机床没有回到 G92 设定的原点，就再次启动此程序，机床当前所在位置就成为新的工件坐标原点，易发生事故。

例如，图 11-20(a) 所示，加工工件前，用手动或自动的方式，令机床回到机床零点。此时，刀具中心对准机床零点，如图 11-20(a) 所示，CRT 显示各轴坐标均为 0。当机床执行"G92 X-10 Y-10"后，就建立起了工件坐标系，如图 11-20(b) 所示。即刀具中心（或机床零点）应在工件坐标系的 X-10、Y-10 处，即为工件坐标系（图中虚线代表的坐标系）。O_1 为工件坐标系的原点，CRT 显示的坐标值为 X-10、Y-10，但刀具相对于机床的位置没有改变。在运行后面的程序时，凡是绝对尺寸指令中的坐标值均为点在 $X_1O_1Y_1$ 坐标系中的坐标。

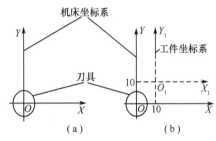

图 11-20 工件坐标系的设定

3）平面选择指令（G17，G18，G19）

在三坐标机床上加工时，如进行圆弧插补，要规定加工所在平面，用 G 代码可以进行平面选择，如图 11-21 所示。

4）快速点定位指令（G00）

G00 可使刀具快速移动到所需位置上，一般作为空行程运动。该指令只是快速到位，其运动轨迹因具体的控制系统不同而异，进给速度 F 对 G00 指令无效。

例如：N10 G00 X40.0 Y20.0；[（图 11-22）注：第 10 号程序段，将刀具快速移动到点（40,20）。]

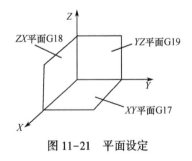

图 11-21 平面设定

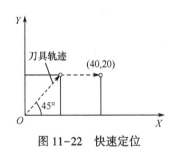

图 11-22 快速定位

5）直线插补指令（G01）

G01 表示刀具从当前位置开始以给定的速度（进给速度 F），沿直线移动到规定的位置。

例如：N20 G01 X45 Z60 F12；

注：第 20 号程序段，将刀具以 12mm/min 的速度直线移动到 X 坐标为 45，Z 坐标为 60，Y 坐标不变的点。

6) 圆弧插补指令(G02、G03)

G02 表示顺圆插补;G03 表示逆圆插补,刀具进行圆弧插补时必须规定所在平面,然后再确定回转方向。圆弧的顺逆时针方向如图 11-23 所示,判断方法是:沿圆弧所在平面(如 XY 平面)的另一坐标轴的负方向(−Z)看去,顺时针方向为 G02,逆时针方向为 G03。程序格式

$$G17 \begin{Bmatrix} G02 \\ G03 \end{Bmatrix} X \underline{\quad} Y \underline{\quad} \begin{Bmatrix} R\_ \\ I\_J\_ \end{Bmatrix} F \underline{\quad};$$

$$G18 \begin{Bmatrix} G02 \\ G03 \end{Bmatrix} X \underline{\quad} Z \underline{\quad} \begin{Bmatrix} R\_ \\ I\_K\_ \end{Bmatrix} F \underline{\quad};$$

$$G19 \begin{Bmatrix} G02 \\ G03 \end{Bmatrix} Y \underline{\quad} Z \underline{\quad} \begin{Bmatrix} R\_ \\ J\_K\_ \end{Bmatrix} F \underline{\quad};$$

G17、G18、G19 为圆弧插补平面选择指令,以此来确定被加工表面所在平面,G17 可以省略,X、Y、Z 为圆弧终点坐标值,可以用绝对坐标,也可以用增量坐标,由 G90 和 G91 决定。在增量方式下,圆弧终点坐标是相对于圆弧起点的增量值。I、J、K 表示圆弧圆心的坐标,它是圆心相对于圆弧起点在 X、Y、Z 轴方向上的增量值,也可以理解为圆弧起点到圆心的矢量(矢量方向指向圆心)在 X、Y、Z 轴上的投影,与前面定义的 G90 或 091 无关。F 规定沿圆弧切向的进给速度。

7) 自动机床原点返回指令(G28)

机床原点是机床各移动轴正向移动的极限位置。如刀具在交换时常用到 Z 轴参考点返回。

例如:G90 G28 X500.0 Y350.0;[(图 11-24)注:刀具经过中间点坐标返回原点。]

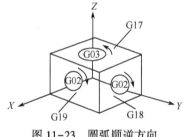

图 11-23 圆弧顺逆方向

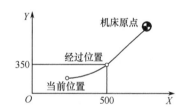

图 11-24 自动机床原点返回

8) 刀具补偿与偏置指令(G40,G41,G42)

一般以工件的轮廓尺寸为刀具轨迹编程轮廓的切削加工,使编制的加工程序简单,即假设刀具中心运动轨迹是沿工件轮廓运动的,而实际的刀具轨迹要与工件轮廓有一个偏移量(刀具半径),如图 11-25 所示。利用刀具半径补偿功能可以方便地实现这一改变,简化程序编制,机床可以自动判断补偿的方向和补偿值大小,自动计算出刀具中心轨迹,并按刀心轨迹运动。

G41 左补偿指令是沿着刀具前进的方向观察,刀具偏在工件轮廓的左边,而 G42 则偏在右边,如图 11-26 所示。G41、G42 皆为续效指令。

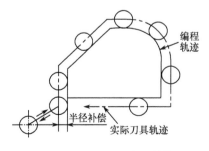

图 11-25 刀具的半径补偿

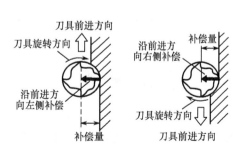

图 11-26 刀具的补偿方向

2. 辅助功能代码(M 代码)

辅助功能代码是用来控制机床各种辅助动作及开关状态的,如主轴的转与停、冷却液的开与关等。M 代码从 M00 到 M99 共有 100 种。程序的每一个语句中 M 代码只能出现一次。

1)程序停止指令(M00)

执行完含有 M00 指令的程序段后,主轴的转动、进给、切削液都将停止,以便进行某一手动操作,如换刀、测量工件的尺寸等。重新启动机床后,继续执行后面的程序。

2)计划停止指令(M01)

M01 和 M00 的功能基本相似,不同的是,只有在按下"选择停止"键后,M01 才有效,否则机床继续执行后面的程序段。该指令一般用于抽查关键尺寸等情况,检查完后,按动"启动"键,继续执行后面的程序。

3)程序结束指令(M02)

M02 编在最后一条程序中,它表示执行完程序内所有指令后,主轴停止、进给停止、切削液关闭,机床处于复位状态。

4)程序结束指令(M30)

使用 M30 时,除表示 M02 的内容外,并返回到程序的第一条语句,准备下一个工件的加工。

5)主轴顺时针方向旋转(正转)指令(M03)

开动主轴时,按右旋螺纹进入工件的方向旋转。

6)主轴逆时针方向旋转(反转)指令(M04)

开动主轴时,按右旋螺纹离开工件的方向旋转。

7)主轴停止指令(M05)

主轴停转是在该程序段其他指令执行完成后才停止。

8)换刀指令(M06)

常用于加工中心刀库的自动换刀时使用。

9)2 号冷却液开指令(M07)

执行 M07 后,2 号冷却液打开。

10)1 号冷却液开指令(M08)

执行 M08 后,1 号冷却液打开。

11)冷却液关指令(M09)

执行 M09 后,冷却液关。

12)子程序调用指令(M98)。

子程序是相对主程序而言的。当一个零件包括重复的图形时,可以把这个图形编成一个子程序存于存储器中,使用时反复调用。M98 执行后就调用子程序,开始执行子程序,子程序可以多重调用。

13)子程序返回指令(M99)

在子程序的最后应是子程序返回指令 M99,当子程序执行 M99 命令后,子程序结束并回到主程序。

例如:

…… N0010 M98 P06 L20;调用 0006 号子程序,L 指令后的数字"20"表示该子程序被调用
                  20 次

……

N0070 M02;   主程序结束

%0006   子程序 0006 号

……

N0090 M99；　　　　　子程序返回

3. 其他功能

1）进给功能代码（F 代码）

进给功能是表示进给速度，进给速度是用字母 F 和其后面的若干位数字来表示的。

每分钟进给（G94）：系统在执行了一条含有 G94 的程序段后，再遇到 F 指令时，便认为 F 所指定的进给速度单位为 mm/min。

每转进给（G95）：若系统处于 G95 状态，则认为 F 所指定的进给速度单位为 mm/r。

2）主轴功能代码（S 代码）

主轴功能主要是表示主轴转速或速度。主轴功能是用字母 S 和其后面的数字表示的。

恒线速度控制（G96）。G96 是接通恒线速度控制的指令。系统执行 G96 指令后，便认为用 S 指定的数值表示切削速度。

例如：

G96 S200；

表示切削速度为 200m/min。

主轴转速控制（G97）。G97 是取消恒线速度控制的指令。此时，S 指定的数值表示主轴每分钟的转数。

例如：

G97 S1500；

表示主轴转速为 1500r/min。

3）刀具功能代码（T 代码）

刀具功能是表示换刀功能，根据加工需要在某些程序段指令进行选刀和换刀。刀具功能是用字母 T 和其后的四位数字表示，其中前两位为刀具号，后两位为刀具补偿号。每一刀具加工结束后必须取消其刀具补偿。T 代码常与换刀（M06）辅助功能同时使用，同时也用来为新刀具寻址。

例如：

G50　X270.0 Z400.0

G00　S200 M03

　　　T0304（3 号刀具、4 号补偿）

　　　X40.0 Z100.0

G01　Z50.0 F20

G00　X270.0 Z400.0

　　　T0300（3 号刀具补偿取消）

数控加工中常见的指令组合见表 11-6。

表 11-6　加工程序中常见指令组合

功　能	说　　明	示例（FANUC 系统）
安全模式	设定为一般正常的控制模式	G90 G80 G40 G17
坐标设定	定义工件原点	G92 X_X_Z 或 G54~G59
刀长补偿	补偿实际加工后与程序之间的刀长误差	G43 H_
刀具移动	产生刀具路径加工工件	G0 X_Y_Z_,G1 X_Y_Z_, G2/G3 X_Y_(Z_)I_J_(K_)
刀径补偿	补偿刀具偏移某一特定方向	G41/G42 X_Y_H_/D_,G40 X_Y_
固定循环	生成孔加工刀具路径	G73~G89 X_Y_Z_R_P_Q_F_

功 能	说 明	示例（FANUC 系统）
换刀	选择并更换加工刀具	T_M6
主轴控制	控制主轴回转、速度、方向	S_M3/M4、M5
返回参考点	返回机械原点	G91 G28 Z0、G91 G28 X0 Y0
程序终止	程序结束	M2、M30

11.4.5　数控加工程序

数控加工程序的结构是由程序号、程序内容和程序结束三部分组成。

（1）程序号通常包括程序号码和程序名称，作为程序的开始标记，供在数控装置存储器中的程序目录中查找、调用。程序号由地址码（如%或O）和四位编号数字（1~9999）组成。常用的地址码及其含义见表11-7。

表 11-7　常用的地址码

功 能	地 址	意 义 及 范 围	
程序号	%	程序编号：%1~%9999	
程序段号	N	程序段编号：N1~N9999	
准备功能	G	指令动作方式（直线、圆弧等）：G00~G99	
坐标字	X、Y、Z、U、V、W	直线坐标轴	坐标轴的移动命令：±99 999.999
	A、B、C	旋转坐标轴	
	R	圆弧的半径	
	I、J、K	圆弧中心的坐标	
进给速度	F	进给速度的指定：F0~F15000	
主轴功能	S	主轴旋转速度的指定：S0~S9999	
刀具功能	T	刀具编号的指定：T0~T99	
辅助功能	M	机床侧开/关控制的指定：M0~M99	
补偿号	H、D	刀具补偿号的指定：00~99	
暂停	X	暂停时间的指定：秒	
程序号的指定	P	子程序号的指定：P1~P9999	
重复次数	L	子程序的重复次数，固定循环的重复次数：L2~L9999	
参数	P、Q、R	固定循环的参数	

（2）程序内容根据数控程序要实现的功能及完成动作的先后顺序，分成四个模块，每个模块含有一系列的指令去完成特定的工作，这些模块如下：

① 程序起始。此模块完成安全设定、刀具交换、工件坐标系的设定、刀具长度补偿、主轴转速控制、冷却液控制及注释说明等。

② 刀具交换。加工中心采用。

③ 加工过程。此模块包括快速移动、直线插补、圆弧插补、刀具半径补偿等基本加工。

④ 切削循环。主要是孔加工固定循环。

程序内容是整个加工程序的主要部分，由程序段组成。程序段由若干个字组成，每个字又是由地址码和若干个数字组成。在程序中能做指令的最小单位是字。

（3）程序结束一般情况下是取消刀补、关冷却液、主轴停止，执行回参考点，程序停止等动作。程序结束一般用辅助功能代码 M02（程序结束）和 M30（程序结束，返回起点）等来表示。

由于数控系统的种类很多，不同的数控系统组成的加工程序的格式有所不同。零件手工编程时必须严格按机床说明书的规定格式及程序结构要求。表 11-8 所列为三种数控系统的数控程序格式。

表 11-8　三种系统的数控程序格式

华中系统	FANUC 0M 系统	SINUMERIK840D 系统	说　明
％ 1234	％	％ ＿N＿O1234＿MPF	文件头
	O1234		
N100 G21	N100 G21	N100 G71	程序起始
N102 G17 G40 G49 G80 G90	N102 G17 G40 G49 G80 G90	N102 G17 G40 G60 G90	安全模式
		N104 T1	刀具交换
N104 T1 M6	N104 T1 M6	N106 M6	
N106 G0 G54 X-101.064 Y-22.747 S1527 M3	N106 G0 G54 X-101.064 Y-22.747 S1527 M3	N108 G0 G54 X-101.064 Y-22.747 S1527 M3	加工过程
N108 G43 H1 Z50.0 M8	N108 G43 H1 Z50.0 M8	N110 D1 Z50.0 M8	刀径补偿
N110 Z10.0	N110 Z10.0	N112 Z10.0	刀具移动
N112 G1 Z-5.0 F5.7	N112 G1 Z-5.0 F5.7	N114 G1 Z-5.0 F5.7	
N114 G41 D1 X-76.089 Y-23.861 F610.8	N114 G41 D1 X-76.089 Y-23.861 F610.8	N116 G41 X-76.089 Y-23.861 F610.8	
N116 G3 X-50.0 Y0.0 R25.0	N116 G3 X-50.0 Y0.0 R25.0	N118 G3 X-50.0 Y0.0 CR＝25	
⋮	⋮	⋮	
N282 X-49.993 Y-0.404	N282 X-49.993 Y-0.404	N286 X-49.993 Y-0.404	
N284 X-50.0 Y0.0	N284 X-50.0 Y0.0	N288 X-50.0 Y0.0	
N286 G3 X-75.401 Y24.592 R25.0	N286 G3 X-75.401 Y24.592 R25.0	N290 X-75.401 Y24.592 CR＝25.0	
N288 G1 G40 X-100.398 Y24.188	N288 G1 G40 X-100.398 Y24.188	N292 G1 G40 X-100.398 Y24.188	
N290 Z5.0 F5.7	N290 Z5.0 F5.7	N294 Z5.0 F5.7	
N292 G0 Z50.0	N292 G0 Z50.0	N296 G0 Z50.0	
N294 M5	N294 M5	N298 M5	
N296 G91 G28 Z0.0 M9	N296 G91 G28 Z0.0 M9	N300 G74 Z1＝0.0 M9	回参考点
N298 G28 X0.0 Y0.0	N298 G28 X0.0 Y0.0	N302 G74 X1＝0.0 Y1＝0.0	
N300 M30	N300 M30	N304 M30	程序结尾
％	％	％	

11.5　数控加工过程

数控加工以数控车床、数控铣床和加工中心的使用最为广泛，其他还有数控坐标磨床、数控镗床、数控电火花机床和数控电火花线切割机床等。

数控加工过程是从分析零件图开始到零件加工完毕,如图11-27所示。

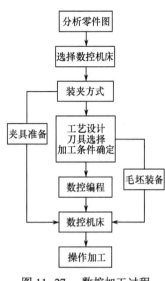

图11-27 数控加工过程

1. 分析零件图

根据零件图的技术要求,分析零件的形状、基准面、尺寸公差和表面粗糙度要求,以及加工面的种类、零件的材料和热处理等其他技术要求。

2. 选择数控机床

根据零件形状和加工的要求,确定该零件是否适合在数控机床上加工,并确定所使用数控机床的种类。

3. 工件装夹方法

工件装夹要保证产品的加工精度和加工效率,并尽可能采用通用夹具。但必要时也可设计制造专用夹具。

4. 确定加工工艺

确定加工的工艺顺序及步骤。粗加工阶段一般留 1~2mm 的余量,以保证机床和刀具在能力允许的范围内用最短的时间完成。半精加工阶段一般留 0.3~0.5mm 的加工余量。精加工阶段直接形成产品的最终尺寸精度和表面粗糙度,对于要求较高的表面,可分别进行加工。

5. 选择刀具

分析零件的加工工艺,确定所使用的刀具,以满足加工质量和效率的要求。

6. 数控编程

完成以上技术工作的基础上进行加工程序的编制。首先进行数学处理,根据零件的几何尺寸、刀具的加工路线和设定的编程坐标系来计算刀具运动轨迹的坐标值。对于加工由圆弧和直线组成的简单轮廓的零件,只需计算出相邻几何元素的交点或切点坐标值即可。对于自由曲线、曲面等加工,要借助计算机辅助编程来完成。

7. 操作加工

加工程序编制完成后,先进行程序试运行,以检验程序是否正确,然后操作机床进行加工。

数控机床提供的各种功能是通过其操作控制面板上的键盘实现的,各种机床的操作方法不完全相同,要根据机床操作手册的具体说明进行。

复习思考题

1. 简述数控机床的分类及组成。

2. 数控编程要经过哪几个步骤?

3. 数控机床的坐标轴是如何规定的?

4. 机床坐标系和工件坐标系是如何规定的?在数控编程中各起什么作用?

5. 什么是插补运算?试述插补运算的必要性。

6. 数控编程的程序结构与格式是什么?

7. 简述数控加工程序的构成。

第 12 章　数控车削加工

教学要求：了解数控车床的特点、组成及应用；掌握数控车床编程技能；熟悉数控车床操作，完成简单回转零件的数控车削加工。

12.1　概　述

数控车床（CNC Lathe）主要用于回转体零件的自动加工，可完成内、外圆柱面，内、外圆锥面，复杂旋转曲面，圆柱圆锥螺纹等型面的车削，并可进行切槽和钻、扩、铰孔等加工，特别适合加工形状复杂的轴类或盘类零件，如图12-1所示。它集中了卧式车床、转塔车床、多刀车床、仿形车床、自动和半自动车床的功能，是数控机床中产量最大的品种之一。

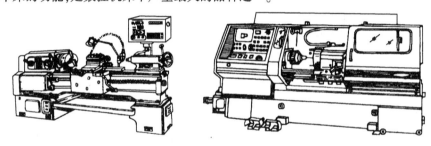

图 12-1　数控车床

数控车床具有加工灵活、通用性强、能适应产品的品种和规格频繁变化的特点，能够满足新产品的开发和多品种、小批量、生产自动化的要求，因此被广泛应用于机械制造领域（汽车制造厂、发动机制造厂等）。

12.2　数 控 车 床

12.2.1　数控车床的分类

1. 按主轴配置形式分类

（1）卧式数控车床。主轴轴线处于水平位置的数控车床。

（2）立式数控车床。主轴轴线处于垂直位置的数控车床。

具有两根主轴的车床，称为双轴卧式数控车床或双轴立式数控车床。

2. 按数控系统控制的轴数分类

（1）两轴控制的数控车床。机床上只有一个回转刀架，可实现两坐标轴控制。

（2）四轴控制的数控车床。机床上有两个独立的回转刀架，可实现四轴控制。

目前，我国使用较多的是中小规格的两轴连续控制的数控车床。

3. 按数控系统的功能分类

（1）经济型数控车床。一般采用步进电动机驱动的开环伺服系统，其控制部分采用单板机或单片机,结构简单,价格低,大多数是在卧式车床基础上进行改进设计。

（2）多功能型数控车床。一般采用交、直流伺服电动机驱动的闭环或半闭环伺服系统,有人-机对话、自诊断等功能,具有高刚度、高精度和高效率的特点。

（3）车削中心。以多功能型数控车床为主体,配置刀库、换刀装置、分度装置、铣削动力头和机械手等,可实现多工序的复合加工,一次装夹就可以完成车、铣、钻、铰、攻螺纹等工序。

12.2.2　数控车床的组成

数控车床是由数控系统、各轴伺服系统、机床本体及辅助装置等组成。机床本体包括床身、主轴箱、电动回转刀架、进给传动系统、冷却系统、润滑系统、安全防护系统等,如图 12-2 所示。

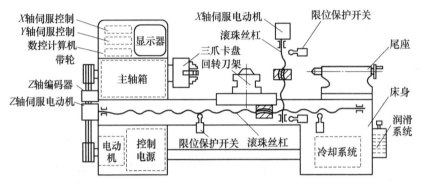

图 12-2　数控车床的组成

数控车床一般具有两轴联动功能,Z 轴是与主轴平行方向的运动轴,X 轴是在水平面内与主轴垂直方向的运动轴。数控车床的进给系统采用伺服电动机经滚珠丝杠,传到滑板和刀架,实现 Z 向(纵向)和 X 向(横向)进给运动。

与普通车床相比,数控车床是将编制好的加工程序输入到数控系统中,由数控系统通过车床 X、Z 坐标轴的伺服电动机去控制车床进给运动部件的动作顺序、移动量和进给速度,再配以主轴转速和转向,可加工出各种形状不同的轴类或盘类回转体零件。

12.2.3　数控车床的布局

数控车床的主轴、尾座等部件相对床身的布局形式与卧式车床基本一致,而刀架和导轨的布局形式发生了根本的变化,这是因为刀架和导轨的布局形式直接影响数控车床的使用性能及机床的结构和外观。另外,数控车床上都设有封闭的防护装置。

1. 床身和导轨的布局

数控车床床身导轨与水平面的相对位置将床身分为平床身、斜床身、平床身斜滑板和立床身,如图 12-3 所示。

水平床身的工艺性好,便于导轨面的加工。水平床身配上水平放置的刀架可提高刀架的运动精度,一般用于大型数控车床或小型精密数控车床的布局。但是水平床身下部空间小,排屑困难,刀架水平放置使得滑板横向尺寸较长,加大了机床宽度方向的结构尺寸。

水平床身配上倾斜放置的滑板,并配置倾斜式导轨防护装置,这种布局形式既有水平床身工艺性好的特点,又有机床宽度方向的尺寸较水平配置滑板的要小,且排屑方便等特点。

水平床身配上倾斜放置的滑板和斜床身配置斜滑板的布局形式被中、小型数控车床所普遍采用。这是由于此两种布局形式排屑容易,热铁屑不会堆积在导轨上,也便于安装自动排屑器;操作方便,易于安装机械手,以实现单机自动化;机床占地面积小,外形简洁、美观,容易实现封闭式防护。

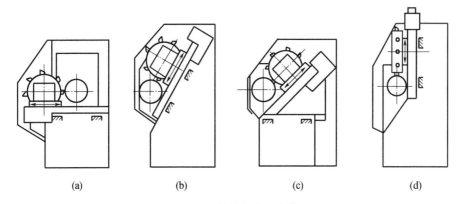

| (a) | (b) | (c) | (d) |

图 12-3　数控车床的床身

（a）平床身；（b）斜床身；（c）平床身斜滑板；（d）立床身。

斜床身其导轨倾斜的角度分别为 30°、40°、60°、75° 和 90°（立式床身）。倾斜角度小，排屑不便；倾斜角度大，导轨的导向性差，受力情况也较差。导轨倾斜角度的大小还会直接影响机床外形尺寸高度与宽度的比例。因此，中小规格的数控车床的床身倾斜度以 60° 为宜。

2. 刀架的布局

刀架作为数控车床的重要部件，其布局形式对机床整体布局及工作性能影响很大。目前两轴联动数控车床多采用 12 工位的回转刀架，也有采用 6 工位、8 工位、10 工位回转刀架的。回转刀架在机床上的布局有两种形式。一种是用于加工盘类零件的回转刀架，其回转轴垂直于主轴；另一种是用于加工轴类和盘类零件的回转刀架，其回转轴平行于主轴。

四轴控制的数控车床，床身上安装了两个独立的滑板和回转刀架，故称为双刀架四轴数控车床。其上每个刀架的切削进给量是分别控制的，因此两刀架可以同时切削同一工件的不同部位，既扩大了加工范围，又提高了加工效率。四轴数控车床的结构复杂，且需要配置专门的数控系统实现对两个独立刀架的控制。这种机床适合加工曲轴、飞机零件等形状复杂、批量较大的零件。

12.3　数控车削编程

12.3.1　数控车床编程基础

（1）数控车床编程时，根据被加工零件的图样标注尺寸，既可以使用绝对值编程，也可使用增量值编程，还可使用二者混合编程。合理的绝对值、增量值混合编程往往可以减少编程中的计算量，缩短程序段，简化程序。但要注意：直径方向用绝对值编程时，X 以直径值表示；用增量值编程时，以径向实际位移量的 2 倍值编程，并配以正、负号以确定增量的方向。圆弧定义的附加语句中的 R、I、K 以半径值标明。同时为了提高径向尺寸精度，X 向的脉冲当量取为 Z 向的 1/2。

（2）数控车床的坐标系是：横向为 X 轴，刀架离开工件的方向为 X 轴正方向，纵向为 Z 轴，指向尾座方向为 Z 轴正方向。因此 X 轴方向与刀架的安装部位有关。

数控车床的机床零点为每个轴退刀的极限位置，即刀架离开工件最远的位置。

数控车床的程序原点是主轴中心线位于 X0 处，而工件精加工端面位于 Z0 处。

（3）数控机床开机时，必须先进行机床回零操作（回参考点），目的是建立机床坐标系，在此基础上建立工件坐标系，坐标系和参考点如图 12-4 所示。因此，在机床回参考点后，开始数控加工之前,数控机床还必须完成"对刀"操作。对刀的目的是建立工件坐标系。

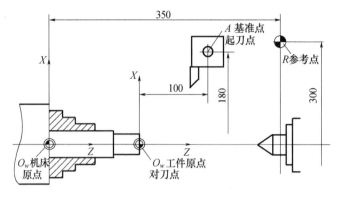

图 12-4 数控车床坐标系与参考点

(4)车削工件时,由于加工方法不同,主轴转速必须有很大的调速范围。ISO 规定的有关主轴转速的指令有:

G96 S_;恒切削线速度控制,S 之后指定切削线速度(m/min)

G97 S_;取消恒切削线速度控制,S 之后指定主轴转速

在恒切削线速度控制时,一般要限制最高主轴转速,如超过了最高转速,则要使主轴转速等于最高转速。

数控车床的进给方式多使用 G99,也可使用 G98。

(5)编程时,可依据不同的毛坯材料和加工余量,合理选用切削循环来简化程序。车床数控系统具有多种切削固定循环,如内、外径矩形切削循环,锥度切削循环,端面切削循环,螺纹切削循环等。

(6)编程时,认为车刀刀尖是一个点,但实际上车刀刀尖总带有刀尖半径,且随着加工过程的进行,尤其是加工斜面和圆弧时,刀尖半径的尺寸和形状还会影响到加工精度,因此应考虑刀具补偿指令。数控车床具备刀具刀尖半径补偿功能(G40、G41、G42 指令)。为提高刀具寿命和加工表面的质量,在车削中,经常使用半径不大的圆弧刀尖进行切削,正确使用刀具补偿指令可在编程时直接依据零件轮廓尺寸编程,减小繁杂的计算工作量,提高程序的通用性。在使用刀补指令时,要注意选择正确的刀补值与补偿方向号,以免产生过切、少切等情况。

(7)合理、灵活使用数控系统给定的其他指令功能,如零点偏置指令、坐标系平移指令、返回参考点指令、直线倒角与圆弧倒角指令等,以使程序运行简捷可靠,充分发挥数控系统的功能。

(8)车床的数控系统具有子程序调用功能,可以实现一个子程序的多次调用。在一条调用指令中,可重复 999 次调用执行,而且可实现子程序调用子程序的多重嵌套调用。当程序中出现顺序固定、反复加工的要求时,使用子程序调用技术可缩短加工程序,使程序简单,这在以棒料为毛坯的车削加工中尤为重要。

12.3.2 数控车削加工工艺内容

(1)分析待加工零件图样,明确加工内容和技术要求。

(2)进行工艺分析,其中包括零件加工工艺性。

(3)设定坐标系,通常数控车床工件坐标系原点应选择在工件右端面、左端面或卡爪的前端面与回转中心线的交点处。

(4)制定加工路线,确定刀具的运动轨迹和方向。主要考虑对刀点(程序执行时刀具相对于工件运动的起点)和换刀点(刀架转动时的位置);应考虑加工顺序(先粗后精、先近后远)和进给路线(确定粗车和精车的加工路线、保证最短的空行程)。

（5）选择合适的刀具,数控机床对刀具的选择比较严格,所选择的刀具应满足安装调试方便、刚性好、精度高、使用寿命长等要求。选择刀具通常要考虑机床的加工能力、工序内容、工件材料等。

（6）合理确定切削用量,切削用量包括主轴转速 n、进给量 f、背吃刀量 a_p 等。背吃刀量 a_p 由机床、刀具、工件的刚度确定,在刚度允许的条件下,粗加工取较大的背吃刀量,以减少走刀次数,提高生产率;精加工取较小背吃刀量,已获得表面质量。主轴转速 n 由机床允许的切削速度及工件直径选取。进给量则按零件加工精度、表面粗糙度要求选取,粗加工取较大值,精加工取较小值。最大进给速度受机床刚度及进给系统性能限制。

（7）编制和检验调试加工程序。

（8）输入程序进行加工。

12.4　数控车削实例

例 12-1　在华中 CJK6032 数控车床上,采用华中车床数控系统(HNC-21T),完成图 12-5 所示手柄的加工,毛坯为 $\phi25mm$ 的铝棒。

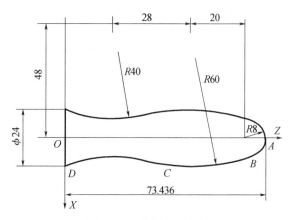

图 12-5　数控车削手柄

华中数控系统所用指令和 ISO 规定的指令基本一致,其 M 代码和 G 代码均有模态代码和非模态代码之分。模态代码一旦在一个程序段中指定,便保持有效,直到同类 M 或 G 代码出现或被取消为止;非模态代码只在书写了该代码的程序段中有效。华中数控系统 M 代码的功能见表 12-1,华中车床数控系统(HNC-21T)的 G 代码功能见表 12-2。

表 12-1　华中数控系统 M 代码的功能

代　码	模态代码	功　能	代　码	模态代码	功　能
M00	非模态	程序停止	M03	模态	主轴正转启动
M01	非模态	选择停止	M04	模态	主轴反转启动
M02	非模态	程序结束	M05	模态	主轴停止转动
M30	非模态	程序结束并返回程序起点	M06	模态	换刀
M98	非模态	调用子程序	M07	模态	切削液打开
M99	非模态	子程序结束	M09	模态	切削液停止

表 12-2　华中车床数控系统的 G 代码功能

代　码	组　号	功　能	代　码	组　号	功　能
G00		快速定位	G65	00	宏指令简单调用
G01	01	直线插补	G66	12	宏指令模态调用
G02		圆弧插补（顺时针）	G67		宏指令模态调用取消
G03		圆弧插补（逆时针）	G90	03	绝对值编程
G04	00	暂停	G91		增量值编程
G20	06	英制输入	G92	00	工件坐标系设定
G21		米制输入	G80	01	内/外径车削单一固定循环
G27	00	参考点返回检查	G81		端面车削单一固定循环
G28		返回到参考点	G82		螺纹车削单一固定循环
G29		由参考点返回	G98	05	每分钟进给
G32	01	螺纹切削	G99		每转进给
G40	07	刀尖半径补偿取消	G71	00	内/外径车削复合固定循环
G41		左刀补	G72		端面车削复合固定循环
G42		右刀补	G73		封闭轮廓车削复合固定循环
G52	00	局部坐标系设定	G76		螺纹车削复合固定循环
G54~G59	11	工件坐标系 1~6 选择			

注：00 组的 G 代码是非模态的，其他组的 G 代码是模态的

　　在分析零件图样、确定加工路线的基础上进行编程。以 O 点为编程原点，以手柄径向为 X 轴、轴向为 Z 轴建立工件坐标系；主轴箱位置为 $-Z$ 方向，操作者的位置为 $+X$ 方向；X 轴参数设置为直径编程方式。经数学计算，各基点的坐标值为 $A(0,73.436)$、$B(7.385,68.513)$、$C(9.6,28.636)$、$D(12,0)$。根据算得的基点和设定的工件坐标系可编程如下：

%0010	自定义零件程序号 0~9999
N01 G92 X16 Z73.436；	建立工件坐标系（坐标参数由对刀确定）
N02 M03 S500；	
N03 M98 P0006 L11；	调用子程序 11 次，完成切削过程
N04 M05；	关主轴电机
N05 M02；	程序结束
%0006	子程序号为 0006
N02 G91 G01 X-6.0 F500；	沿 X 负方向切入（$Z=73.436$）
N03 G03 X7.385 Z-4.923 R8；	加工圆弧 A_iB_i
N04 X2.215 Z-39.877 R60；	加工圆弧 B_iC_i
N05 G02 X2.4 Z-28.636 R40；	加工圆弧 C_iD_i
N06 G00 X2.0；	快速沿 X 正方向切出（$Z=0$）
N07 Z73.436；	快速沿 Z 正方向移动
N08 X-9.0；	快速沿 X 负方向移动
N09 M99；	子程序返回

例 12-2　在 CAK6136V/750 数控车床上，采用 FANUC-OTD 数控系统，完成图 12-6 所示特殊型面零件的加工，毛坯为 $\phi50\text{mm}$ 的圆棒料。

1. 工艺分析

1）零件图分析

图 12-6 所示零件的结构是由圆弧面、外圆锥面、外圆柱面所构成的特型面。其 ϕ50mm 外圆柱面直径处不加工，而 ϕ40mm 外圆柱面直径处加工精度较高，材料为 45 钢，选择毛坯尺寸为 ϕ50mm×110mm。

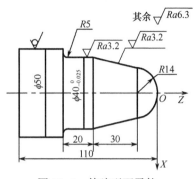

图 12-6　特殊型面零件

2）加工方案及加工路线的确定

以零件右端面中心 O 作为坐标原点建立工件坐标系。根据零件尺寸精度及技术要求，应将粗、精加工分开考虑。确定的加工工艺路线为：车削右端面→粗车 ϕ44、ϕ40.5、ϕ34.5、ϕ28.5、ϕ22.5、ϕ16.5 外圆柱面→粗车圆弧面 R14.25→粗车外圆柱面 ϕ40.5→粗车外圆锥面→粗车外圆弧面 R4.75→精车圆弧面 R14→精车外圆锥面→精车外圆柱面 ϕ40→精车外圆弧面 R5。

3）零件的装夹及夹具的选择

采用该机床本身的标准卡盘，零件伸出三爪卡盘外 75 mm 左右，找正夹紧。

4）刀具的选择

选择 1 号刀具为 90°硬质合金机夹偏刀，用于粗、精车削加工。

5）切削用量的选择

采用切削用量主要考虑加工精度并兼顾提高刀具耐用度、机床寿命等因素。主轴转速 630r/min，进给速度粗车为 0.2mm/r，精车为 0.1mm/r。

2. 尺寸计算

R14mm 圆弧的圆心坐标是：$X=0，Z=-14$mm

R5mm 圆弧的圆心坐标是：$X=50$mm，$Z=-(44+20-5)$mm$=-59$mm

3. 参考程序

采用绝对值和增量值混合编程，绝对值坐标用 X、Z 地址表示，增量值坐标用 U、W 地址表示，且坐标尺寸采用小数点编程。

N10	G50	X100.0	Z100.0；	工件坐标系的设定
N20	S630	M03	T11；	主轴正转 $n=630$ r/min，调用 1 号刀，刀具补偿号为 1
N30	G00	X52.0	Z0.0；	快速点定位
N40	G01	X0.0	F0.2；	车削右端面
N50	G00	Z1.0；		快速定位
N60	X44.0；			
N70	G01	Z-62.5；		粗车外圆柱面为 ϕ44
N80	X50.0；			车削台阶
N90	G00	Z1.0；		快速点定位
N100	X40.5；			
N110	G01	Z-60.0；		粗车外圆柱面为 ϕ40.5
N120	X44.0；			车削台阶
N130	G00	Z1.0；		快速点定位
N140	X34.5；			
N150	G01	Z-29.0；		粗车外圆柱面为 ϕ34.5

N160	X40.5；	车削台阶
N170	G00　Z1.0；	快速点定位
N180	X28.5；	
N190	G01　Z−14.0；	粗车外圆柱面为 $\phi28.5$
N200	X34.5；	车削台阶
N210	G00　Z1.0；	快速点定位
N220	X22.5；	
N230	G01　Z−4.0；	粗车外圆柱面为 $\phi22.5$
N240	X28.5；	车削台阶
N250	G00　Z1.0；	快速点定位
N260	X16.5；	
N270	G01　Z−2.0；	粗车外圆柱面为 $\phi16.5$
N280	X22.5；	车削台阶
N290	G00　Z0.25；	快速点定位
N300	X0.0；	
N310	G03　X28.5　Z−14.0　R14.25；	粗车圆弧面 $R14.25$
N320	G01　X40.5　Z−44.0；	粗车外圆锥面
N330	W−15.0；	粗车外圆柱面 $\phi40.5$
N340	G02　X50.0　W−4075　R4.75；	粗车圆弧面 $R4.75$
N350	G00　Z0.0；	快速定位
N360	X0.0；	
N370	G03　X28.0　Z−14.0　R14.0；	精车圆弧面 $R14$
N380	G01　X40.0　Z−44.0；	精车外圆锥面
N390	W−15.0；	精车外圆柱面 $\phi40$
N400	G02　X50.0　W−5.0　R5.0；	精车圆弧面 $R5$
N410	G00　X100.0　Z100.0　T10.0；	快速退回刀具起始点,取消1号刀的刀具补偿
N420	M05；	主轴停止转动
N430	M30；	程序停止

复习思考题

1. 数控车床分为哪几种类型？各有什么加工特点？

2. 数控车床的布局特点有哪些？主要的加工对象是什么？

3. 数控车床回零需要注意哪些事项？

4. 为什么数控车削编程时首先要确定对刀点的位置？

5. 数控车削加工进给速度应如何确定？

6. 编制图 12-7 所示带锥面台阶轴类零件的加工程序。毛坯为 $\phi60mm×80mm$ 棒材,材料为45钢。

7. 编制图 12-8 所示葫芦类零件的加工程序。毛坯为 $\phi30mm×80mm$ 铝合金或钢棒料,葫芦的前端采用外圆刀加工,轮廓用 $\phi3.0mm$ 圆弧刀加工。注意:编程基点坐标应偏移一个圆弧刀的半径值,表12-3列出了各基点坐标。

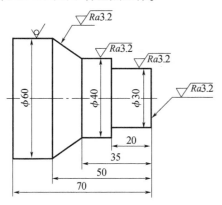

图12-7 带锥面台阶轴类零件

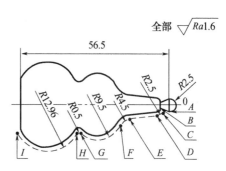

图12-8 葫芦类零件

表12-3 零件各基点坐标

基 点	I	H	G	F	E	D	C	B	A	O
X 坐标	20.342	20.494	20.31	15.22	10.152	8.154	5.85	2	5	0
Z 坐标	−60.326	−37.45	−36.665	−21.321	−17.674	−6.772	−4.888	−6	−2.5	0

第13章 数控铣削加工

教学要求：了解数控铣床的特点、组成及应用；掌握数控铣床编程技能；熟悉数控铣床操作，完成典型零件的数控铣削加工。

13.1 概　述

数控铣床(CNC Lathe)是发展最早的数控机床，也是功能强、加工范围大、应用广泛的加工机床。目前迅速发展的加工中心、柔性制造系统等都是在数控铣床的基础上产生、发展的。

数控铣床主要用于加工平面和曲面轮廓的零件，还可以加工复杂型面的零件，如凸轮、样板、叶片、螺旋槽等，同时也可对零件进行钻、扩、铰、锪和镗孔加工及完成自动工作循环等，尤其适用于模具及具有螺旋曲面的零件的加工，如图13-1所示。

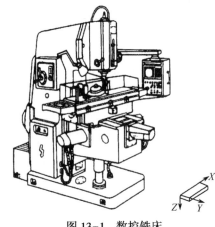

图 13-1　数控铣床

与数控车床相比，数控铣床在结构上有以下特点：

(1) 数控铣床能实现多坐标联动，便于加工出连续的形状复杂的轮廓，因此数控系统的功能要比数控车床高。

(2) 数控铣床的主轴套筒内一般都设有自动夹刀、退刀装置，能在数秒中内完成装刀与卸刀，换刀方便。

数控铣床多为三坐标轴、两轴联动的机床，也称为两轴半控制机床，即在 X、Y、Z 三个坐标轴中，任意两轴都可以联动。一般情况下，数控铣床用来加工平面、内外平面曲线轮廓、孔、攻螺纹等。对于有特殊要求的数控铣床，还可以加进一个回转的 A 坐标或 C 坐标，即增加一个数控分度头或数控回转工作台，这时机床的数控系统为四坐标的数控系统，可以加工螺旋槽、叶片等空间曲面零件。如果数控铣床的工作台和主轴箱可实现转动进给，就构成了五轴数控铣床。

数控铣床具有加工灵活，通用性强、加工精度高、质量稳定，能大大提高生产率，减轻劳动强度的特点，被广泛应用于机械制造领域。

13.2 数 控 铣 床

13.2.1 数控铣床的分类

1. 按主轴配置形式分类

(1) 立式数控铣床。主轴轴线处于垂直位置的数控铣床。该类机床是数控铣床中最常见的一种布局形式，应用范围最广泛，其中以三轴联动铣床居多，主要用于水平面内的型面加工，增加数控分度头后，可在圆柱表面上加工曲线沟槽。

(2) 卧式数控铣床。主轴轴线处于水平位置的数控铣床。该类机床主要用于垂直平面内的各种上型面加工。配置万能数控转盘后,可实现四轴或五轴加工,可以对工件侧面上的连续回转轮廓进行加工,并能在一次安装后加工箱体类零件的四个表面。

(3)立卧两用数控铣床。主轴轴线方向可以变换,既可以进行立式加工,又可以进行卧式加工,如图13-2所示。若采用数控万能主轴(主轴头可以任意转换方向),就可以加工出与水平面成各种角度的工件表面;若采用数控回转工作台,还能对工件实现除定位面外的五面加工。

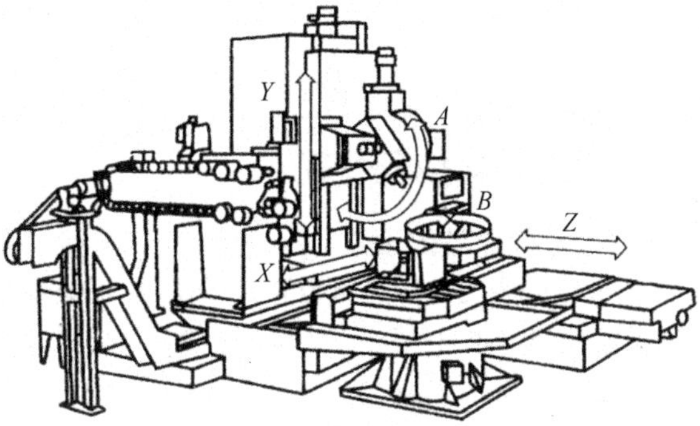

图13-2 立卧两用数控铣床

2. 按构造分类

(1)工作台升降式数控铣床。这类数控铣床采用工作台移动、升降,而主轴不动的方式。多应用于小型数控铣床。

(2)主轴头升降式数控铣床。这类数控铣床采用工作台纵向和横向移动,且主轴箱沿立柱上导轨上下运动。主轴头升降式数控铣床在精度保持、承载重量、系统构成等方面具有很多优点,已成为数控铣床的主流。

(3)龙门式数控铣床。这类数控铣床主轴可以在龙门架的横向与竖向溜板上运动,而龙门架则沿床身做纵向运动。大型数控铣床,因要考虑到扩大行程,缩小占地面积及刚性等技术上的问题,多采用龙门架移动式。

3. 按数控系统的功能分类

(1)简易型数控铣床。即在普通铣床的基础上,对机床的机械传动结构进行简单的改造,并增加简易数控系统。这种数控铣床成本较低,自动化程度和功能都较差,一般只有 X、Y 两坐标联动功能,加工精度也不高,一般应用在加工平面曲线类和平面型腔类零件。

(2)普通数控铣床。该类机床可以三坐标联动。用于各类复杂的平面、曲面和壳体类零件的加工,如各种模具、样板、凸轮和连杆等。

(3)数控仿形铣床。主要用于各种复杂型腔模具或工件的铣削加工,尤其适用于不规则的三维曲面和复杂边界构成的工件加工。

(4)数控工具铣床。是在普通工具铣床的基础上,对机床的机械传动系统进行了改造,并增加了数控系统,从而使工具铣床的功能大大增强。这类铣床适用于各种工装、夹具、刀具的加工。

13.2.2　数控铣床的组成

数控铣床一般由数控系统、主传动系统、进给伺服系统、冷却润滑系统等几大部分组成。

(1)主轴箱。包括主轴箱体和主轴传动系统。用于装夹刀具并带动刀具旋转。主轴转速范围和输出转矩对加工有直接的影响。

(2)进给伺服系统。由进给电动机和进给执行机构组成。按照程序设定的进给速度实现刀具和工件之间的相对运动,包括直线进给运动和旋转运动。

(3)控制系统。数控铣床运动控制的中心,执行数控加工程序控制进行加工。

(4) 辅助装置。如液压、气动、润滑、冷却系统和排屑、防护等装置。

(5) 机床基础件。通常是指底座、立柱、横梁等,它是整个机床的基础和框架。

13.3 数控铣削编程

13.3.1 数控铣床编程基础

1. 编程坐标原点的设置

数控铣床编程的坐标原点位置是任意的,一般根据工件形状和标注尺寸的基准,以及计算最方便的原则来确定工件上某一点为编程坐标原点,具体选择应注意以下几点:

(1) 编程坐标原点应选在零件图的尺寸基准上,以便于坐标值的计算,减少计算错误。

(2) 编程坐标原点尽量选在精度较高的表面,以提高被加工零件的加工精度。

(3) 对称零件的编程坐标原点应设在对称中心上;不对称的零件,编程坐标原点应设在工件外轮廓的某一交点上。

(4) Z 轴方向的零点,一般设在工作表面。在编程过程中,为避免尺寸换算,需使用 G54~G59 将编程坐标原点平移到工件基准处,用 G53 恢复最初设定的编程坐标原点。

(5) 编程零点即编程人员在计算坐标值时的起点,对一般零件来讲,工件零点即为编程零点。

2. 工件坐标系建立

工件坐标系原点 W,一般根据工件的加工要求和在机床上的装夹方式,由编程者确定。通常设在工件的设计工艺基准处,以便于尺寸计算。如图 13-3(a)所示,工件坐标原点 W 设在工件对称中心的上表面。工件坐标系的设置方法有两种:

(1) 设置工件原点相对于机床坐标系的坐标值。如图 13-3(a)所示,将工件装于铣床工作台上,机床坐标系通过回零操作建立(图中机床坐标原点在参考点处)。在机床坐标系下,确定工件原点 W 的坐标值,即图中的 X 偏置量、Y 偏置量、Z 偏置量,将这三个偏置量输入到机床零点偏置的参数中,则通过采用设定工件原点的 G×× 指令,如执行程序段 G54 后,即建立工件坐标系。

(2) 设置刀具起点相对于工件坐标系的坐标值。如图 13-3(b)所示,先使刀位点位于刀具起点 A,若已知刀具起点相对于工件坐标值为(100,100,50),则执行"G92 Xl00 Y100 Z250"后,即建立了以工件零点 W 为坐标的工件坐标系 XO_wYZ。

3. 编程的相关要点

数控编程的指令主要有 G、M、S、T、X、Y、Z 等,基本都已标准化,但不同的数控系统所编的程序不能完全通用,需要参照相应系统的编程说明书。现以华中世纪星 HNC- 21M 型铣床数控系统为例来介绍。

1) 规定

(1) 当前程序段(句)的终点为下一程序段(句)的起点。

(2) 上一程序段(句)中出现的模态值,下一程序段中如果不变可以省略,X、Y、Z 坐标如果没有移动可以省略。

(3) 程序的执行顺序与程序号 N 无关,只按程序段(句)书写的先后顺序执行,N 可任意安排,也可省略。

(4) 在同一程序段(句)中,程序的执行与 M、S、T、G、X、Y、Z 的书写无关,按数控系统自身设定的顺序执行,但一般按一定的顺序书写,即 N、G、X、Y、Z、F、M、S、T。

2) 刀补的使用

(1) 只在相应的平面内有直线运动时才能建立和取消刀补,即 G40、G41、G42 后必须跟 G00、

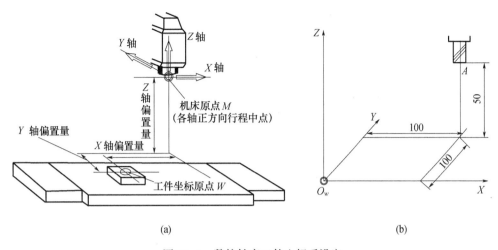

图 13-3 数控铣床工件坐标系设定

(a) 设工件原点方法 1;(b) 设工件原点方法 2。

G01 才能建立和取消刀补。

(2) 用刀补后,刀具的移动轨迹与编程轨迹不一致,但加工出来的轮廓与想要的工件轮廓一致。编程时本来封闭的轨迹在程序校验时,刀具中心移动的轨迹(显示器上显示的轨迹)可能不封闭或有交叉,这不一定是错的。检查方法是将刀补取消(删去 G41、G42、G40 或将刀补值设为 0)再校验,看其是否封闭。若封闭就是对的,不封闭就是错的。

(3) 刀补给编程者带来了很大的方便,使编程时不必考虑刀具的具体形状,而只按工件轮廓编程;但也带来了一些麻烦,若考虑不周会造成过切或欠切的现象。

(4) 在每一程序段(句)中,刀具移动到的终点位置,不仅与终点坐标有关,而且与下一段(句)刀具运动的方向有关,应避免夹角过小或过大的运动轨迹。

(5) 防止出现多个无轴运动的指令,否则有可能过切或欠切。

(6) 可以用同一把刀调用不同的刀补值,用相同的子程序来实现粗、精加工。

3) 子程序

(1) 编写子程序时,应采用模块式编程,即每一个子程序或每一个程序的组成部分(某一局部加工功能)都应相对自成体系,应单独设置 G20、G21、G22;G90、G91;S、T、F;G41、G42、G40 等,以免相互干扰。

(2) 在编写程序时先编写主程序,再编写子程序,程序编写后应按程序的执行顺序再检查一遍,这样容易发现问题。

(3) 如果调用程序时使用刀补,刀补的建立和取消应在子程序中进行,如果必须在主程序中建立则应在主程序中取消。决不能在主程序中建立,在子程序中取消;也不能在子程序中建立,在主程序中取消;否则,极易出错。

(4) 充分发挥相对编程的功用。可以在子程序中用相时编程,连续调用多次,实现 X、Y、Z 某一轴的进给(X、Y、Z 之某轴循环一遍时,其值之和不为零),以实现连续的进给加工。

4) 其他

(1) 用 G00 移近工件,但不能到达切入位置(防止碰撞),只能用 G01 切入。

(2) 对相对编程坐标值的检验,可将所有 X、Y、Z 后的数值相加,其和应为零。

5）程序中需注释的内容

（1）原则：简繁适当。如果是初学者或给初学者看的，应力求详细，可每条语句都注写；对于经验丰富的人则可少写。

（2）各子程序功用和各加工部分改变时须注明。

（3）换刀或同一把刀调用不同刀补时须注明。

（4）对称中心、轴或旋转中心、轴或缩放中心处应注明。

（5）需暂停或停车测量或改变夹紧位置时应注明。

（6）程序开始应对程序做必要的说明。

4. 编程的要求

（1）保证加工精度。

（2）路径规划合理，空行程少，程序运行时间短，加工效率高。

（3）充分发挥数控系统的功能，提高加工效率。

（4）程序结构合理、规范、易读、易修改、易查错，最好采用模块式编程。

（5）在可能的情况下语句要少。

（6）书写清楚、规范。

13.3.2 数控铣削加工工艺内容

（1）分析工件图样。分析工件的材料、形状、尺寸、精度、表面粗糙度及毛坯形状等。

（2）确定工件装夹方法和选择夹具。要便于工件坐标系建立，尽量选用组合夹具和通用夹具等。

（3）确定工件坐标系。根据工件的加工要求和工件在数控铣床上的装夹方式，确定工件坐标系原点的位置。

（4）确定加工路线。数控铣削加工路线对工件的加工精度、表面质量和切削加工效率有直接的影响。

① 顺铣和逆铣的选择。当工件表面无硬皮，机床进给机构无间隙时，应采用顺铣。特别是精铣时，尽量采用顺铣。当工件表面有硬皮，进给机构有间隙时，采用逆铣。

② 如工路线确定原则为：尽量减少进退刀和其他辅助时间；铣削轮廓时尽量采用顺铣方式，以提高表面精度；进退刀应选在不太重要的位置，并且使刀具沿工件的切线方向进刀和退刀，以免产生刀痕；先加工外轮廓，再加工内轮廓。

③ 合理划分工序。除了按"先粗后精"，"先面后孔"等原则保证工件质量外，还常用"刀具集中"的方法，即用一把刀加工完相应各部位后，再换另一把刀，加工相应的其他部位，以减少空行程和换刀时间。

（5）选择刀具与确定切削用量。刀具的选择应满足安装调试方便、刚性好、精度高、使用寿命长等要求。切削用量包括主轴转速 n、进给量 f、背吃刀量 a_p 等。选择原则同数控车床。

（6）编制加工程序，检验调试。

（7）输入程序进行加工。

13.4 数控铣削实例

例 13-1 在华中 ZJK7532A 数控铣床上，采用华中铣床数控系统（HNC-21M），按图 13-4 的要求精加工凸轮轮廓，毛坯为 6mm 厚的铝板。华中铣床数控系统（HNC-21M）的 G 代码功能见表 13-1。

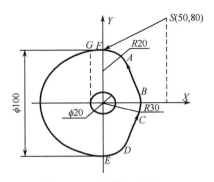

图 13-4　铣削加工凸轮

表 13-1　华中铣床数控系统的 G 代码功能

代码	组号	功　能	代码	组号	功　能
G00		快速定位	G55		工件坐标系 2 选择
G01	01	直线插补	G56		工件坐标系 3 选择
G02		圆弧插补(顺时针)	G57	11	工件坐标系 4 选择
G03		圆弧插补(逆时针)	G58		工件坐标系 5 选择
G04		暂停	G59		工件坐标系 6 选择
G07	00	虚轴指定	G60	00	单方向定位
G09		准停校验	G61	12	精确停止校验方式
G11	07	单段允许	G64		连续方式
G12		单段禁止	G65	00	子程序调用
G17		$X(U)Y(V)$ 平面选择	G68	05	旋转变换
G18	02	$Z(W)X(U)$ 平面选择	G69		旋转取消
G19		$Y(V)Z(W)$ 平面选择	G73		深孔钻削循环
G20		英寸输入	G74		逆攻螺纹循环
G21	08	毫米输入	G76		精镗循环
G22		脉冲当量	G80		固定循环取消
G24	03	镜像开	G81		定心钻循环
G25		镜像关	G82		锪孔循环
G28	00	返回到参考点	G83	06	深孔钻循环
G29		由参考点返回	G84		攻螺纹循环
G33	01	螺纹切削	G85		镗孔循环
G40		刀具半径补偿取消	G86		镗孔循环
G41	09	左刀补	G87		反镗循环
G42		右刀补	G88		镗孔循环
G43		刀具长度正向补偿	G89		镗孔循环
G44	10	刀具长度负向补偿	G90	13	绝对值编程
G49		刀具长度补偿取消	G91		增量值编程
G50	04	缩放关	G92	11	工件坐标系设定
G51		缩放开	G94	14	每分钟进给
G52	00	局部坐标系设定	G95		每转进给
G53		直接机床坐标系编程	G98	15	固定循环返回到起始点
G54	11	工件坐标系 1 选择	G99		固定循环返回到 R 点

注:00 组的 G 代码是非模态的,其他组的 G 代码是模态的

　　根据零件图样要求,确定加工工艺后,选凸轮圆心为 X、Y 轴零点,离工件表面 0mm 处为 Z 轴零点,建立工件坐标系。计算每一圆弧的起点坐标和终点坐标值,即基点的坐标分别为 A(18.856,36.667)、B(28.284,10.00)、C(28.284,-10.00)、D(18.856,-36.667)。根据计算得的基点和设定的

工件坐标系可编程如下:

%0010   自定义零件程序号0~9999

#101=6; ϕ12 的立铣刀

N01 G92 X0 Y0 Z35;   建立工件坐标系(坐标参数由对刀确定)

N02 G90 G00 X50 Y80;   快速由对刀点移动到点 S(50,80,35)

N03 G01 Z-7.0 M03 F500 S600;   由点 S 到点 S'(50,80,-7)

N04 G01 G42 X0 Y50 D101 F200;   由点 S 到点 F(0,50,-7),建立刀补

N05 G03 Y-50 J-50;   加工圆弧 FE

N06 G03 X18.856 Y-36.667 R20.0;   加工圆弧 ED

N07 G01 X 28.284 Y-10.236;   加工直线 DC

N08 G03 X28.284 Y10.236 R30.0;   加工圆弧 CB

N09 G01 X18.856 Y36.667;   加工直线 BA

N10 G03 X0 Y50 R20;   加工圆弧 AF

N11 G01 X-10;   由点 F 到点 G(-10,50,-7)

N12 G01 Z35.0 F500;   由点 G 到点 G'(-10,50,35)

N13 G40 X0 Y0 M05;   取消刀补,回到对刀点

N14 M30;   程序结束

例13-2 在 XK5025B 数控铣床上,采用 FANUC-OTD 数控系统,铣削如图 13-5 所示零件底部外轮廓表面。已知工件材料为 Q195,外轮廓面留有 2mm 的精加工余量,小批量生产。

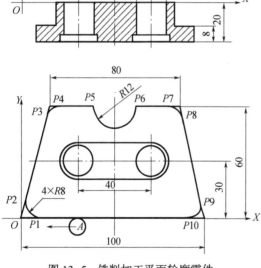

（1）工件坐标系如图 13-5 所示, O 点为坐标原点。 A 为铣刀在 A 点的位置,箭头表示铣刀运动方向。 $P1$~$P10$ 表示零件外轮廓的基点。

（2）选择零件底面和 $2\times\phi6$ 孔作为定位基准。因为是小批量生产,可设计简单夹具。根据六点定位原理,装入两孔的定位销设计成短销,其中一销为菱形销,凸台上表面用螺母压板夹紧,用手工装卸。

（3）选用 $\phi10mm$ 的立铣刀,刀号为 T01。

（4）计算零件轮廓各基点(即相邻两几何要素的交点或切点)的坐标。由计算得:

$P1$ 点(X9.44,Y0); $P2$ 点(X1.55,Y9.31); $P3$ 点(X8.89,Y53.34); $P4$ 点(X16.78,Y60); $P7$ 点（X83.22, Y60）; $P8$ 点（X91.11, Y53.34）; $P9$ 点（X98.45,Y9.39）; $P10$ 点

图 13-5 铣削加工平面轮廓零件

(X90.56,Y0)。

（5）参考程序,用 G90,G41 编程。

N005 G92 X0 Y0 Z0;

N010 G90 G00 Z5 T01 S800 M03;

N020 G41 G01 X9.44 Y0 F300;

N030 Z-21;

N040 G02 X1.55 Y9.31 R8；

N050 G01 X8.89 Y53.34；

N060 G02 X16.78 Y60 R8；

N070 G01 X38；

N080 G03 X62 Y60 I12 J0；

N090 G01 X83.22；

N100 G02 X91.11 Y53.34 R8；

N110 G01 X98.45 Y9.31；

N120 G02 X90.56 Y0 R8；

N130 G01 X−5；

N140 G00 Z20；

N150 G40 G01 X0 Y0 F300；

N160 M05；

N170 M02；

复习思考题

1. 数控铣床分为哪几种类型？各有什么加工特点？

2. 数控铣床的组成和结构特点有哪些？主要的加工对象是什么？

3. 数控铣床工件坐标系是如何建立的？

4. 数控铣床回零需要注意哪些事项？

5. 编制图 13-6 所示异形凸台零件的加工程序。毛坯为 φ50mm 棒材，材料为 LY12。

6. 编制图 13-7 所示凸椭球面零件的加工程序。毛坯为 150mm×70mm×20mm 块料，材料为 45 钢。

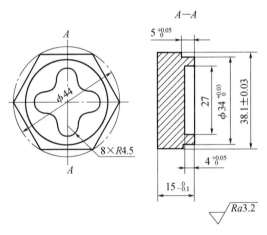

图 13-6　凸台零件

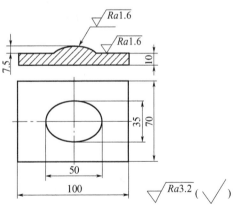

图 13-7　凸椭球面零件

第14章 加工中心

教学要求:了解加工中心的特点、组成及应用;掌握加工中心的基本编程技能;熟悉加工中心操作,完成基本零件的数控加工。

14.1 概　述

加工中心(Machining Center,MC)是一种集铣(车)、钻、镗、扩、铰、攻螺纹等多种加工功能于一体的数控加工机床,其工序高度集中,具有多种工艺手段。

加工中心与普通数控机床的主要区别是:

(1)加工中心是在数控镗床或数控铣床的基础上增加了自动换刀装置(Automatic Tool Changer,ATC)和刀库,使工件在一次装夹后,就可以自动连续完成对工件表面的铣削、镗削、钻孔、扩孔、铰孔、镗孔、攻螺纹、切槽等多工步的加工,工序高度集中。

(2)加工中心一般带有自动分度回转工作台或主轴箱可自动转角度,工件一次装夹后,就可以自动完成多个平面或多个角度位置的多工序加工。

(3)加工中心能自动改变机床主轴转速、进给量和刀具相对工件的运动轨迹及其他辅助功能(刀具半径自动补偿、刀具长度自动补偿、刀具损坏报警、加工固定循环、过载自动保护、丝杠螺距误差补偿、丝杠间隙补偿、故障自动诊断、工件加工显示、工件自动检测及装夹等)。

(4)加工中心若再配有自动工作台交换系统,工件在工作位置的工作台进行加工的同时,另外的工件在装卸位置的工作台上进行装卸,不影响正常的加工。

加工中心与其他数控机床相比,虽然结构较复杂,但控制功能较多,并且还具有多种辅助功能。这些特点对提高机床的加工效率和产品的加工精度、确保产品的质量都具有十分重要的作用。

加工中心最适宜加工切削条件多变、形状结构复杂、精度要求高及加工一致性好的零件,如箱体类零件;适合加工需采用多轴联动才能加工出的特别复杂的曲面零件;适合加工需要利用点、线、面多工位混合加工的异形件,以及带有键槽或径向孔、端面有分布孔系或曲面的盘(套)类板类等零件。

14.2 加　工　中　心

14.2.1 加工中心的分类

1. 按主轴配置形式分类

(1)卧式加工中心。卧式加工中心的主轴轴线为水平设置,如图14-1所示。卧式加工中心具有 3~5 个运动坐标,常见的是三个直线运动坐标加一个回转运动坐标(回转工作台),能在工件一次装夹后完成除安装面和顶面以外的其余四个面的铣削、镗削、钻削、攻螺纹等加工。卧式加工中心分为固定立柱式和固定工作台式,最适合加工箱体类零件,特别是箱体类零件上孔和型腔有位置公差要求的,以及孔和型腔与基准面有严格尺寸精度要求的加工。

(2)立式加工中心。立式加工中心的主轴轴线为垂直没置,如图14-2所示。立式加工中心多为固定立柱式;工作台为十字滑台方式,一般具有三个直线运动坐标;也可以在工作台上安装一个水平轴(第四轴)的数控回转工作台,用来加工螺旋线类工件。立式加工中心适合于加工盖板类零件及各种模具,尤其是加工高度方向尺寸相对较小的工件。通常除底面部不能加工外,其余五个面都可以用不同刀具进行轮廓和表面加工。

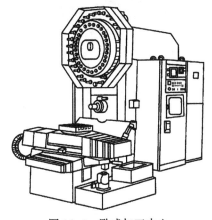

图 14-1 卧式加工中心

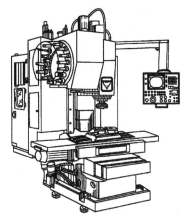

图 14-2 立式加工中心

(3) 五轴加工中心。五轴加工中心具有立式和卧式加工中心的功能,如图 14-3 所示。工件一次装夹后,完成除安装面以外的所有五个面的加工,可以使工件的形位误差降到最低,提高生产率,降低加工成本。常见的五轴加工中心有两种形式:一种是主轴可以旋转 90°,对工件进行立式或卧式加工;另一种是主轴不改变方向,而由工作台带着工件旋转 90°,完成对工件五个表面的加工。

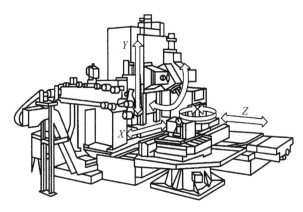

图 14-3 五轴加工中心

2. 按功能特征分类

(1) 镗铣加工中心。铣镗加工中心以镗、铣加工为主,如图 14-4 所示。铣镗加工中心主要用于铣削、镗削、钻孔、攻螺纹等加工,适用于加工箱体、壳体,以及各种复杂零件的特殊曲线和曲面轮廓的多工序加工。

(2) 车削加工中心。车削加工中心的主体是数控车床,再配置上动力刀架、刀库和换刀机械手,如图 14-5 所示。车削加工中心具有动力刀具功能和 C 轴位置控制功能,工件一次装夹可完成很多工作,效率高,质量好,车削加工中心能进行普通数控车床的各种切削加工外,还能加工凸轮槽、螺旋槽、铣交叉槽、对分布在端面上的各种螺纹进行攻螺纹等,应用十分广泛。

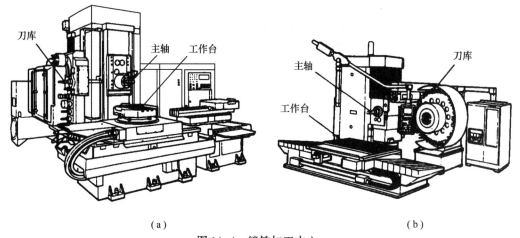

（a）   （b）

图 14-4　镗铣加工中心

（a）带链式刀库加工中心；（b）带转塔式刀库加工中心。

（3）钻削加工中心。钻削加工中心以钻削加工为主，刀库形式以转塔头形式为主，适用于中小零件的钻孔、扩孔、铰孔、攻螺纹及连续轮廓的铣削等多工序加工。

（4）龙门式加工中心。龙门式加工中心与龙门铣床相似，主轴多为垂直设置，带有自动换刀装置和可更换的主轴头附件，数控装置软件功能齐全，能够一机多用，如图 14-6 所示。龙门式加工中心主要适用于大型或形状复杂的工件（航天工业及大型汽轮机上的某些零件等）。

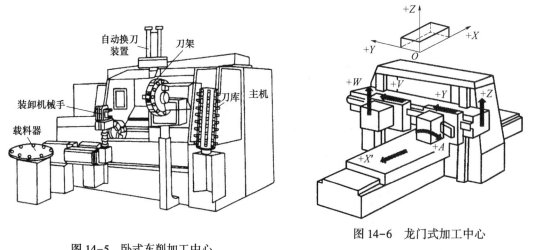

图 14-5　卧式车削加工中心

图 14-6　龙门式加工中心

（5）复合加工中心。复合加工中心除了可以用各种刀具进行切削外，还可使用激光头进行打孔、清角，用磨头磨削内孔，用智能化在线测量装置检测、仿型等。

3. 按坐标轴数分类

加工中心有三轴二联动、三轴三联动、四轴三联动、五轴四联动、六轴五联动、多轴联动直线+回转+主轴摆动等，如图 14-7 所示。

加工中心按工作台的数量可分为单工作台、双工作台加工中心；按加工精度还可分普通加工中心和高精度加工中心等。

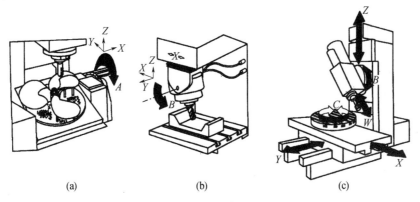

(a)　　　　　　　　　(b)　　　　　　　　　(c)

图 14-7　加工中心坐标轴联动方式

（a）四轴联动（带 A 轴）；（b）四轴联动（带 B 轴）；（c）六轴联动。

4. 按换刀形式分类

（1）带刀库、机械手的加工中心。加工中心的换刀装置是由刀库和机械手组成,换刀机械手完成换刀工作。这是加工中心最普遍采用的形式,

（2）无机械手的加工中心。这种加工中心的换刀是通过刀库和主轴箱的配合动作完成的。一般是采用把刀库放在主轴箱可以运动到的位置,或整个刀库或某一刀位能移动到主轴箱可以达到的位置。刀库中刀具的存放位置方向与主轴装刀方向一致。换刀时,主轴运动到刀位上的换刀位置,由主轴直接取走或放回刀具,多用于小型加工中心。

（3）转塔刀库式加工中心。小型立式加工中心上多采用转塔刀库形式,主要以孔加工为主,如图 14-4 所示。

14.2.2　加工中心的组成

加工中心一般是由基础部件、主轴部件、数控系统、自动换刀系统和辅助装置等组成,如图 14-8所示。

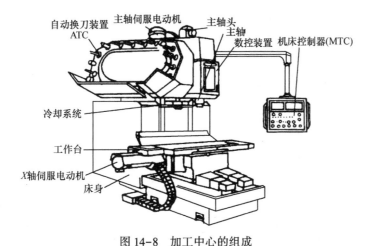

图 14-8　加工中心的组成

1. 基础部件

基础部件是加工中心的基础结构,由床身、立柱和工作台等组成,主要承受加工中心的静载荷,以及在加工时产生的切削负载,是加工中心中体积和自重最大的部件。

2. 主轴部件

主轴部件是切削加工的功率输出部件,由主轴箱、主轴电动机、主轴和主轴轴承等零件组成。主轴的启、停和变转速等动作均由数控系统控制,并且通过装在主轴上的刀具参与切削运动。

3. 数控系统

数控系统是加工中心的核心,由计算机数控(CNC)装置、可编程控制器(PLC)、伺服驱动系统及操作面板等组成。它是执行顺序控制动作和完成加工过程的控制中心。

4. 自动换刀系统

自动换刀系统是加工中心所特有的装置,由刀库、机械手等组成。可按照数控系统的指令,迅速、准确地换刀,当按存储需用的刀号需要换刀时,数控系统发出指令,由机械手(或通过其他方式)将刀具从刀库内取出装入主轴孔中,将换下的刀具放入相应的刀库。

5. 辅助装置

辅助装置是为加工中心的主要部件提供动力,润滑和冷却,由润滑、冷却、排屑、防护、液压、气动和检测系统等组成。这些装置虽然不直接参与切削运动,但对加工中心的加工效率、加工精度和可靠性起着保障作用,是加工中心中不可缺少的部分。

14.3 加工中心编程

14.3.1 加工中心编程基础

1. 常用 G 代码、M 代码

以 FANUC-OM 系统数控加工中心的 G 代码为例,介绍与加工中心有关的代码,见表 14-1。

表 14-1 G 代码(FANUC-0M)

G 代码	功　　能	G 代码	功　　能
G00 *	快速定位	G33	螺纹切削
G01 *	直线插补	G40 *	刀具半径补偿取消
G02	顺时针圆弧插补	G41	刀具半径左补偿
G03	逆时针圆弧插补	G42	刀具半径右补偿
G04	暂停	G43	刀具长度正补偿
G09	确实停止检验	G44 *	刀具长度负补偿
G10	自动程序原点补正,刀补正设定	G49	刀具长度补偿取消
G17 *	XY 平面选择	G52	局部坐标系设定
G18	ZX 平面选择	G54 *	第一工件坐标设置
G19	YZ 平面选择	G55	第二工件坐标设置
G20	英制输入	G56	第三工件坐标设置
G21	米制输入	G57	第四工件坐标设置
G27	机械原点复位检查	G58	第五工件坐标设置
G28	机械原点复位	G59	第六工件坐标设置
G29	从参考原点复位	G73	高速深孔钻孔循环
G30	返回第二、三、四参考点	G74	左旋攻螺纹循环
G76	精镗孔循环	G86	镗孔循环
G80 *	固定循环取消	G90 *	绝对指令
G81	钻孔循环、钻镗孔	G91 *	增量指令
G82	钻孔循环、反镗孔	G92	坐标系设定
G83	深孔钻孔循孔	G94 *	每分钟进给量
G84	攻螺纹循环	G98	固定循环中起始点复位
G85	粗镗孔循环	G99	固定循环中 R 点复位

注:＊G 码在电源开时是这个 G 码状态

168

（1）G30 返回第二、三、四参考点。

加工中心第一参考点一般为机床各坐标机械零点,而机床通常还设有第二、三、四参考点,用于机床换刀、溜板交换等。

机床第二、三、四参考点的实际位置,是在机床安装调试时实际测量,由机床参数设定的,它实际上是与第一参考点之间的一个固定距离。

G30 指令形式如下:

G30   P2（P3、P4）   X_Y_Z_ ;

该指令用法与 G28 指令基本相同,只是它返回的不是机床零点。其中 P2 指第二参考点,P3、P4 指第三、四参考点。如果只有一项坐标返回第二参考点（第三、四参考点）,其余坐际指令可以省略。

在机床接通电源后,必须进行一次返回第一参考点后（建立机床坐标系）才能执行 G30 指令。

（2）T 功能。T 在加工中心程序中代表刀具号。如 T2 表示第二把刀具号。也有的加工中心刀具在刀库中随机放置,由计算机记忆刀具实际存放的位置。

（3）F、S、H/D 功能。

F、S 功能与数控铣床大体相同。

H/D 功能:由于每把刀具的长度和半径各不相同,需要在刀具交换到主轴上以后,通过指令自动读取刀具长度,在 H 代码后面加两位数字表示当前主轴刀具的实际长度储存于相应存储器中。

在刀具使用中,如果同一把刀具由于使用方法不同,可以有多个刀具长度分别存储于不同的存储器中。例如用样是 T2 这把刀,可以把刀具长度 1 存储于 H2 中,把刀具长度 2 存储于 H20 中,需要时分别调用。

D 指令为读取刀具半径数据,其用法与 H 指令相同。

（4）M 指令。

M 指令绝大部分与数控铣床相同,仅个别 M 指令为加工中心所特有。

M6 指令是加工中心的换刀指令。在机床到达换刀参考点后,执行该指令可以自动更换主轴上的加工刀具。

例如:

N10   G00   G91   G30   Y0   Z0   T2;

N20   G00   G28   X0   M6;

N10 程序段为机床 Y、Z 坐标返回第二参考点（换刀点）,同时刀库运动到指定位,将 T2 从刀库抓到机械手中;N20 程序为机床 X 坐标返回第一参考点,X 返回第一参考点是为换刀时躲开加工工件,以免发生干涉。X 坐标到位后,将机械手上刀具与主轴上刀具进行对调,使主轴上装 T2,继续进行加工,再将从主轴卸下的刀具装到刀库中相应位置。

有些 M 指令是机床制造厂家自行规定含义,作为特殊功能使用的。

2. 固定循环指令

加工中心上应用的固定循环和宏程序,与数控铣床的使用方法基本相同。

在使用固定循环编程时,不同的数控系统所需要给定的参数有所不同,可根据系统操作说明书使用。

3. 子程序

加工中心子程序的使用非常灵活,它可以大量压缩程序篇幅,减少程序占用的内存使程序变得简单明了。同时也可以把一些特殊功能编写成子程序,如换刀子程序、溜板交换子程序、加工程序工件零点自动换算子程序等,需要时只需简单调用。

14.3.2　加工中心编程要点

（1）仔细进行工艺分析,选择合理的走刀路径。由于零件加工的工序多,使用的刀具种类多,甚至一次装夹就完成粗加工、半精加工与精加工,因此周密合理地安排各工序加工的顺序及走刀路径,有利于提高加工精度和生产率。

（2）根据加工批量等情况,决定采用自动换刀还是手动换刀。一般对于加工批量在 10 件以上,刀具更换频繁的,多采用自动换刀。但当加工批量很小而使用的刀具种类较少的,把自动换刀安排到程序中,反而会增加机床调整时间。

（3）自动换刀要留有足够的换刀空间,以免与工件或夹具相碰撞。换刀位置应设在机床原点。

（4）为提高机床利用率,尽量采用刀具机外预调,并将测出的实际尺寸填入刀具卡片中,以便操作者在运行程序前,及时修改刀具补偿参数。

（5）确定合理的切削用量（主轴转速、走刀量和宽度、进给速度等）。

（6）当零件加工工序较多时,为便于检查和调试程序,一般将各工序（工步）内容分别安排到不同的子程序中,主程序主要完成换刀及子程序的调用。

（7）对于编好的程序要进行校验,可选用"试运行"开关以提高运行速度,同时还应注意刀具、夹具或工件之间是否干涉。从编程的出错率来看,采用手工编程比自动编程出错率要高。

14.4　加工中心实例

例 14-1　采用 FANUC-6M 数控系统,试采用固定循环方式加工图 14-9 所示各孔。工件材料为 HT300,使用刀具 T01 为镗孔刀,T02 为钻头,T03 为锪钻。

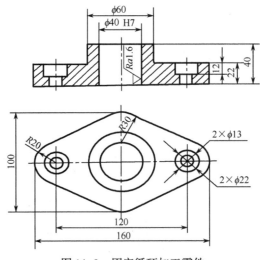

图 14-9　固定循环加工零件

参考程序如下:

```
T01;
M06;
G90 G00 G54 X0 Y0 T02;
G43 H01 Z20.00 M03 S500 F30;
G98 G85 X0 Y0 R3.00 Z-45.00;
```

G80 G28 G49 Z0.00 M06；

G00 X-60.00 Y50.00 T03；

G43 H02 Z10.00 M03 S600；

G98 G73 X-60.00 Y0 R-15.00 Z-48.00 Q4.00 F40；

X60.00；

G80 G28 G49 Z0.00 M06；

G00 X-60.00 Y0.00；

G43 H03 Z10.00 M03 S350；

G98 G82 X-60.00 Y0 R-15.00 Z-32.00 P100 F25；

X60.00 ；

G80 G28 G49 Z0.00 M05；

G91 G28 X0 Y0 M30；

复习思考题

1. 加工中心与其他数控机床相比有何特点？

2. 加工中心分为哪几种类型？各有什么加工特点？

3. 加工中心的组成和结构特点有哪些？主要的加工对象是什么？

4. 加工中心的刀库有哪几种形式？

第15章 特种加工

教学要求：了解特种加工的概念、特点及分类；常用特种加工方法的工作原理及应用范围；了解电火花线切割，电火花成型加工机床结构和系统；熟悉电火花线切割、电火花成型加工工艺及操作方法；掌握电火花线切割的编程方法及典型零件的加工；了解激光加工的方法和应用；了解常用快速成形制造的方法和应用，使用快速成形装备制作零件模型。

15.1 概　述

20世纪50年代以来，随着科学技术和工业生产的发展，具有高强度、高硬质、高韧性的新材料不断出现，具有各种复杂结构与特殊工艺要求的工件也越来越多，依靠传统的机械加工方法，难以达到技术要求，有的甚至无法加工。为适应这一要求，就产生了特种加工。

特种加工（Non-Traditional Machining，NTM）是指利用电能、化学能、光能、声能、热能及其与机械能的组合等形式对工程材料进行加工的各种工艺方法的总称。

特种加工与机械加工方法相比具有以下特点：

（1）工具的硬度不必大于被加工材料的硬度。

（2）加工过程中工具和工件之间不存在显著的机械切削力，特别适合于加工低刚度工件。

（3）加工范围不受材料物理、机械性能的限制，能加工任何硬的、脆的、耐热或高熔点的金属及非金属材料。

（4）易于加工复杂型面、微细表面及柔性零件。

（5）易获得良好的表面质量，热应力、残余应力、冷作硬化、热影响区及毛刺等均比较小。

（6）各种加工方法易复合形成新工艺方法，便于推广应用。

随着科学技术的发展，特种加工技术的内容也不断丰富。就目前而言，各种特种加工方法已达几十种。特种加工的分类一般按能量来源与形式、作用与加工原理分类，见表15-1。

表15-1　特种加工方法的分类

特种加工方法		能量来源与形式	作用与加工原理	英文缩写
电火花加工	电火花成型加工	电能、热能	熔化、气化	EDM
	电火花线切割加工	电能、热能	熔化、气化	WEDM
电化学加工	电释加工	电化学能	金属离子阳极溶解	ECM（ELM）
	电解磨削	电化学能、机械能	阳极溶解、磨削	EGM（ECG）
	电解研磨	电化学能、机械能	阳极溶解、研磨	ECM
	电铸	电化学能	金属离子阴极沉淀	EFM
	涂镀	电化学能	金属离子阴极沉淀	EPM
激光加工	激光切割、打孔	光能、热能	熔化、气化	LBM
	激光打标记	光能、热能	熔化、气化	LBM
	激光处理、表面改性	光能、热能	熔化、气化	LBT

特种加工方法		能量来源与形式	作用与原理	英文缩写
电子束加工	切割、打孔、焊接	电能、热能	熔化、气化	EBM
离子束加工	蚀刻、镀覆、注入	电能、热能	原子撞击	IBM
等离子弧加工	切割(喷镀)	电能、热能	熔化、气化(涂覆)	PAM
超声加工	切割、打孔、雕刻	声能、机械能	高频撞击	USM
化学加工	化学铣削	化学能	腐蚀	CHM
	化学抛光	化学能	腐蚀	CHP
	光刻	化学能	光化学腐蚀	PCM

20 世纪 60 年代以来,为了进一步开拓特种加工技术,以多种能量同时作用,相互取长补短的复合加工技术得到迅速发展,如电解磨削、电火花磨削、电解电化学机械磨削、超声电火花加工、电化学电弧加工等。

15.2 电火花加工

电火花加工(Electrical Discharge Machining, EDM)是利用工具电极(Tool Electrode)和工件电极(Work Electrode)之间脉冲放电(Pulse Discharge)时局部瞬时产生的高温,把工件表面材料腐蚀去除(电蚀)实现对工件加工的方法,又称放电加工或电蚀加工。电火花加工主要包括电火花线切割加工和电火花成形加工,其能量来源形式是电能和热能。

15.2.1 电火花线切割加工

1. 电火花线切割的加工原理

电火花线切割加工(Wire Cut EDM, WEDM)是利用连续移动的导电金属丝(钨丝、钼丝、铜丝等)作工具电极,在金属丝与工件间通过脉冲放电实现工件加工,其工作原理如图 15-1 所示。工件接脉冲电源的正极,工具电极丝接脉冲电源的负极,接高频脉冲电源后,在工件与电极丝之间产生很强的脉冲电场,使其间的介质被电离击穿,产生脉冲放电。电极丝在储丝筒的作用下作正、反向(或单向)运动,工作台在机床数控系统的控制下自动按预定的指令运动,从而切割出所需的工件形状。

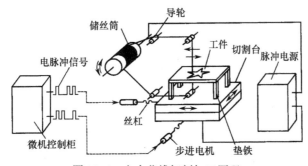

图 15-1 电火花线切割加工原理

2. 电火花线切割的加工特点

(1) 适合于难切削材料的加工,可以加工高硬度、高脆性材料(超硬合金、聚晶金刚石、导电陶瓷和立方氮化硼等)。

（2）可以加工特殊、低刚度、复杂形状的零件,可以进行精密微细加工和传统切削加工方法难以加工或无法加工的小孔、薄壁、窄槽和各种复杂形状的型孔、型腔等零件。

（3）作为刀具的电极丝无须刃磨,工作液多采用水基乳化液,不易引燃起火。

（4）易于实现加工过程自动化,易于数字控制、适应控制、智能化控制和无人操作等。

（5）只能加工金属等导电,加工效率较低,加工成本较高。

3. 电火花线切割的应用

（1）加工模具。适合于加工各种形式的冲裁模、挤压模、粉末冶金模、电机转子模、塑压模等通常带有锥度的模具。

（2）加工电火花成形加工所用的电极。适合于加工用铜、铜钨、银钨合金等材料制作的电极和微细复杂形状的电极。

（3）加工零件。可用于加工品种多、每一品种数量少的零件;加工薄片零件可多片叠加一起加工;还可加工特殊难加工材料的零件、材料试验样件和复杂形状的零件(型孔、凸轮、样板、成形刀具、异形槽和窄缝等)。

4. 电火花线切割机床的分类

电火花线切割机床按电极丝的运行速度可分为高速走丝(或称快走丝)电火花线切割机床和低速走丝(或称慢走丝)电火花线切割机床两类。

1）高速走丝线切割机床

高速走丝线切割机床(WEDM-HS)是指走丝速度较快($8 \sim 10 \text{m/s}$),且电极丝可往复移动,并可以循环反复使用,直到电极丝损耗到一定程度或断丝为止。高速走丝线切割常用的电极丝为钼丝($\phi 0.1 \sim \phi 0.2 \text{mm}$),工作液通常为乳化液或皂化液。由于电极丝的损耗和电极丝运动过程中的换向影响,高速走丝机床的加工精度和加工质量不如低速走丝机床,一般尺寸精度为$0.015 \sim 0.02 \text{mm}$,表面粗糙度$Ra$值为$1.25 \sim 2.5 \mu \text{m}$。目前,高速走丝线切割的尺寸精度最高可达$0.01 \text{mm}$,表面粗糙度$Ra$值为$0.63 \sim 1.25 \mu \text{m}$。

2）低速走丝线切割机床

低速走丝线切割机床(WEDM-LS)是指走丝速度较低(小于等于0.2m/s),单向运动,不能重复使用。低速走丝线切割常用的电极丝有紫铜、黄铜、钨、钼和各种合金($\phi 0.1 \sim \phi 0.35 \text{mm}$),工作液通常为去离子水或煤油。低速走丝线切割走丝平稳,无振动,电极丝损耗小,加工精度高,一般尺寸精度可达$\pm 0.001 \text{mm}$,表面粗糙度Ra值为$0.3 \mu \text{m}$。

5. 电火花线切割机床的组成

高速走丝线切割机床主要由主机部分、机床电气箱、工作液箱、自适应脉冲电源和数控系统等组成。

1）主机部分

主机由床身、工作台、立柱、储丝筒、导丝系统、斜度切割装置等部件组成。

2）工作液箱

工作液箱里装有两级过滤网,回流的工作液首先经过平板式粗过滤网一级过滤,再经精过滤网二级过滤,后由电动泵抽出。

3）机床电气箱

机床电气箱主要控制储丝筒的启动、制动、换向、变速、上丝电动机的运转及断丝检测装置。

4）自适应脉冲电源

线切割加工为脉冲电源放电加工,脉冲电源的性能是影响加工效率和加工质量的关键因素。自适应脉冲电源采用大功率场效应管,为独立模块化结构,与控制系统的连结全部采用光电隔离,使外部对系统的干扰降到了最低程度,且电源具有自适应能力,加工参数可以通过程序中的加工条件或数控系统菜单中的功能键进行设定。

5）数控系统

高速走丝线切割机的数控系统,一般为步进电动机伺服驱动的经济型数控系统。它的主要作用是在电火花线切割加工过程中,按加工要求自动控制电极丝相对工件的运动轨迹和进给速度,实现工件形状和尺寸加工。

6. 电火花线切割的编程

数控线切割编程是根据图样提供的数据,经过分析和计算,编写出线切割机床能接受的程序单。编程方法分为人工编程和自动编程。人工编程通常是根据图样把图形分解成直线的起点、终点,圆弧的中心、半径、起点、终点坐标进行编程。当零件的形状复杂或具有非圆曲线时,应采用自动编程。

线切割程序格式有 3B、4B、5B、ISO 和 EIA 等,常用的是 3B 格式,低速走丝线切割机床多直接采用 ISO（G 代码）格式。以下介绍高速走丝线切割机床应用较广的 3B 程序格式的编程方法。

1）3B 代码编程

3B 代码程序格式中无间隙补偿,但可通过机床的数控装置或一些自动编程软件,实现间隙补偿,其具体格式见表 15-2。

表 15-2　3B 程序格式

B	X	B	Y	B	J	G	Z
分隔符号	X 坐标值	分隔符号	Y 坐标值	分隔符号	计数长度	计数方向	加工指令

其中　B——间隔符,用以分隔 X、Y、J 等,B 后的数字如为零,则可以不写;

X、Y——直线的终点或圆弧起点坐标的值,编程时均取绝对值,单位为 μm;

J——加工线段的计数长度,单位为 μm;

G——加工线段计数方向,分 G_x 或 G_y,即可按 X 方向或 Y 方向计数,工作台在该方向每走 1μm,则计数累减 1,当累减到计数长度 $J=0$ 时,这段程序加工完毕;

Z——加工指令,分为直线 L 与圆弧 R 两大类。

（1）直线的编程。

① 把直线的起点作为坐标原点。

② 终点坐标作为 X、Y,均取绝对值,单位为 μm,可用公约数将 X、Y 缩小整数倍。

③ 计数长度 J,按计数方向 G_x 或 G_y 取该直线在 X 轴和 Y 轴上的投影值,决定计数长度时,要和选计数方向一并考虑;

④ 计数方向应取程序最后一步的轴向为计数方向,对直线而言,取 X、Y 中较大的绝对值和轴向作为计数长度 J 和计数方向。

⑤ 加工指令按直线走向和终点所在象限不同而分为 L1、L2、L3、L4,其中与 +X 轴重合的直线算作 L1,与 +Y 轴重合的算作 L2,与 -X 轴重合的算作 L3,与 -Y 轴重合的算作 L4,而且与 X、Y 轴重合的直线,编程时 X、Y 均可作 0,且在 B 后可不写。

（2）圆弧的编程。

① 把圆弧的圆心作为坐标原点。

② 把圆弧的起点坐标值作为 X、Y,均取绝对值,单位为 μm。

③ 计数长度 J 按计数方向取 X 或 Y 上的投影值,以 μm 为单位。如圆弧较长,跨越两个以上象限,则分别取计数方向 X 轴（或 Y 轴）上各个象限投影值的绝对值相累加,作为该方向总的计数长度,也要和选计数方向一并考虑。

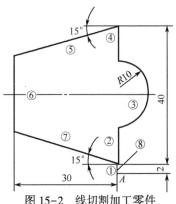

图 15-2 线切割加工零件

④ 计数方向也取与该圆弧终点时走向较平行的轴作为计数方向,以减少编程和加工误差。对圆弧来说,取终点坐标中绝对值较小的轴向作为计数方向(与直线相反)。最好也取最后一步的轴向为计数方向。

⑤ 加工指令对圆弧而言,按其第一步所进入的象限可分为 R1、R2、R3、R4;按切割走向又可分为顺圆和逆圆,于是共有 8 种指令即 SR1、SR2、SR3、SR4、NR1、NR2、NR3、NR4。

例如,图 15-2 所示的零件,起始点为 A,加工路线按照图中所标的①—②—…—⑧进行。序号①为切入,序号⑧为切出,序号②~⑦为程序零件轮廓。各段曲线端点的坐标计算略。按 3B 格式编写该零件的线切割加工程序为:

Example. 3b ;   扩展名为 .3b 的文件名

B0	B2000	B2000	GY	L2;	加工程序
B0	B10000	B10000	GY	L2;	可与上句合并
B0	B10000	B20000	GX	NR4;	
B0	B10000	B10000	GY	L2;	
B30000	R8040	B30000	GX	L3;	
B0	B23920	B23920	GY	L4;	
B30000	B8040	B30000	GX	L4;	
B0	B2000	B2000	GY	L4;	
MJ;					结束语句

2) 自动编程

自动编程是使用专用的数控语言及各种输入手段,向计算机输入必要的形状和尺寸数据,利用专门的应用软件求得各交、切点坐标及编写数控加工程序所需的数据,并将编写出的数控加工程序传输给线切割机床。近年来已出现可输出两种格式(ISO 和 3B)的自动编程机。

我国高速走丝线切割加工的自动编程机,有根据编程语言编程和根据菜单采用人机对话编程两类。为使编程人员免除记忆枯燥烦琐的编程语言等麻烦,目前已开发出了绘图式编程技术,即只需根据待加工的零件图形,按照机械作图的步骤,在计算机屏幕上绘出零件图形,计算机内部的软件即可自动转换成 3B 或 ISO 代码线切割程序,非常简捷方便。

图 15-3 输入图形编程切割出的工件

对一些毛笔字体或工艺美术品等复杂曲线图案的编程,可以用数字化仪靠描图法把图形直接输入计算机,或用扫描仪直接对图形扫描输入计算机,再经内部的软件处理,编译成线切割程序。图 15-3 是扫描仪直接输入图形编程切割出的工件图形。

15.2.2 电火花成形加工

1. 电火花成形的加工原理

电火花成形加工是利用火花放电腐蚀金属的原理,通过工具电极相对于工件做进给运动,把工具电极的形状和尺寸复制在工件上,从而加工出所需零件的工艺方法,其工作原理如图 15-4 所示。电火花加工时,被施加脉冲电压的工件和工具(纯铜或石墨)分别作为正、负电极。两者在绝缘工作液(煤油或矿物油)中彼此靠近时,极间电压将在两极间相对最近点击穿,形成脉冲放电。

在放电通道中产生的高温使金属熔化和气化,并在放电爆炸力的作用下将熔化金属抛出,由绝缘工作液带走。由于极性效应(即两极的蚀除量不相等的现象),工件电极的电蚀速度比工具电极的电蚀速度大得多,不断地使工具电极向工件作进给运动,就能按工具的形状准确地完成对工件的加工。

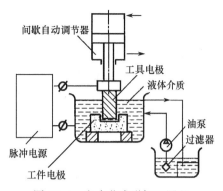

图 15-4　电火花成形加工原理

电火花成形加工必须具备以下条件:

(1) 必须使用脉冲电源来保证瞬时的脉冲放电,以确保放电产生的热量集中在被加工材料的微小区域内,使微小区域内的材料产生熔化、气化而达到电蚀除的目的。

(2) 工具电极和工件之间始终保持确定的放电间隙(通常为几微米到几百微米)。间隙过小,易出现短路,形成拉弧现象;间隙过大,极间电压不能击穿液体介质,不能产生火花放电。

(3) 放电区域必须在煤油等具有高绝缘的液体介质中进行,以便击穿放电,形成放电通道,并利于排屑和冷却。

(4) 脉冲放电需要重复多次进行,且每次脉冲放电在时间上和空间上是分散、不重复的。脉冲放电后的电蚀产物能及时排运至放电间隙之外,使重复脉冲放电顺利进行。

2. 电火花成形的加工特点

(1) 适用的材料范围广。电火花加工是利用脉冲放电,可以加工任何导电的硬、软、韧、脆和高熔点的材料,如硬质合金、耐热合金、淬火钢、不锈钢、金属陶瓷等普通机械加工方法难于加工或无法加工的材料。

(2) 加工时,工具电极和工件不直接接触,不会产生切削力,有利于加工低刚度工件及微细加工,如薄壁、深小孔、不通孔、窄缝、复杂截面的型腔及弹性零件的加工。

(3) 加工时,脉冲放电持续时间极短,放电时热量传导范围小,材料被加工表面的热影响层小,有利于提高加工后的表面质量和热敏感材料的加工。

(4) 加工可使零件达到较高的精度和较小的表面粗糙度值。加工精度可达 0.01mm,表面粗糙度 Ra 值为 0.8μm。微细加工时,加工精度可达 0.002~0.004mm,表面粗糙度 Ra 值为 0.1μm。

(5) 易于实现加工过程的自动化,并可减少机械加工工序,加工周期短,劳动强度低,使用维护方便。

3. 电火花成形加工的应用

电火花成形加工具有许多传统切削加工所无法比拟的优点,因此其应用领域日益扩大,已广泛应用于机械(特别是模具制造)、航天、航空、电子、电机、电器、精密微细机械、仪器仪表、汽车、轻工等行业,以解决难加工材料及复杂形状零件的加工问题。其加工范围已达到小至几十微米的小轴、孔、缝,大到几米的超大型模具和零件。

电火花成形加工具体应用范围如下:

(1) 高硬脆材料。

(2) 各种导电材料的复杂表面、微细结构和形状。

(3) 高精度加工、高表面质量加工。

4. 电火花成形加工机床

电火花成形加工机床主要是由主机部分、脉冲电源、自动进给调节系统、工作液及其循环过滤系统和数控系统等部分组成,如图 15-5 所示。

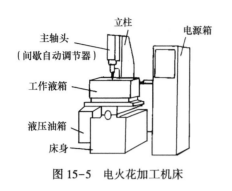

图 15-5 电火花加工机床

主轴头
（间歇自动调节器）
立柱
电源箱
工作液箱
液压油箱
床身

1）主机部分

主机由床身、立柱、主轴头、工作台、工作液循环过滤器和附件等部分组成。它主要用于支承、固定工件和电极，其传动机构通过坐标调整工件与电极的相对位置，实现电极的进给运动。

主轴头是装夹电极并完成预定运动的执行机构，是电火花成形机床中最关键的部件，对加工工艺指标的影响极大。主轴头主要由进给系统、上下移动导向和水平面内防扭机构、电极装夹及其调节环节组成。

目前，电火花机床中已越来越多地采用电-机械式主轴头，它传动链短，进给丝杠由电动机直接带动，方形主轴头的导轨可采用矩形滚柱或滚针导轨。

近年来，随着数控技术的发展，已有三坐标伺服控制的，以及主轴和工作台回转运动并加三向伺服控制的五坐标电火花成形机床，有的机床还带有工具电极库，可以自动更换工具电极，机床的坐标位移脉冲当量为 $0.1\mu m$。

2）脉冲电源

脉冲电源的作用是把直流或工频正弦交流电转变成一定频率的单向脉冲电流，提供电火花加工所需要的放电能量。脉冲电源性能的优劣对电火花加工速度、加工过程的状态稳定性、工具电极的损耗、加工精度与表面质量等技术经济指标有着重大影响。

3）自动进给调节系统

电火花成形加工时，工具与工件必须保持一定的间隙，如间隙过大，则不易击穿，形成开路；如间隙过小，又会引起拉弧烧伤或短路。由于工件不断被蚀除，电极也有一定的损耗，间隙会不断扩大。这就要求工具不但要随着工件材料的不断蚀除而进给，形成工件要求的尺寸和形状，而且还要不断地调节进给速度，有时甚至停止进给或回退以保持恰当的放电间隙，因此必须要有自动进给调节系统来保持恰当的放电间隙。

目前，电火花加工自动进给调节机构主要采用步进电动机、力矩电动机、交直流伺服电动机的电-机械式自动调节系统。近年来随着数控技术的发展，国内外的高档电火花成形加工机床均采用了高性能直流或交流伺服电动机，并采用直接拖动丝杠的传动方式，再配以光电码盘、光栅、磁尺等作为位置检测环节，大大提高了机床的进给精度、性能和自动化程度。

4）工作液循环过滤系统

工作液循环过滤系统包括工作液箱、电动机、泵、过滤装置、工作液槽、油杯、管道、阀门及测量仪表等。放电间隙中的电蚀产物除了靠自然扩散、定期抬刀及使工具电极附加振动等排除外，常采用强迫循环的办法加以排除，以免间隙中电蚀产物过多而引起已加工过的侧表面间"二次放电"，影响加工精度，此外也可带走一部分热量。

目前，常用的工作液循环过滤系统可以冲油，也可以抽油。

5）数控系统

电火花成形加工机床的数控系统规定：除了三个直线移动的 X、Y、Z 坐标轴系统外，还有三个转动的坐标轴系统，其中绕 X 轴转动的称 A 轴、绕 Y 轴转动的称 B 轴、绕 Z 轴转动的称 C 轴。C 轴运动可以是数控连续转动，也可以是不连续的分度转动或某一角度的转动。

目前，电火花成形加工机床的数控系统主要有单轴数控系统和多轴数控系统。单轴数控电火花加工机床一般指只对 Z 轴数控。一般冲模和型腔模，采用单轴数控就可进行加工；复杂的型腔模，需采用 X、Y、Z 三轴数控联动加工。

15.3 激光加工

15.3.1 激光加工的原理及工艺特点

1. 激光加工的原理

激光加工（Laser Machining，LM）是利用大功率的激光束经聚焦成极小的光斑（光斑直径小到几微米，其焦点处能量密度高达 $10^7 \sim 10^{11}$ W/cm^2，温度达 10^4℃以上）照射工件的被加工部位，使其材料瞬间熔化或蒸发，并产生强烈的爆炸式冲击波去除材料，从而实现对工件的加工。

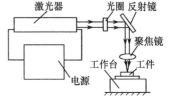

如图 15-6 所示为激光加工原理图。激光经镀金的平面反射镜偏转 90°成垂直的光束，然后再用锗单晶材料制成的透镜（其焦距为 20~30mm）将光束聚焦成很小的光点，照射到工件上，实施加工。瞄准系统由一个可移动的 45°直角棱镜和显微镜组成。将直角棱镜移入聚焦光路中即可通过显微镜观察工件的位置，这时应将工件欲加工位置调整到激光的焦点上，移去直角棱镜就可以进行加工。

图 15-6　激光加工原理

2. 激光加工的工艺特点

（1）加工材料范围广。可加工所有的金属和非金属材料，特别适用于加工高熔点材料、耐热合金及陶瓷、宝石、金刚石等硬脆材料。

（2）加工性能好。工件可离开加工机进行加工，并可透过透明材料、空气、惰性气体或光学透明介质进行加工，可在其他方法不易达到的狭小空间进行加工。

（3）非接触式加工，工件无受力变形，受热影响区小，工件热变形小，加工精度高。加工精度可达 0.01~0.02mm，表面粗糙度 Ra 值为 0.1μm。

（4）不受加工形状限制。激光能聚焦成极细的光束，可以加工微型（ϕ0.01~ϕ1mm）深孔（深径比达 50~100）、异形孔和窄缝切割，适宜于精密加工和微细加工。

（5）加工速度和加工效率极高，且可控性好，易于实现自动化生产和流水作业。

（6）激光加工设备复杂，价格昂贵，一次性投资较大。

（7）加工时必须采取相应的保护措施，以免激光对人体的损害。

15.3.2 激光加工的应用

激光加工是一种精密细微的加工方法，已广泛应用于多种材料的成形切割、焊接、表面处理，以及陶瓷、玻璃、宝石、金刚石、硬质合金等的小孔、微孔加工。

1.激光打孔

激光打孔是利用激光经过光学系统的整理、聚焦和传输，形成直径为几十微米至几微米的细小光斑焦点，使处于焦点处的材料在瞬间产生高温而汽化，材料蒸气猛烈喷出而形成孔洞。

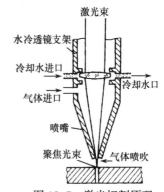

激光打孔适合于在各种硬质、脆性和难熔材料上进行微细孔、异形孔的加工，如化纤喷丝头打孔、仪表中宝石轴承打孔、金刚石拉丝模具打孔、发动机燃油喷油嘴打孔及火箭发动机等细微孔的加工及加工微米级小孔等。

2. 激光切割

激光切割如图 15-7 所示，其原理与激光打孔相似，但工件与激光束要相对移动。在实际加工中，采用工作台数控技术，可以实现激光数控切割。激光切割大多采用大功率的 CO_2 激光器，对于精细切割，也可采用 YAG 激光器。激光切割对被切割材

图 15-7　激光切割原理

料不产生机械冲击和压力,具有速度快、热影响区小、割缝窄、精度高、工件变形极小的优点。

激光切割可用于各种材料(金属及玻璃、陶瓷、皮革等非金属材料)和复杂形状工件、棚网等的切割。切割金属材料的厚度可达 10mm,深宽比可达 20:1;切割非金属材料的厚度可达 20~30mm,深宽比可达 100:1。在实际中常用来加工玻璃、陶瓷和各种精密细小的零部件。在大规模集成电路的制作中,可用于切片。

激光切割过程中,影响激光切割参数的主要因素有激光功率、吹气压力和材料厚度等。

3. 激光打标

激光打标是指利用高能量的激光束照射在工件表面,光能瞬时变成热能,使工件表面迅速蒸发,从而在工件表面刻出任意所需的文字和图形,以作为永久防伪标志,如图 15-8 所示。

激光打标的特点是:

(1) 非接触加工。可在任何异形表面标刻,工件不会变形和产生内应力,适合金属、塑料、玻璃、陶瓷、木材、皮革等各种材料。

(2) 标记清晰、永久、美观,并能有效防伪。

(3) 标刻速度快,运行成本低,无污染,可显著提高被标刻产品的档次。

激光打标广泛应用于电子元器件、汽(摩托)车配件、医疗器械、通信器材、计算机外围设备、钟表等产品和烟酒食品防伪等行业。

4. 激光焊接

当激光的功率密度为 $10^5 \sim 10^7 \text{W/cm}^2$,照射时间约为 0.01s 时,可进行激光焊接。激光焊接一般无须焊料和焊剂,只需将工件的加工区域"热熔"在一起即可。激光焊接速度快,热影响区小,焊件变形小,材料不易氧化、没有熔渣,焊接质量高等特点。

激光焊接既可焊接同种材料,也可焊接异种材料,还可透过玻璃进行焊接,适用于电子器件、晶体管元件及精密仪表的焊接及深熔焊接等。

5. 激光表面处理

激光表面处理是利用激光束对金属表面扫描,在极短时间内工件被加热到淬火温度;随着激光束离开工件表面,工件表面的热量迅速向内部传递而形成极快的冷却速度,使表面淬硬(激光淬火)。当激光的功率密度为 $103 \sim 105 \text{W/cm}^2$ 时,便可对铸铁、中碳钢,甚至低碳钢等材料进行激光表面淬火,如图 15-9 所示。淬火层深度一般为 0.7~1.1mm,淬火层硬度比常规淬火约高 20%。激光淬火变形小,还能解决低碳钢的表面淬火强化问题。

此外,激光表面合金化和激光涂敷在生产中的应用,可极大地降低生产成本,延长产品的使用寿命。

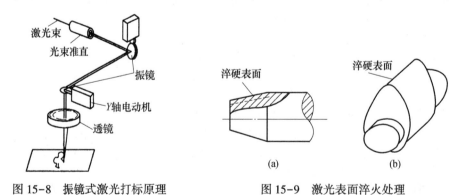

图 15-8 振镜式激光打标原理   图 15-9 激光表面淬火处理

15.3.3 激光加工设备

激光加工设备主要包括激光器、激光器电源、光学系统、控制与检测系统、激光安全防护系统和加工系统等部分。

1. 激光器

激光器是把电能转变成光能,产生激光束,是激光加工的重要设备。按所使用的工作物质种类,激光器可分为固体激光器、气体激光器、液体激光器和半导体激光器四种,其中固体激光器和液体激光器在激光加工中应用较广泛。

2. 激光器电源

激光器是为激光器提供所需的能量及控制功能,包括电压控制、时间控制、储能电等。

3. 光学系统

光学系统是把激光引向聚焦物镜,调整焦点位置,使激光以小光点打到工作台的工件上。光学系统包括激光聚焦系统和观察瞄准系统,后者能观察和调整激光束的焦点位置,并将加工位置显示在投影仪上。

4. 加工系统

加工系统是承载工件并使工件与激光束做相对运动,加工精度主要取决于加工系统的精度和运动精度。光束运动和加工系统的运动调节由数控系统控制完成,目前主要的加工系统有数控机床、工作台及加工机器人。根据工件及光束的运动形式可以分为二维运动系统及三维运动系统。

1) 二维运动系统

二维运动系统主要用于激光钣金加工及管子的加工,根据运动形式可以分为:

(1) 固定光束(工件运动),适合于小型精密坐标加工机,如小型激光切割机、激光划片机、激光打孔机等。

(2) 运动光束(工件固定),如飞行光学加工系统,这种形式运动元件质量小,惯性低,能够以很高的速度和加速度运动,同时保证较高的重复精度和定位精度。

(3) 固定光束(工件固定),运动形式由光束扫描系统来完成,如激光打标机等。

(4) 混合系统(光束和工作台均运动),如激光切割机、激光焊接机等。

2) 三维运动系统

三维激光加工系统包括五轴龙门式激光加工机和激光加工机器人等。

五轴龙门式激光加工机的龙门式系统中,光束沿着两个方向运动,工件沿着一个方向运动。为了保证激光束正确地入射到工件表面,还备有两个旋转轴用于激光头的定位,如图15-10所示。

激光加工机器人主要用于激光三维切割、焊接零部件等,如图15-11所示。尤其是机器人携带激光加工头运动,工件不动,可以在很大的范围内伸向所要加工的任意部位,特别适合于具有复杂结构的汽车外壳之类的大型三维部件的加工。

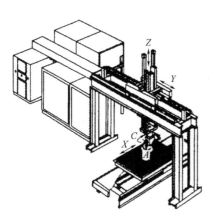

图15-10　五轴龙门式激光加工机

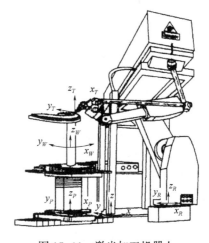

图15-11　激光加工机器人

15.4 快速成形制造

15.4.1 概述

20世纪80年代后期发展起来的快速成形制造技术（Rapid Prototype Manufacturing，RPM）被认为是最近20年制造技术领域的一项重大突破，其对制造业的影响可与数控技术相媲美。

1. 快速成形制造原理

RPM是直接根据产品CAD的三维实体模型数据，经计算机数据处理后，将三维实体数据模型转化为许多二维平面模型的叠加，再直接通过计算机控制这些二维平面模型，并顺次将其连接，形成复杂的三维实体零件模型。依据计算机上构成的产品三维设计模型，对其进行分层切片，得到各层截面轮廓，按照这些轮廓，激光束选择性地切割一层层的箔材（或固化一层层的液态树脂，或烧结一层层的粉末材料），或喷射源选择性地喷射一层层的黏结剂或热熔材料等，形成一个个薄层，并逐步叠加成三维实体，如图15-12所示。

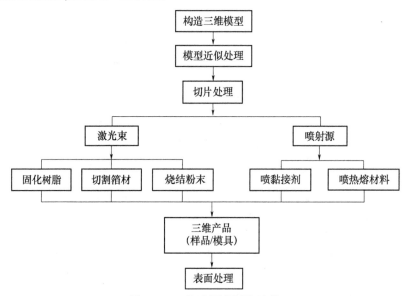

图15-12 快速原型制造过程

快速成形制造技术是机械工程、数控技术、CAD与CAM技术、计算机科学、激光技术及新型材料技术的集成，彻底摆脱了传统的"去除"方法的束缚，采用了全新的"增长"方法，并将复杂的三维加工分解为简单的二维加工的组合。

2. 快速成形制造技术的特点

与传统机械加工方法相比，快速成形制造具有如下特点：

（1）制造过程柔性化。由CAD模型直接驱动，可快速成形任意复杂的三维几何实体，不受任何专用工具和模具的限制。

（2）设计制造一体化。采用"分层制造"方法，将三维加工问题转变成简单的二维加工组合，且很好地将CAD、CAM结合起来。

（3）产品开发快速化。产品成形效率极高，大大缩短了产品设计、开发周期，设备为计算机控制的通用机床，生产过程基本无须人工干扰。

（4）材料使用广泛化。各种材料（金属、塑料、纸张、树脂、石蜡、陶瓷及纤维等）均在快速原型制造领域广泛应用。

（5）技术高度集成化。快速原型制造技术是计算机技术、数控技术、控制技术、激光技术、材料技术和机械工程等多项交叉学科的综合集成。

15.4.2 快速成形制造技术的方法

目前，快速成形制造方法主要有立体光刻（Stereo Lithography Apparatu，SLA）、分层实体制造（Laminated Object Manufacturing，LOM）、选择性激光烧结（Selective Laser Sintering，SLS）和熔融堆积造型（Fused Deposit Manufacturing，FDM）。各种制造方法的工艺及设备见表15-3，工艺原理如图15-13~图15-16所示。其中选择性激光烧结的材料适用范围最广，是实现金属零件直接快速成形的较好方法。

表15-3 快速原型制造技术的典型工艺及设备

快速成形工艺名称及代号	工作原理	采用原材料	特点及适用范围	代表性设备型号及生产厂家	设备主要技术指标
立体光刻（SL）	液槽中盛满液态光敏树脂，可升降工作台位于液面下一个截面层的高度，聚焦后的紫外激光束在计算机控制下，按截面轮廓要求沿液面进行扫描，使扫描区域固化，得到该层截面轮廓。工作台下降一层高度，其上覆盖液态树脂，进行第二层扫描固化，新固化的一层牢固地黏结在前一层上；如此重复，形成三维实体	液态光敏树脂	材料利用率及性能价格比较高，但易翘曲，成形时间较长；适合成形小型零件，可直接得到塑料制品	SL-250 3D System（美国）	最大制件尺寸：250mm×250mm×250mm 尺寸精度：±0.1mm 分层厚度：0.1~0.3mm 扫描速度：0.2~2m/s
分层实体制造（LOM）	将制品的三维模型，经分层处理，在计算机控制下，用CO_2激光束选择性地按分层轮廓切片，并将各层切片黏结在一起，形成三维实体	纸基卷材/陶瓷箔/金属箔	翘曲变形小，尺寸精度高，成形时间短，制件有良好的回力学性能，适合成形大、中型件	LOM-2030H Helisys（美国）	最大制件尺寸：815mm×550mm×500mm 尺寸精度：±0.1mm 分层厚度：0.1~0.2mm 切割速度：0~500mm/s
选择性激光烧结（SLS）	在工作台上铺一层粉末材料，CO_2激光束在计算机控制下，依据分层的截面信息对粉末进行扫描，并使制件截面实心部分的粉末烧结在一起，形成该层的轮廓。一层成形完成后，工作台下降一层高度，再进行下一层的烧结，如此循环，最终形成三维实体	塑料粉、金属基或降将基粉	成形时间较长，后处理较麻烦，适合成形小件，可直接得到塑料、陶瓷或金属制品	EOSINTP-350 ESO（德国）	最大制件尺寸：340mm×340mm×590mm 激光定位精度：±30μm 分层厚度：0.1~0.25mm 最大扫描速度：2m/s
熔融堆积造形（FDM）	根据CAD产品模型分层软件确定的几何信息，由计算机控制可挤出熔融状态材料的喷嘴，挤出半流动的热塑材料，沉积固化成精确的薄层，逐渐堆积三维实体	ABS、石蜡、聚酯塑料	成形时间较长，可采用多个喷头同时进行涂覆，以提高成形效率，适合成形小塑料件	FDM-1650 Stratasys（美国）	最大制件尺寸：254mm×254mm×254mm 尺寸精度：±0.127mm 分层厚度：0.05~0.76mm 扫描速度：0~500mm/s

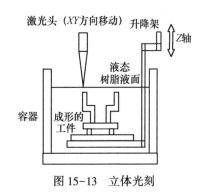

图 15-13　立体光刻

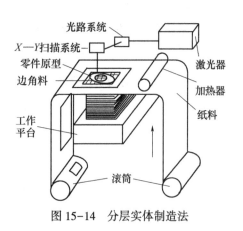

图 15-14　分层实体制造法

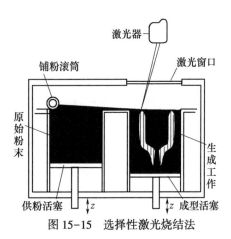

图 15-15　选择性激光烧结法

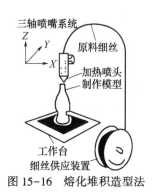

图 15-16　熔化堆积造型法

15.4.3　快速成形制造的技术现状

国外 RPM 技术的研究和应用主要集中在美国、欧洲和日本。目前世界上已有 200 多家机构开展了 RPM 的研究。国内 RPM 的研究从 20 世纪 90 年代初开始。1994 年成立了由清华大学、华中科技大学、浙江大学、西安交通大学和南京航空航天大学等单位参加的 RPM 集团,目前其研究成果和技术在国内得到了广泛的应用。

1. 工艺设备

目前,RPM 的工艺设备得到了飞速的发展。国外 RPM 生产商有美国的 3D systems、Helisys、DTM、Stratasys、Sanders Prototype 和 Soligen 等;日本的 CMET、DMEC、Tei Seiki、Kira Corp、Mitsui Zosen 和 Denken Enginerring 等;欧洲的 EOS、Cubital 和 F&S 等。国内 RPM 设备主要是清华大学的 SSM 和 MEM、华中科技大学的 HRP 和西安交通大学的 LPS 等。

RPM 的机床有多种形式,依据其成形方法、制件尺寸和所用原材料不同而存在差异,但其主要组成部分及其功能基本相同或相近。

LOM 型快速成形机床由计算机、激光切割系统、原材料存储与送进机构、热压机构、可升降工作台及数控系统等组成。

(1) 计算机。其功用是接收和存储产品的三维模型,沿模型的高度方向提取一系列的横截面轮廓线,并发出相应控制指令。

(2) 激光切割系统。由激光器、外光路、切割头、X-Y 工作台、伺服电动机和抽烟除尘装置等组成。按计算机指令提取横截面轮廓信息,逐一将位于工作台上的纸切割出轮廓线,并将纸的无轮廓区切割成小碎片。

（3）原材料存储与送进机构。由存储辊、夹紧辊、导向辊、余料辊、送料步进电动机、摩擦轮和报警器等组成，其功用是将存储于其中的原材料(底面有热熔胶和添加剂的纸)，按要求逐步送至工作台上方。当发生断纸意外事故时，报警器发出音响信号，步进电动机及后续工作循环被终止。

（4）热压机构。由步进电动机、热压辊、加热管、温控器、高度检测器等组成。步进电动机经齿形带驱动热压辊做往复运动，将一层层纸黏合在一起。热压辊通过红外加热管加温。温控器用于控制热压辊的温度，其设定值根据所采用纸的黏结温度而定。高度检测器能精确测量正在成形的制件的实际高度，并将此值及时反馈给计算机，按此值对产品的三维模型进行切片处理，得到与模型高度相对应的截面轮廓线。

（5）可升降工作台。可升降工作台用于支撑正在成形的样品或模具，并在每层成形之后降低一个纸厚，以便送进、黏合和切割新的一层纸。

（6）数控系统。执行计算机发出的指令，使一段段的纸送至工作台上方，然后黏合、切割，最终形成三维样品或模具。

2. 成形材料

成形材料是 RPM 技术发展的关键环节。它不仅影响原型的成形速度、精度、物理和化学性能，并直接影响到原型的二次应用和用户对成形工艺设备的选择。RPM 各种新工艺的出现也往往与新材料的应用有关。

快速成形制造工艺对材料性能的一般要求是：①能够快速、精确地激光成形；②成形后具有一定的强度、硬度、刚度、热稳定性和耐潮性等性能；③便于快速成形的后处理；④对于直接制造零件的材料应具备相应的使用功能。

目前，RPM 所应用的成形材料多种多样，常用的形态有液态、固态粉末、固态片材、固态线材等，见表 15-4。

表 15-4　RPM 常用的材料

材料形态	液态	固态粉末		固态片材	固态线材
		非金属	金属		
应用材料	光敏树脂	蜡粉、尼龙粉、覆膜陶瓷粉等	钢粉、覆膜钢粉等	覆膜纸、覆膜塑料、覆膜陶瓷箔、覆膜金属箔等	蜡丝、ABS丝等

3. 应用软件

RPM 应用软件是指从 CAD 造型软件到驱动数控成形设备软件的总称。其包括通用 CAD 软件和 RPM 专用软件。

RPM 中 CAD 软件的功能就是产生三维实体模型。常用的有 Pro/E、AutoCAD、I-DEAS、Others 等。RPM 专用软件包括三维模型切片软件、激光切割速度与切割功率自动匹配软件、激光切割口宽度自动补偿软件和 STL 格式文件的侦错与修补软件等。

由于 CAD 与 RPM 的数据转换接口软件开发的困难性和相对独立性，国外涌现了很多作为 CAD 与 RP 系统之间的接口软件。这些软件一般都以常用的数据文件格式作为输入、输出接口。输入的数据文件格式有 STL、ICES、DXF、HPGL、CT 层片文件等，而输出的数据文件一般为 CLI。国外比较著名的接口软件有美国 Solid Concept 公司的 Bridge Works、Solid View，美国 Imageware 公司的 Surface-RPM 等。

15.4.4　快速成形制造的应用与发展

1. 快速成形制造的应用

快速成形制造技术的出现，改变了传统的设计制造模式。RPM 技术从研究、设计、工艺、设备直至应用都有了迅猛的发展,现阶段已在产品开发、模具制造,以及医学、建筑等方面获得实际应用。

1)产品开发

快速成形制造可以直接制造出与真实产品相仿的产品样品。其制造一般只需传统加工方法的30%～50%工时,20%～35%的成本,却可供设计者和用户进行直观检测、评判、优化,并可在零件级和部件级水平上对产品工艺性能、装配性能及其他特性进行检验、测试和分析。同时,亦是工程部门与非工程部门交流的理想中介物;可为生产厂家与客户或订购商的交流提供最佳便利,并可以迅速、反复地对产品样品进行修改、制造,直至用户完全满意为止。

2)模具制造

(1)用快速成形制造系统直接制作模具,如砂型铸造木模的替代模、低熔点合金铸造模、试制用注塑模,以及熔模铸造的蜡模的替代模,或蜡模的成形模。

(2)用快速成形件做母模复制软模具。用快速成形件做母模,可浇注蜡、硅橡胶、环氧树脂、聚氨酯等软材料构成软模具;或先浇注硅橡胶模、环氧树脂模(蜡模成形模),再浇注蜡模。蜡模用于熔模铸造,硅橡胶模、环氧树脂模可用做试制用注塑模,或低熔点合金铸造模。

(3)用快速成形件做母模,复制硬模具。用快速成形件做母模,或用其复制的软模具,可浇注(或涂覆)石膏、陶瓷、金属、金属基合成材料,构成硬模具(各种铸造模、注塑模、蜡模的成形模、拉伸模等),从而批量生产塑料件或金属件。

(4)用快速成形制造系统制作电加工机床用电极。用快速成形件做母体,通过喷镀或涂覆金属、粉末冶金、精密铸造、浇注石墨粉或特殊研磨,可制作金属电极或石墨电极。

3)在其他领域应用

(1)医学领域的应用。快速成形制造系统可利用CT扫描或MRI核磁共振图像的数据,制作人体器官模型,以便策划头颅、面部、牙科或其他软组织的手术或进行复杂手术的操练等。

(2)建筑领域的应用。利用快速成形制造系统制作建筑模型,可以帮助建筑设计师进行设计评价和最终方案的确定。

2. 快速成形制造的发展

(1)面向制造的RPM。要解决的主要问题是提高制造精度、降低制造成本、缩短制造周期、提高零件的复杂程度,甚至可以直接制作最终的零件。实用性是未来发展的一个重要方向。

(2)研制更适合于RPM的新材料和新工艺。金属、陶瓷和复合材料的研究更适合于制造各种功能的零件,更符合工程的实际需要。冰冻成形、人体组织工程材料成形等更代表了新工艺在RPM领域的研究进展。

(3)向大型制造与微型制造进军。微米印刷(Microlithography)技术和微米零件制造(Microscale Parts)技术代表了RPM微型化的发展方向。

(4)RPM技术的智能化。RPM制造技术中,其工艺参数的智能设定、智能化施加支撑的方法与精确量化的手段等均是RPM技术发展的必然趋势。

(5)网络化的RPM技术。实现远程制造(Remote Manufacturing),根据用户的需求,智能选择出最适合客户要求的成本低、周期短、材料适宜的RPM系统。

(6)RPM行业标准化。

复习思考题

1. 试比较传统机械加工与特种加工之间的区别。目前工业生产中常用特种加工方法有哪些?

2. 简述常用特种加工方法及其特点。

3. 简述电火花线切割加工的原理、特点及应用。

4. 简述电火花成形加工的原理、特点及应用。

5. 简述激光加工的原理及应用。

6. 简述快速成形制造的原理及基本工艺过程。

7. 快速成形制造常用的方法有哪些？

8. 目前快速成形制造技术主要在哪些领域得到应用？

第16章 机械制造自动化技术

教学要求：了解机械制造自动化技术的分类与应用；了解 CAD 和 CAM 的概念和特点；熟悉相关 CAD、CAM 软件；了解工业机器人的组成和应用；了解机械加工检测技术；熟悉三坐标测量机工作原理和应用；了解自动生产线、柔性制造系统的特点和应用。

16.1 概　述

制造自动化是人类在长期生产实践中不断追求的目标，是工业现代化的重要标志之一。机械制造自动化技术是现代机械制造技术的重要组成部分和发展方向。

1. 机械制造自动化技术的发展历程

自 18 世纪中叶瓦特发明蒸汽机而引发工业革命以来，机械制造自动化技术就伴随着机械化开始得到迅速发展。从其发展历程看，机械自动化技术大致经历了四个发展阶段，如图 16-1 所示。

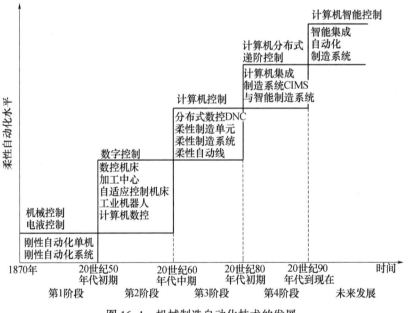

图 16-1　机械制造自动化技术的发展

（1）1870—1950 年为第 1 阶段，纯机械控制随着电液控制的刚性自动化加工单机和系统得到长足发展。

（2）1952—1965 年为第 2 阶段，数控技术和工业机器人技术，特别是单机数控得到迅速发展。

（3）1967—1980 年代中期为第 3 阶段，以数控机床和工业机器人组成的柔性制造自动化系统得到飞速发展。

（4）20 世纪 80 年代至今为第 4 阶段，制造自动化系统的主要发展是计算机集成制造系统，并被认为是 21 世纪制造业的新模式。

2. 机械制造自动化的内容

机械制造自动化就是在机械制造过程的所有环节采用自动化技术,实现机械制造全过程的自动化。机械制造主要由毛坯制备、物料储运、机械加工、装配、质量控制、热处理和系统控制等过程组成,其自动化技术主要有:

(1) 机械加工自动化技术。包含上下料自动化技术、装卡自动化技术、换刀自动化技术、加工自动化技术和零件检验自动化技术等。

(2) 物料储运过程自动化技术。包含工件储运自动化技术、刀具储运自动化技术和其他物料储运自动化技术等。

(3) 装配自动化技术。包含零部件供应自动化技术和装配过程自动化技术等。

(4) 质量控制自动化技术。包含零件检测自动化技术、产品检测自动化和刀具检测自动化技术等。

3. 机械制造自动化的分类

机械制造自动化的分类目前还没有统一,一般按以下几种方式分类:

(1) 按制造过程分类,可分为毛坯制备过程自动化、热处理过程自动化、储运过程自动化、机械加工过程自动化、装配过程自动化、辅助过程自动化、质量过程自动化和系统控制过程自动化。

(2) 按设备分类,可分为局部动作自动化、单机自动化、刚性自动化、刚性综合自动化系统、柔性制造单元、柔性制造系统。

(3) 按控制方式分类,可分为机械控制自动化、机电液控制自动化、数字控制自动化、计算机控制自动、智能控制自动化。

4. 机械制造自动化技术的特点

机械制造自动化技术是实现制造过程的自动化规划、运作、管理、组织、控制、协调与优化等,以达到产品及其制造过程的高效、优质、低耗、洁净的目标,具有以下特点:

(1) 提高或保证产品的质量。

(2) 减少人的劳动强度、劳动量,改善劳动条件,减少人为因素的影响。

(3) 提高生产率,减少生产面积、人员,节省能源消耗,降低产品成本。

(4) 提高产品对市场的响应速度和竞争能力。

16.2 计算机辅助设计与制造技术

16.2.1 概述

20 世纪 50 年代末 60 年代初,美国麻省理工学院的 Ross 教授在 APT (Automatically Programmed Tools)程序系统发展的基础上形成了计算机辅助设计与制造的概念的。APT 语言是通过对刀具轨迹的描述实现自动编程的系统。在其发展的同时,产生了人机协同设计、加工的设想,并开始了计算机图形学的研究。20 世纪 60 年代中期到 70 年代中期,针对某个特定领域的 CAD 系统蓬勃发展,出现了主要以自动绘图为目的的配套 CAD 系统(Turnkey System)。20 世纪 70 年代中期,计算机的应用日益广泛,开发了许多计算机辅助的分散系统。如生产计划控制(Production Plan Control,PPC)、计算机辅助设计(Computer Aided Design,CAD)、计算机辅助工程(Computer Aided Engineering,CAE)、计算机辅助制造(Computer Aided Manufacture,CAM)、计算机辅助工艺设计(Computer Aided Process Planning,CAPP)、计算机辅助质量管理(Computer Aided Quality,CAQ)、计算机辅助工装设计(Computer Aided Fixture Design,CAFD)等系统。

计算机辅助设计与制造技术是制造工程技术与计算机技术相互结合、相互渗透而发展起来的一项综合性应用技术,具有涉及知识门类宽、综合性能强、处理速度快、经济效益高的特点,是当今先进制造技术的重要组成部分。

16.2.2 计算机辅助设计与制造

1. CAD

CAD 技术是计算机科学与工程科学之间跨学科的综合性科学。CAD 是以工程技术人员为主体,由工程技术人员利用计算机辅助设计系统的资源,对产品设计进行规划、分析、综合、模拟、评价、修改、决策并形成工程文档的创造性活动。工程技术人员的创新能力、想象力、经验与直觉与计算机的高速运算能力、图形图像显示处理能力、信息检索处理能力相互结合,综合运用多学科的相关技术完成问题求解、产品的设计及产品的描述,极大地提高了设计工作的效率,为无图样化生产提供了前提和基础。

CAD 的工作过程大致是:

(1) 进行功能设计,选择合适的科学原理或构造原理。

(2) 进行产品结构的初步设计,产品的造型和外观的初步设计。

(3) 从总图派生出零件,对零件的造型、尺寸、色彩等进行详细设计,对零件进行有限元分析,使结构及尺寸与应力相适应。

(4) 对零件进行加工模拟,如注塑(对塑料制品)、压铸(对金属件)、锻压或机械加工等过程进行模拟,从模拟过程中发现制造中的问题,进而提出对零件设计的修改方案。

(5) 对产品实施运动模拟或功能模拟,对其性能做出评价、分析和优化,最终完成零件的结构设计。

CAD 系统的主要功能包括概念设计、结构设计、装配设计、复杂曲面设计、工程图样绘制、工程分析、真实感及渲染、数据交换接口等。

2. CAM

CAM 是指利用计算机系统,通过计算机与生产设备直接或间接的联系,进行规划、设计、管理和控制产品的生产制造过程,进行产品的生产制造。

CAM 有广义和狭义两种定义。广义 CAM 一般是指利用 CAPP 辅助完成从生产准备到产品制造整个过程的活动,包括工艺过程设计(CAPP)、工装设计、NC 自动编程、制造过程仿真(Manufacturing Process Simulation,MPS)、工时定额和材料定额的编制、生产作业计划、物流过程的运行控制、生产控制、质量控制、自动化装配等。狭义 CAM 通常是指数控自动编程,包括刀具路径规划、刀位文件生成、刀具轨迹仿真及 NC 代码生成,以及与数控机床数控装置的软件接口等。

CAPP 是根据产品设计阶段给出的信息,人−机交互地或自动地确定产品加工方法和工艺过程。CAPP 系统的主要功能包括毛坯设计、加工方法选择、工艺路线制定、工序设计、刀夹量具设计等。其中工序设计又包含机床、刀具的选择,切削用量选择,加工余量分配及工时定额计算等。CAPP 是 CAD 与 CAM 的中间环节。

CAM 有两种类型:一种是联机应用,使计算机实时控制制造系统,如机床的 CNC 系统;另一种是脱机应用,使用计算机进行生产计划的编制和非实时地辅助制造零件,如在软盘或穿孔纸带上编制零件的程序,或在机械加工中模拟显示刀具轨迹等。

3. CAD/CAM 集成技术

CAD/CAM 集成是指 CAD、CAPP、CAM 各应用模块之间进行信息的自动传递和转换。集成化的 CAD/CAM 系统借助于工程数据库技术、网络通信技术及标准格式的产品数据接口技术,把分散于机型各异的各个 CAD/CAM 模块高效、快捷地集成起来,实现软、硬件资源共享,保证整个系统内的信息流畅通无阻。

随着网络技术、信息技术和市场全球化的不断发展,出现了以信息集成为基础的更大范围的集成技术,包括信息集成、过程集成、资源集成、工作机制集成、技术集成、人机集成及智能集成等,如计算机集成制造系统 CIMS。而 CAD/CAM 集成技术则是计算机集成制造系统、并行工程、敏捷制造等新型集成系统中的一项核心技术。

16.2.3 CAD/CAM 系统

1. CAD/CAM 系统软件

在 CAD/CAM 系统中,根据执行任务和编写对象的不同,软件可分为系统软件、支撑软件及专业性应用软件三类。系统软件、主要负责管理硬件资源及各种软件资源,它面向所有用户,是计算机的公共性底层管理软件,即系统开发平台;支撑软件运行在系统软件之上,是实现 CAD/CAM 各种功能的通用性应用基础软件,是 CAD/CAM 系统专业性应用软件的开发平台;专业性软件则是根据用户具体要求,在支撑软件基础上经过二次开发的专用软件。

目前,市场流行的 CAD/CAM 系统软件主要有以下几类。

1) CATIA

CATIA 是由法国达索飞机公司研制的高档 CAD/CAM 系统,广泛用于航空、汽车等领域。CATIA 是最早实现曲面造型的软件,它开创了三维设计的新时代,并首次实现了计算机完整描述产品零件的主要信息,使 CAM 技术的开发有了现实的基础。它采用特征造型和参数化造型技术,允许自动指定或由用户指定参数化设计、几何或功能化约束的变量式设计。根据其提供的三维线架,用户可以精确地建立、修改与分析三维几何模型。其曲面造型功能包含了高级曲面设计和自由外形设计,用于处理复杂的曲线和曲面定义;并有许多自动化功能,包括分析工具,加速了曲面设计过程。CATIA 提供的装配设计模块可以建立并管理基于三维的零件和约束的机械装配件,自动地对零件间的连接进行定义,便于对运动机构进行早期分析,大大加速了装配件的设计,后续应用则可利用此模型进行进一步的设计、分析和制造。

2) Pro/Engineer

Pro/Engineer 是美国参数技术公司/PTC(Parametric Technology Corporation)开发的 CAD/CAM 软件。它采用面向对象的统一数据库和全参数化造型技术为三维实体造型提供优良的平台。该软件具有基于特征、全参数、全相关和单一数据库的特点,可以直接读取内部的零件和装配文件;当原始造型被修改后,具有自动更新的功能。其 MOLDESIGN 模块用于建立几何外形、产生模具的模芯和腔体、产生精加工零件和完善的模具装配文件。该软件还支持高速加工和多轴加工,带有多种图形文件接口。

3) UGNX

UGNX 是美国 UGS(Unigarphics Solutions)公司发布的 CAD/CAE/CAM 一体化软件,广泛应用于航空、航天、汽车、通用机械及模具等领域,不仅具有复杂造型和数控加工的功能,还具有管理复杂产品装配,进行多种设计方案的对比分析和优化等功能。UGNX 可以运行于 Windows NT 平台,无论装配图还是零件图设计,都是从三维实体造型开始,可视化程度很高。三维实体生成后,可自动生成二维视图,如三视图、轴测图、剖视图等。其三维 CAD 是参数化的,一个零件尺寸的修改,可致使相关零件的参数随之变化。该软件还具有人机交互方式下的有限元求解程序,可以进行应力、应变及位移分析。UGNX 的 CAM 模块功能非常强大,它提供了一种产生精确刀具路径的方法。该模块允许用户通过观察刀具运动未图形化地编辑刀具轨迹,如延伸、修剪等。它所带的后置处理模块支持多种数控系统。UGNX 具有多种图形文件接口,可用于复杂形体的造型设计,特别适合于大型企业和研究所使用。

4) Master CAM

Master CAM 是一种应用广泛的中低档 CAD/CAM 软件,由美国 CNC Software 公司开发,V5.0 以上版本运行于 Windows 或 Windows NT。该软件三维造型功能稍差,但具有很强的加工功能,尤其在对复杂曲面自动生成加工代码方面,具有独到的优势。新的加工任选项使用户具有更大的灵活性,如多曲面径向切削和将刀具轨迹投影到数量不限的曲面上等功能。这个软件还包括新的 C 轴编程功能,可顺利将铣削和车削结合。其后处理程序支持铣削、车削、线切割、激光加工及多轴加工。另外,Master CAM 提供多种图形文件接口,如 SAT、IGES、VDA、DXF、CADL 及 STL 等。由于该软件主要针对数控加工,设计造型功能不强,但对硬件的要求不高,且操作灵活、易学易用、价格较低,受到中小企业的欢迎。

5)Solidworks

Solidworks 是美国 DassaultSystem 公司旗下 SolidWorks 子公司的产品。它是世界上第一个基于 Windows 开发的三维 CAD 系统,有全面的实体造型功能,可快速生成完整的工程图样,还可进行模具制造及计算机辅助分析。目前 SolidWorks 软件已成为三维机械设计软件的标准。软件最大的特点是易学易用,容易掌握,对硬件的要求较低。另外,在世界范围内有数百家公司基于 SolidWorks 开发了专业的工程应用系统作为插件集成到 SolidWorks 的软件界面中,其中包括模具设计、制造、分析、产品演示、数据转换等,使它成为具有实际应用解决方案的软件系统。

6)CAXA 制造工程师

CAXA 制造工程师是由我国北京北航海尔软件有限公司研制开发的全中文、面向数控铣床和加工中心的三维 CAD/CAM 软件。CAXA 是英文 Computer Aided X Alliance—Always a step ahead 的缩写,其含义是"领先一步的计算机辅助技术和服务"。该软件基于微型计算机平台,采用原创 Windows 菜单和交互方式,全中文界面,便于轻松学习和操作。它全面支持图标菜单、工具条、快捷键。用户还可以自由创建符合自己习惯的操作环境。它既具有线框造型、曲面造型和实体造型的设计功能,又具有生成二至五轴加工代码的数控加工功能,可用于加工具有复杂三维曲面的零件。其特点是易学易用、价格较低,已在国内众多企业和研究院所得到应用。

2. CAD/CAM 系统组成

CAD/CAM 系统是由硬件、软件和设计者组成的人-机-体化系统。

硬件是 CAD/CAM 系统运行的基础,主要包括计算机主机、计算机外部设备及网络通信设备等具有有形物质的设备。

软件是 CAD/CAM 系统的核心,软件配置的档次和水平决定了 CAD/CAM 系统性能的优劣,软件的成本已远远超过了硬件设备。软件的发展呼唤更新更快的计算机系统,而计算机硬件的更新为开发更好的 CAD/CAM 软件系统创造了物质条件。

设计者在 CAD/CAM 系统中起着关键作用。目前,各类 CAD/CAM 系统基本都采用人-机交互的工作方式完成 CAD/CAM 的各种功能。设计者在设计策略、信息组织,以及经验、创造性和灵感思维方面占有主导地位,起着不可替代的作用。

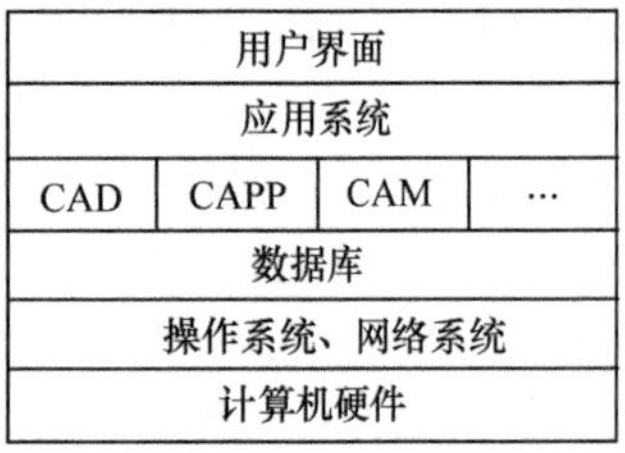

用户界面			
应用系统			
CAD	CAPP	CAM	…
数据库			
操作系统、网络系统			
计算机硬件			

图16-2 CAD/CAM 系统总体结构

CAD/CAM 系统将实现设计和制造各功能模块之间的信息传输和存储,并对各功能模块运行进行管理和控制。其总体结构如图 16-2 所示。完善的 CAD/CAM 系统应具有快速数字计算及图形处理能力、大量数据和知识的存储及快速检索与操作能力、人-机交互通信的功能、输入/输出信息及图形的能力等功能。

3. 产品生产过程与 CAD/CAM 过程链

产品生产过程一般包括产品设计、工艺设计、加工检测和装配调试过程,每一过程又划分为若干个阶段,如图 16-3 所示。从各过程、各阶段可以看出,随着信息技术的发展,计算机获得不同程度应用,并形成了相应的 CAD/CAPP/CAM 过程链。按顺序生产观点,这是一个串行的过程链,但按并行工程的观点考虑到信息反馈,这也是一个交叉、并行的过程。

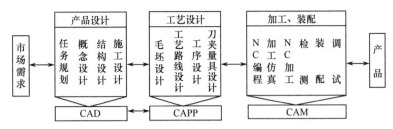

图 16-3　产品生产过程及 CAD/CAM 过程链

随着科技的进步和市场的需求,CAD/CAM 技术仍在进步和继续发展,发展的主要趋势是集成化、并行化、智能化、虚拟化、网络化和标准化。

16.3　工业机器人

16.3.1　概述

工业机器人是整个制造系统自动化的重要设备之一,也是当前机电结合的高技术产物。它不仅能减轻人的体力劳动,尤其能代替人在危险、有害的条件下进行作业,使自动化制造系统具有更多的工作机能。

机械手(Mechanical Hand)是一种具有固定的手部、按给定程序实现抓取、搬运等工作的用于固定工位的自动化装置,如自动线、自动机的上、下料装置,加工中心的自动换刀装置。它一般带有一定的专用性,在机械制造工业中得到了广泛的应用。

工业机器人是一种能模拟人的手、臂的部分动作,按照预定的程序、轨迹及其他要求,实现抓取、搬运工件或操纵工具执行多种作业的自动化系统。机器人(Robot)比机械手更完善,功能更多,甚至具有视觉、触觉、听觉、嗅觉和智能等。

21 世纪机器人的发展已不局限于本身,而是机器人技术与相关领域的融合与快速发展,形成了包括机构学、控制学、传感器、视觉、遥控技术及智能技术在内的机器人学。在机械制造自动化的发展进程中,机械手和工业机器人日益成为生产机械化和自动化的重要组成部分。

16.3.2　工业机器人的组成

工业机器人一般由执行系统、控制系统、驱动系统和检测装置等组成,如图 16-4 所示。

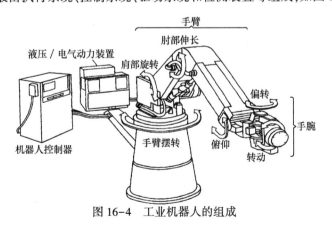

图 16-4　工业机器人的组成

1. 执行系统

执行机构是一种具有与人手相似的动作功能,可在空间抓放物体或执行其他操作的机械装置,通常包括末端执行器、手腕、手臂和机座。

(1) 末端执行器。末端执行器(或称手部)是机器人直接执行工作的装置,安装在其手腕或手臂的机械接口上。根据用途可分为机械夹紧、真空抽吸、液压夹紧、磁力吸附、专用工具和多指灵巧手等。图16-5所示为多指灵巧手。

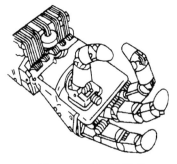

图16-5 多指灵巧手

(2) 手腕。手腕是连接手臂与末端执行器的部件,用以调整或改变末端执行器的方位和姿态。

(3) 手臂。手臂是支承手腕和末端执行器的部件。它由动力关节和连杆组成,用来改变末端执行器的空间位置。

(4) 机座。机座是工业机器人的基础部件,并承受相应的载荷。机座分为固定式和移动式两类。

2. 控制系统

控制系统用来控制工业机器人按规定要求动作,并记忆给予的指令信息(作业顺序、运动路径、运动速度等),可分为开环控制系统和闭环控制系统。

大多数工业机器人采用计算机控制,分成决策级、策略级和执行级三级。决策级是识别环境、建立模型、将作业任务分解为基本动作序列;策略级是将基本动作变为关节坐标协调变化的规律,分配给各关节的伺服系统;执行级是给出各关节伺服系统的具体指令。

3. 驱动系统

驱动系统是按照控制系统发出的控制指令进行放大处理,驱动执行系统的传动装置。其常用的有电气、液压、气动和机械等四种方式。

4. 检测装置

检测装置是通过配置的传感器(位置、力、触觉、视觉等)检测机器人的运动位置和工作状态,并及时反馈给控制系统,以便执行系统按给定的要求和指定的精度作业。

16.3.3 工业机器人的分类

机器人的分类方法很多,这里仅介绍按坐标形式、控制方式和信息输入方式分类的方法。

1. 按坐标形式分类

坐标形式是指执行系统的手臂在运动时所取的参考坐标系的形式。

(1) 直角坐标式。直角坐标机器人的末端执行器(或手部)在空间位置的改变是通过三个互相垂直的轴线移动来实现的,即沿 X 轴的纵向移动、沿 Y 轴的横向移动及沿 Z 轴的升降,如图16-6(a)所示。这种机器人位置精度最高,控制无耦合、简单,避障性好,但结构较庞大,动作范围小,灵活性差。

(2) 圆柱坐标式。圆柱坐标机器人是通过两个移动和一个转动来实现末端执行器空间位置的改变,其手臂的运动由在垂直立柱的平面伸缩和沿立柱的升降两个直线运动及手臂绕立柱的转动复合而成,如图16-6(b)所示。这种机器人位置精度较高,控制简单,避障性好;但结构较庞大。

(3) 极坐标式。极坐标机器人手臂的运动由一个直线运动和两个转动组成,即沿手臂方向 X 的伸缩,绕 Y 轴的俯仰和绕 Z 轴的回转,如图16-6(c)所示。这种机器人占地面积小,结构紧凑,位置精度尚可;但避障性差,有平衡问题。

(4) 关节坐标式。关节坐标机器人主要由立柱、大臂和小臂组成,立柱绕 Z 轴旋转,形成腰关节,立柱和大臂形成肩关节,大臂和小臂形成肘关节,大臂和小臂做俯仰运动,如图16-6(d)所示。

这种机器人工作范围大,动作灵活,避障性好,目前应用越来越多;但位置精度较低,有平衡问题,控制耦合比较复杂。

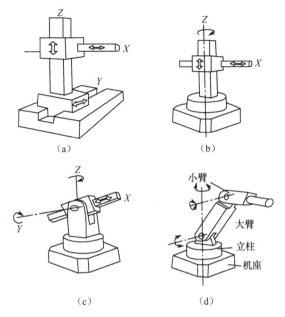

图 16-6　工业机器人的分类

(a) 直角坐标式;(b) 圆柱坐标式;(c) 极坐标式;(d) 关节坐标式。

2. 按控制方式分类

(1) 点位控制。采用点位控制的机器人,其运动为空间点到点之间的直线运动,不涉及两点之间的移动轨迹,只在目标点处控制机器人未端执行器的位置和姿态。这种控制方式简单,适用于上下料、点焊等作业。

(2) 连续轨迹控制(Continuous Path)。采用连续轨迹控制的机器人,其运动轨迹可以是空间的任意连续曲线。机器人在空间的整个运动过程都要控制,末端执行器在空间任何位置都可以控制姿态。这种控制方式适用于喷漆、弧焊等作业。

3. 按信息输入方式分类

(1) 人操作机械手。是一种由操作人员直接进行操作的具有几个自由度的机械手。

(2) 固定程序机器人。按预先规定的顺序、条件和位置,逐步地重复执行给定作业任务的机械手。

(3) 可变程序机器人。它与固定程序机器人基本相同,但其工作次序等信息易于修改。

(4) 程序控制机器人。它的作业任务指令是由计算机程序向机器人提供的,其控制方式与数控机床一样。

(6) 示教再现机器人。这类机器人能够按照记忆装置存储的信息来复现由人示教的动作。其示教动作可自动地重复执行。

(7) 智能机器人。采用传感器来感知工作环境或工作条件的变化,利用自身的决策能力,完成相应的工作任务。

16.3.4　工业机器人的应用与发展

工业机器人最初的应用主要是对人体有危险或者有危害的操作环境,如加热炉中的零件取放,有毒材料的处理及在核能、海洋和太空探索等方面。目前,工业机器人已越来越多地应用于机械制造、汽车工业、金属加工、电子工业、塑料成型等行业,如零件的搬运和装卸,喷漆,点焊和弧焊,装配,飞机机翼上钻孔、去毛刺和抛光等机械加工操作,检验,激光切割,擦玻璃,高压线作业,服装裁剪,制衣,管道作业等。

焊接机器人是机器人的主要用途之一,按焊接作业的不同分为点焊和弧焊作业。传统的点焊机虽然可以减轻人的劳动强度,焊接质量也较好,但夹具和焊枪位置不能随零件的改变而变化。点焊机器人可通过重新编程来调整空间点位,也可通过示教形式获得新的空间点位,来满足不同零件的需要,特别适宜于小批量多品种的生产环境。弧焊作业由于其焊缝多为空间曲线,采用连续轨迹控制的机器人可代替部分人工焊接。图 16-7 所示为一个典型的焊接机器人。

喷漆机器人能够避免危害工人健康,提高喷涂质量和经济效益,在喷漆作业中应用日趋广泛。由于喷漆机器人具有编程能力,因此它可适应各种喷漆作业。

随着机器人智能程度的提高,装配机器人可以实现对复杂产品的自动装配。目前,装配机器人的定位精度已达到 $0.01 \sim 0.05$ mm。采用具有触觉反馈的柔性手腕的装配机器人,可装配间隙为0.01mm、深度达30mm的轴和孔,即使轴心位置仅几毫米的偏差,也能进行自动补偿,准确装入零件,作业时间可控制在4s之内。图 16-8 所示为采用装配机器人装配小型电机轴承与端盖的示意图。装配机器人动作顺序为:抓住滑槽上供给的端盖;把端盖移到装配线上;解除机械连锁,使顺序性机构起作用;靠触觉动作,探索插入方向,使端盖下降;配合作业完成后,解除顺序性机构作用,恢复机械连锁;移动到滑槽上,重复以上动作。

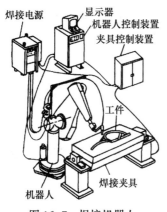

图 16-7　焊接机器人

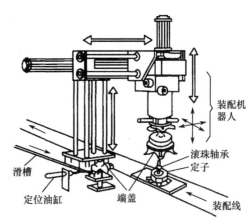

图 16-8　装配机器人装配小型电机轴承与端盖

近年来,机器人技术的发展趋势呈现了如下特征:

(1) 提高工作速度和运动精度,减少自身质量和占地面积。

(2) 加快机器人部件的标准化和模块化,将各种功能(回转、伸缩、俯仰、摆动等)机械模块、控制模块、检测模块组合成结构和用途不同的机器人。

(3) 采用新型结构(微动机构、多关节手臂、类人手指、新型行走机构等)以适应各种作业需要。

(4) 研制各种传感检测装置(视觉、触觉、听觉和测距传感器等)来获取有关工作对象和外部环境的信息,使其具有模式识别的能力。

(5) 利用人工智能的推理和决策技术,使机器人具有问题求解、动作规划等功能。

21 世纪随着虚拟现实技术、人工神经网络技术、遗传算法、仿生技术、多传感器集成技术及纳米技术的崛起,现代机器人技术将发展到一个更高的水平。

16.4 自动检测技术

16.4.1 概述

检测是企业产品质量管理的技术基础,也是制造系统不可缺少的一个重要组成部分。在机械加工过程中应用检测技术,可以保障高投资自动化加工设备的安全和产品的加工质量,避免重大的加工事故,提高生产率和机床设备的利用率。因此,检测技术是机械制造系统不可缺少的部分,在机械制造领域中占有十分重要的地位。

随着现代制造技术、自动控制技术、计算机技术、人工智能技术及系统工程技术在机械制造领域内广泛深入的应用,以及各种新型刀具、材料及昂贵的加工设备的使用更加大了检测的难度,传统的人工检测技术已远远不能满足生产加工的要求,促使自动化检测技术和识别技术得到蓬勃的发展,如基于电流信号刀具磨损状态检测、基于时序分析刀具破损状态识别,以及基于人工神经网络刀具磨损状态识别、多专家系统智能设备监测与诊断技术等。

检测一般可分为人工检测和自动检测两种。人工检测主要是人操作检测工具,收集分析数据信息,为产品质量控制提供依据;而自动检测则是借助于各种自动化检测装置和检测技术,自动、灵敏地反映被测工件及设备的参数,为控制系统提供必要的数据信息。自动检测是自动化生产过程中一个重要环节,对保证自动化生产的产品质量具有重大意义。

16.4.2 自动检测原理与方法

自动检测是指检测过程中一个或多个检测阶段的自动化。它主要包括自动化传送和装卸被测件、自动完成检测过程、传送或装卸与检测过程全部自动化三种类型。

自动检测通常是在线的,检测器具、装置或工作站在空间上集成于制造系统中。根据检测的实时性,自动检测可分为在线或过程中检测和在线或过程后检测两种类型。在线或过程中检测是指在制造过程中同时进行检测,由于没有时间滞后,可以对正在加工的零件质量缺陷实时进行修正和补偿。但在线或过程中检测技术复杂,投资较大,因而主要用在少数质量瓶颈工序。在线或过程后检测是指在制造过程完成后进行的在线检测,因为有较短时间的滞后,故在保证产品质量一致性方面不如前者。但由于技术难度较小,加之可实现100%的自动检测,仍是自动化生产中进行质量控制的一种有效方法,并得到广泛采用。

自动检测多采用传感器或传感器与计算机反馈控制系统。所用传感器可分为接触式和非接触式两类。接触式传感器主要用于检测物理尺寸、形状或相互位置关系,常用的有接触或触针型传感器和三坐标测量机(CMM)。非接触式传感器不与被测件直接接触,因而可以消除物体接触变形等缺陷,并可缩短传感时间,且一般不需要被测件安装(定位和夹紧)。非接触式传感器主要有光视法和非光学传感两种形式。光视法是指利用各种光源或激光束进行检测,非光学传感则有多种形式,如利用电场、磁场、电涡流、容栅、射线束、超声等物理量进行检测。

计算机技术和电子技术的发展应用对自动检测领域产生了重大影响,它使自动检测的范畴,从被加工工件尺寸和几何参数的静态检测,扩展到对加工过程各个阶段的质量控制;从对工艺过程的监测扩展到实现最佳条件的自适应控制检测。

在机械制造业中,测量的主要对象是机械零件,检测内容主要有:①零件表面的尺寸、形态和位置误差;②零件表面粗糙度;③零件材质(表面硬度,夹砂缺陷等)。

随着自动化检测技术的发展,各种各样的自动化检测装置也应运而生。机械制造过程所使用的自动化检测装置的范围极其广泛。根据不同需要制造各种自动检测装置,如用于工件的尺寸、形状检测用的定尺寸检测装置、三坐标测量机、激光测径仪,以及气动测微仪、电动测微仪和采用电涡流方式的检测装置;用于工件表面粗糙度检测用的表面轮廓仪;用于刀具磨损或破损的监测用的噪声频谱、红外发射、探针测量等测量装置,也有利用切削力、切削力矩、切削功率对刀具磨损进行检测的测量装置。它们的主要作用在于全面、快速地获得有关产品质量的信息和数据。

16.4.3　三坐标测量机

坐标测量是一种通用数字化间接测量技术,它以直角坐标为参考系,检测机械零件轮廓上各被测点的坐标值,并对其数据群进行处理,求得零件各几何元素形位尺寸的检测方法。实施坐标测量的设备是坐标测量机(Coordinate Measuring Machine, CMM)。

三坐标测量机是现代加工自动化系统的基本设备。它不仅可以在计算机控制的制造系统中直接利用计算机辅助设计和制造系统中的工件编程信息对工件进行测量和检验,构成设计-制造-检验集成系统,而且能在工件加工、装配的前后或过程中,给出检测信息并进行在线反馈处理。

1. 坐标测量原理及方法

坐标测量是对那些充分表征零件几何要素的坐标点数据群做数值分析并计算出形位尺寸或型面曲线函数的过程。对坐标测量的计算值所组成的总体或样本做数理统计,可求出制造过程的质量评估值。在坐标测量机上,从建立机床绝对坐标系到测量结果输出的整个数据流程如图16-9所示。

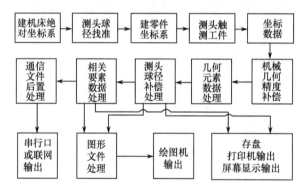

图16-9　坐标测量数据流程框图

2. 三坐标测量机的结构

三坐标测量机由安装工件的工作台、三维测量头、坐标位移测量装置、计算机数控装置和软件系统等组成,如图16-10所示。

为了得到很高的尺寸稳定性,三坐标测量机的工作台、导轨和横梁往往多采用高质量的花岗岩制成。万能三维测量头的头架与横梁之间,则采用低摩擦的空气轴承连接。在数控程序的控制下,三维测量头沿被测工件表面移动,移动过程中,三维测量头及光学的或感应式的测量系统将工件的尺寸记录下来,计算机根据记录的测量结果,按给定的坐标系统计算被测尺寸。

三维测量头三坐标测量机重要的部件。三坐标测量机的工作效率和精度与测量头密切相关。测量头是一种传感器,其结构、种类、功能比一般传感器复杂。按其结构原理测量头可分为机械式、光学式和电气式三种。由于测量的自动化要求,新型测量头主要采用电磁、电触、电感、光电、压电及激光等原理。按测量方法,测量头可分为接触式和非接触式两类。测量头座有固定式和旋转式两种。

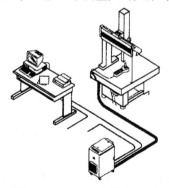

图16-10　三坐标测量机组成

小型三坐标测量机的每个轴测量范围约在 500mm 以内。中型三坐标测量机的每个轴测量范围为 500~2000mm。大型三坐标测量机的每个轴测量范围大于 2000mm。

低精度的三坐标测量机主要是具有水平臂的三坐标划线机。中等精度及一部分低精度三坐标测量机常称为生产型，在车间或生产线上使用，也有一部分在实验室使用。高精度的三坐标测量机称为精密型或计量型，主要在计量室使用。

三坐标测量机的结构形式主要有悬臂式、桥式、立柱式和龙门式四种，如图 16-11 所示。

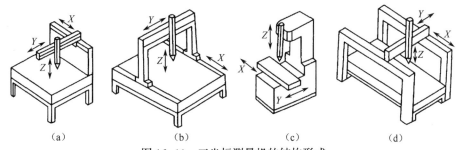

图 16-11　三坐标测量机的结构形式
(a) 悬臂式；(b) 桥式；(c) 立柱式；(d) 龙门式。

3. 三坐标测量机的控制与编程

三坐标测量机的控制方式有手动控制、计算机辅助手动控制和计算机直接控制三种方式。手动控制方式是操作者手动操作测头与被测件表面接触。测头设计成自由浮动的，可沿三个坐标运动，测量结果由数显装置显示，人工记录显示结果，并进行数据计算和处理。计算机辅助手动控制方式仍是手动操作测头，但数据处理和相关计算则由计算机完成。计算机直接控制方式与 CNC 机床的控制类似，由计算机通过编程完成各坐标轴的运动控制和测量数据的记录与处理。

计算机直接控制方式通常采用示教再现编程法和数控编程法两种方式。示教再现编程法是操作者操作测头完成测量运动，计算机自动记录此过程，并可再现测量程序。数控编程法与数控机床编程类似，其控制语句包括运动指令、测量指令和报告格式指令等。运动指令控制三维测量头完成测量三维运动；测量指令控制检测动作，调用各种数据处理和计算程序；报告格式指令控制测量结果的输出报告内容和格式。

三坐标测量机的实测数据可以通过 DNC 系统由上级计算机传送至机床本身的计算机控制器，修正数控程序中的有关参数（轮廓铣削时铣刀直径等），补偿机床的加工误差，保证机械加工系统具有较高的加工精度。

4. 三坐标测量机的特点

三坐标测量机在机械领域的基本应用是三维测量头与被测件表面接触点的 X、Y、Z 坐标值。通过计算和数据处理，可以完成多个项目的测量，见表 16-1。

表 16-1　三坐标测量机可测量的基本项目

可完成的测量项目	测 量 原 理
尺寸	由两个给定面坐标的差值确定尺寸
孔径与孔中心线坐标	测量孔表面上 3 点，通过计算确定孔径与孔中心线坐标
圆柱体轴心线与直径	测量圆柱面上 3 点，通过计算确定圆柱体轴心线与直径
球心坐标与球面半径	测量球面上 4 点，通过计算确定球心坐标与球面半径
平面度	用 3 点接触法测定，与理想平面比较确定平面度
两平面夹角	按平面上 3 个触点最小值规定平面，再计算夹角
两平面的平行度	根据两平面交角确定平行度
两条线的交点与交角	先确定两线夹角，再测定交点

三坐标测量机进行测量具有以下特点：

（1）测量效率高。通常使用三坐标测量机的测量时间仅为人工测量时间的 5% ~ 10%，对于复杂零件的测量，效率提高更为明显。

（2）测量柔性大。可完成不同工件的不同项目测量，易于变换测量对象。

（3）测量精度高。三坐标测量从设计、制造到装调与使用均有较高的要求，使其测量精度高于一般计量器具。

（4）操作误差少。可以减少被测件安装和测量的人为误差等。

5. 三坐标测量机的应用

三坐标测量机适用于空间尺寸复杂及精度要求高的零件测量。在工业生产中广泛应用。三坐标测量常应用于以下零件的测量。

（1）机床、内燃机、建筑机械、航空机械等中的箱体类零件。

（2）各种壳体零件、铸件、冲压件、锻压件的测量。

（3）各种模具如金属模具、塑料模具等的几何尺寸和形位公差的测量。

（4）焊接件的测量。

三坐标测量机最适于生产线的在线检测，用最小的时间滞后检测出零件精度，保证正常生产。三坐标测量机在生产线上应用分为加工前测量和加工后测量两种。加工前测量的主要目的是测量毛坯在托盘上的安装位置、毛坯尺寸是否正确。加工后测量是测量零件的加工尺寸和相互位置精度后，送至装配工序或生产线上其他加工工序。对于多品种、中小批量生产线，如 FMS 生产线，多采用测量功能丰富、系统易于扩展的 CNC 三坐标测量机。

自动化检测技术不仅是现代制造系统中质量管理分系统的技术基础，而且已成为现代制造加工系统不可缺少的一个重要组成部分。因此，发展高效的、自动检测产品质量及其制造过程状态的技术和相应的检测设备，是发展高效、自动化生产的前提条件之一。

16.5　自动生产线

自动生产线简称自动线，一般多指大量生产的专用刚性自动系统，它是一组用运输机构联系起来的由按既定工艺顺序排列的若干台自动机床（或工位）、工件存放装置及统一自动控制装置等组成的自动加工系统。在自动生产线的工作过程中，工件以一定的生产节拍，按照工艺顺序自动地依次经过各个加工工位进行连续加工，不需要工人直接参与操作，自动地完成预定的加工内容。早在20 世纪 40 年代就已经出现，成为大量生产的重要手段，在汽车、拖拉机、轴承等制造业中应用十分广泛。

1.自动化生产线的组成

自动生产线由工艺装备系统、工件传输系统、控制系统、检测系统和辅助系统等组成，各个系统中又包括各类设备和装置，如图 16-12 所示。由于工件类型、工艺过程和生产率等的不同，自动线的结构和布局差异很大，但其基本组成部分都是大致相同的。

自动线按所选用的机床类型，分为通用机床、组合机床、专用机床、回转工作台机床自动线四类。图 16-13 所示是由三台组合机床组成的加工箱体零件的自动线。自动线中有转台和鼓轮，使工件转位以便进行多面加工。

2.自动化生产线的布局

自动线的布局形式组成如图 16-14 所示。由于工件类型、工艺过程、生产率的不同，自动线的结构差异较大，但基本组成部分相同。较长的自动线一般都分成若干段，段与段之间配置储料装置，以免因故造成全线停车，从而保证自动线工作。

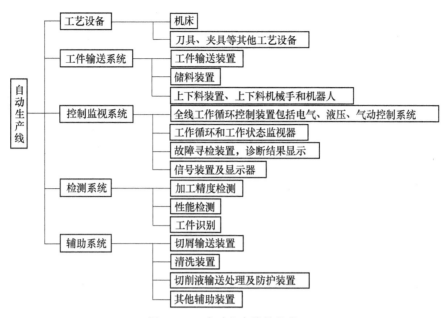

图 16-12 自动生产线的组成

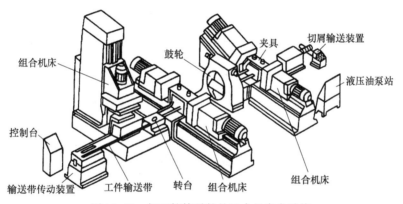

图 16-13 加工箱体零件的组合机床自动线

3.自动化生产线的应用

自动生产线能减轻工人的劳动强度,显著提高劳动生产率,改善劳动条件,减少设备布置面积,缩短生产周期,缩减辅助运输工具,减少非生产性的工作量,建立严格的工作节奏,产品质量稳定可靠,在大量生产条件下降低了产品成本。但自动生产线的加工对象通常是固定不变的,或在较小的范围内变化,而且在改变加工品种时要花费许多时间进行人工调整,且初始投资较多,因此只适用于固定产品的大量生产,不适用于多品种、小批量生产的自动化。

20 世纪 90 年代后,自动生产线已达到大规模、短节拍、高生产率和高可靠性及综合化。一条加工中等尺寸复杂箱体的自动生产线可以包括几十台机床和设备,分工段与工区连续运转,节拍时间为 15~30s。一条加工汽缸盖的自动生产线可期望年产量达 100 万件。一条加工轴承环的自动生产线年产量可达 500 万件。采用班间计划换刀,可使组合机床自动线常年三班制进行生产。除工件自动输送和自动变换姿势外,还可以实现线间的自动转装。除切削加工外,还可以进行滚压等无屑加工及其他精加工工序,以及中间装配、尺寸测量、高频淬硬、激光淬硬、铆接、质量及性能检测等工序,从而完成一个零件从毛坯上线到总装前的全部综合加工,并可实现几种同类零件混合在一

201

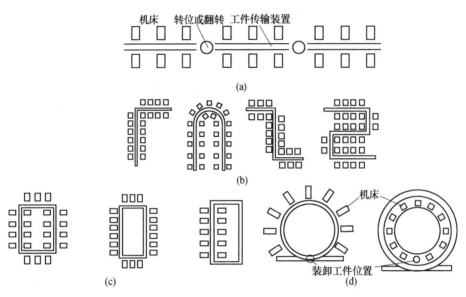

图 16-14 自动线的布局形式

条自动线上进行加工。

目前,自动生产线正朝着柔性自动生产线(FTL)和柔性制造系统(FMS)方向发展。柔性自动生产线是为了适应多品种生产,将专用机床组成的自动生产线改用数控机床或由数控操作的组合机床组成的自动生产线。它的工艺基础是成组技术,一般针对某种类型(族)零件,按照成组加工对象确定工艺过程,选择适宜的数控加工设备和物料储运系统,可以有一定的生产节拍,是可变加工生产线。一般柔性自动线由数控机床、专用机床及组合机床和托板(工件)输送系统及控制系统三部分组成。

16.6 柔性制造系统

16.6.1 概述

20 世纪 60 年代以来,多品种、小批量产品的生产已成为当今机械制造业的一个重要特征。柔性制造技术(Flexible Manufacturing Technology,FMT)是计算机技术在生产过程及其装备上的应用,是将微电子技术、智能技术与传统制造技术融合在一起,具有自动化、柔性化、高效率的特点,是目前自动化制造系统的基本单元技术,是应对多品种、中小批量生产的制造自动化技术。

柔性制造技术有不同的应用形式,如柔性制造系统(FMS)、柔性制造单元(FMC)、柔性制造自动线(FML)、柔性装配单元(FAC)等。其中,FMS 是最常用的、也是最具有代表性的使用柔性制造技术的制造自动化系统。

16.6.2 柔性制造单元

柔性制造单元(Flexible Manufacturing Cell,FMC)是由计算机直接控制的自动化可变加工单元,它是由 1~2 台加工中心或具有自动交换刀具和工件功能的数控机床和工件自动输送装置组成。典型的结构有两类:①由单台卧式或立式加工中心和环形(圆形或椭圆形)托盘输送装置(又称托盘库)构成,主要用于加工箱体、支座等非回转零件;②由单台车削中心和机器人构成,主要用于加工轴、盘等回转体类零件。

图 16-15 是由一台加工中心和一台 10 工位环形自动交换托盘库组成的柔性制造单元。更换工件由加工中心上的托盘交换装置和环形托盘库协调配合完成。10 个托盘可同时沿托盘库的椭圆形轨道运行,实现托盘的输送和定位。待加工工件由操作工人装入托盘夹具中,托盘连同工件一道由托盘库输送装置运送到靠近加工中心的工位,再由托盘交换装置将托盘送

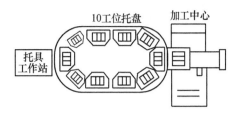

图 16-15　具有托盘交换系统的 FMC

到机床加工部位;工件加工好后,由托盘交换装置将其送回托盘库,并由托盘库输送装置送回。托盘的选择和定位由可编程控制器控制,托盘库具有正反向回转、随机选择及跳跃分度等功能。更换刀具是由加工中心上的换刀机械手和刀具库执行。

图 16-16 所示是由数控机床、工业机器人和其他外围设备构成的柔性制造单元。它以数控机床为主体,对零件进行加工,工业机器人负责从机床和工作台架上装卸工件。工作台架用于存放待加工的或已加工的工件,并具有自动循环功能,将堆放的工件自动移至所需的位置。监控装置则对数控机床的工作状态进行监视和控制,发现故障(过载、刀具损坏等)立即停机。检测装置根据传感器对工件检测的数据与系统的检测信息进行比较,判断是否合格,若不合格,便将数据反馈给机床,以修正加工信息。单元控制器将柔性制造单元中的数控机床、工业机器人和其他有关设备有机地联系在一起,实现对整个制造单元的控制。

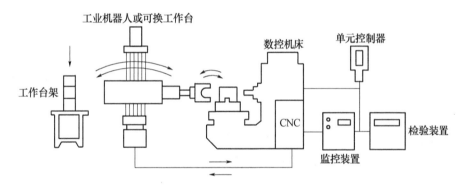

图 16-16　工业机器人和数控机床组成的 FMC

柔性制造单元具有以下特点:

(1) 与刚性自动化生产线相比,具有一定的生产柔性,在同一零件组(族)内更换工件时,只需变换加工程序,无需对加工设备做重大调整。

(2) 与柔性制造系统相比,它占地面积少,系统结构不很复杂,投资不大,可靠性较高,使用及维护较简便。

柔性制造单元常用于中批量生产规模和产品品种变化不大的场合。柔性制造单元具有相对的独立性,它既可以作为大型制造系统中的基本模块,能完整地完成大系统中的一个规定功能;也可以作为独立运行的生产设备单独承担任务,进行自动加工。

16.6.3　柔性制造系统

柔性制造系统(Flexible Manufacturing System, FMS)由两台以上数控机床或加工中心、工件储运系统、刀具储运系统和多层计算机控制系统组成,是由计算机集中管理和控制的灵活多变的高度自动化加工系统。

1. 柔性制造系统的组成

FMS 主要是由多工位的数控加工系统、自动化物料输送、存储系统和计算机控制的信息系统组成,如图 16-17 所示。

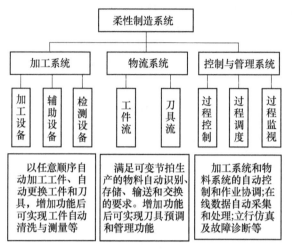

图 16-17 FMS 的组成

(1)数控加工系统是由可自动换刀的数控机床、数控加工中心或车削中心组成。待加工工件的类别及技术要求将决定 FMS 所采用的设备形式。

(2)物料输送和存储系统是由存储、输送和装卸三个子系统组成,用以实现工件及工夹具的自动供给和装卸,以及完成工序间的自动传送、调运和存储工作。该系统包括各种传送带、自动导引小车、工业机器人及专用吊运送机等。

(3)计算机控制的信息系统是用于处理 FMS 的各种信息、输出控制 CNC 机床、物料搬运系统等自动操作所需的信息,是通过主控计算机或分布式计算机系统来实现主要控制功能的。根据 FMS 的规模大小,信息系统的复杂程度将有所不同。

2. 柔性制造系统的工作原理

柔性制造系统的工作原理如图 16-18 所示。

图中的 FMS 主要由两部分组成:① 硬件部分,包括制造单元(数控机床、工业机器人等)及其辅助设备(随行工作台站、工具夹具站等),以及物流系统(无人输送小车、自动化仓库等);② 软件部分,包括产品制造信息、数控机床加工程序,以及其他计算机控制程序等。各部分工作情况如下:

(1)主计算机。用于企业生产计划、原材料购入、计算机辅助设计、人力资源管理、客户管理等,并对下一级控制计算机进行管理与控制。

(2)控制计算机。用于对整个 FMS 实施控制,包括对制造单元、物流系统进行控制等。

(3)计算机网络。用于整个 FMS 中各制造单元、物流系统的信息通信。

(4)制造单元。它是 FMS 的核心,由数控机床、机器人等组成。

(5)工具夹具站。它是工具和夹具的集中管理站点。

(6)自动化仓库。用于毛坯、半成品及成品的自动存储与调度。

(7)无人输送小车。它是连接各加工机床和自动化仓库之间的输送工具,并完成零件的搬运和出入库等工作。

(8)随行工作台站。它是在无人输送小车和制造单元之间传递零件的载体,用于暂存毛坯或已加工零件。

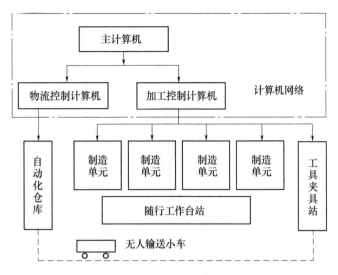

图 16-18 FMS 工作原理

3. FMS 的特点

柔性制造系统与传统的制造系统比较,有许多突出的特点:

(1) 具有高度的柔性,能自动完成不同品种、不同结构、不同位置、不同切削方式的零件的加工。

(2) 具有高度的自动化,能自动传输、储存、装卸物料,实现自动更换工件、刀具、夹具,并进行自动检验。

(3) 具有高度的稳定性和可靠性,能自动进行工况诊断和监视,保证质量和安全工作。如尺寸精度的控制和补偿,刀具磨损、破损的监测和处理等。

(4) 具有高效率、高设备利用率,能全面处理信息,进行生产、工程信息的分析,编制生产计划、调度和管理程序,实现可变加工和均衡生产。

4. FMS 应具有的功能

FMS 是在成组技术(Group Technology,GT)、计算机技术、数控技术、CAD 技术、机电一体化技术(Mechatronics)、模糊控制技术、智能传感器技术、人工神经网络技术(Artificial Neural Network,ANN)和虚拟现实(Virtual Reality,VR)及计算机仿真技术等基础上发展起来的,具有以下主要功能:

1) 自动完成多品种、多工序工件的加工功能

这是依靠计算机控制的数控机床群来实现的,其中包括自动更换刀具、自动安装工件、切削液的自动供应和切屑的自动处理等。

2) 自动输送和储料功能

这是由各种自动输送设备(环形输送托板、传输装置、无轨小车、工业机器人等)和自动化储料仓库如毛坯仓库、中间仓库、零件仓库、夹具仓库、刀具仓库等)来实现的。

3) 自动诊断功能

这是由系统工况监视功能、指令和恢复功能组成的。监视功能(监控功能)是通过各类传感器来测量、控制加工精度,监视刀具的磨损或破损,以保证加工的顺利进行。指令和恢复功能是计算机发出工作指令来补偿加工精度、更换磨损或破损刀具的功能。

4) 信息处理功能

这是对所需信息进行综合、控制,主要有:①编制生产计划及生产管理程序,实现可变加工而又

均衡生产;②编制数控机床、输送装置、储料装置及其他设备的工作程序,实现自动加工;③生产、工程信息的论证及其数据库的建立。

柔性制造系统实现了集中控制和实时在线控制,缩短了生产周期,解决了多品种、中小批量零件的生产率和系统柔性间的矛盾,具有较低的生产成本,是发展应用最广的现代制造系统。

复习思考题

1. 简述机械制造自动化技术的发展阶段。机械制造自动化的主要内容有哪些?
2. 简述 CAD/CAM 的基本概念及功能。
3. 与传统设计制造方法相比,阐述 CAD/CAM 的工作特点。
4. 简述工业机器人的定义、组成及其作用。
5. 机器人有哪几种分类方法? 按信息输入方式分类,机器人有哪几种?
6. 简述自动检测技术的概念、分类和在机械制造业的应用。
7. 简述三坐标测量机的工作原理、特点和主要用途。
8. 简述自动生产线的组成及应用。
9. 简述 FMS 的组成和主要特点。

附录 A 重要术语中英文对照表

第1篇 工程实训基础知识

制造	Manufacturing or Manufacture
制造过程	Manufacturing Process
制造技术	Manufacturing Technology
粉末冶金	Power Metallurgy
快速成形制造	Rapid Prototyping
制造系统	Manufacturing System
可重组制造系统	Reconfigurable manufacturing system, RMS
标准化	Standardization
互换性	Interchangeability
精度	Accuracy
产品开发	Product Development
产品质量	Product Quality
性能	Performance
寿命	Life
可信性	Credibility
安全性	Security
经济性	Economy
工程技术	Engineering Technology
工程经济学	Engineering Economics
环境污染	Environmental Pollution
清洁生产	Clean Production
国际标准化组织	International Standardization Organization, ISO
环境管理体系	Environment Management System, EMS
金属材料	Metallic Materials
工程材料	Engineering Materials
碳素钢	Carbon Steel
合金钢	Alloy Steel
铸铁	Cast Iron
灰铸铁	Gray Cast Iron
球墨铸铁	Ductile Iron
可锻铸铁	Malleable Iron

黄铜	Brass
青铜	Bronze
铝	Aluminum
工程塑料	Engineering Plastic
环氧塑料	Epoxy Plastics
合成橡胶	Synthetic Rubber
陶瓷	Ceramic
氧化铝陶瓷	Alumina Ceramic
氮化硅陶瓷	Silicon nitride Ceramic
氮化硼陶瓷	Boron nitride Ceramic
玻璃纤维	Fiberglass
复合材料	Composite materials
纳米材料	Nano-materials
强度	Strength
塑性	Plasticity
硬度	Hardness
压头	Indenter
压痕	Indentation
冲击韧性	Sharp Toughness
热处理	Heat Treatment
热电偶	Thermocouple
退火	Annealing
正火	Normalizing
淬火	Quenching
回火	Tempering
表面热处理	Surface Heat Treatment
感应加热	Induction Heating
火焰加热	Flaming Heating
激光加热	Laser Heating
表面化学热处理	Surface Chemical Heat Treatment
摩擦	Friction
疲劳	Fatigue
弹性模量	Elastic Modulus

第 2 篇　材料成形技术

铸造	Casting
液态成形	Liquid State Shaped
砂型铸造	Sand Casting

石墨	Graphite
黏土	Clay
树脂	Resin
油脂	Grease
水泥	Cement
砂箱	Flask
型芯	Cores
浇注系统	Gating system
外浇口	Pouring Cup
直浇道	Sprue
横浇道	Runner
内浇道	Ingate
砂型	Sand Model
冒口	Riser
冷铁	Cold Metal
合型	Close Mould
熔炼	Melting
浇注	Pouring
落砂	Shakeout
清理	Clean Up
特种铸造	Special Casting
金属型铸造	Metal Mould Casting
熔模铸造	Investment casting
压力铸造	Pressure Casting
离心铸造	Centrifugal Casting
计算机辅助工程分析	Computer Aided Engineering, CAE
人工智能	Artificial Intelligence, AI
专家系统	Expert System, ES
计算机辅助生产管理	Computer Aided Production Management, CAPM
消失模铸造	Expandable Pattern Casting
锻造	Forging
冲压	Stamping
自由锻	Free Forging
胎模锻	Blocker-type Forging
模锻	Die Forging
剪切	Shearing
冲程	Stroke
精密模锻	Precision Forging
粉末冶金	Powder Metallurgy

有限元方法	Finite Element Method，FEM
焊接	Welding
压力焊	Pressure Welding
钎焊	Soldering
焊条电弧焊	Electrode Welding
焊接电弧	Welding Arc
焊条	Electrode
焊接接头	Welding Joint
对接	Butt
搭接	Lapping
角接	Corner
T 字接	T-Joint
坡口	Groove
国家标准	National Standard
平焊	Flat Welding
立焊	Vertical Welding
横焊	Horizontal Welding
仰焊	Overhead Welding
焊接工艺参数	Welding Condition
焊接电流	Welding Current
焊接速度	Welding Speed
弧长	Length Of Arc
引弧	String The Arc
运条	Moving Electrode
气焊	Gas Welding
气割	Gas Cutting
等离子弧切割	Plasma Arc Cutting
埋弧自动焊	Submerged Arc Welding
气体保护焊	Gas Shielded Arc Welding
CO_2 气体保护焊	Carbon-Dioxide Arc Welding
氩弧焊	Argon Arc Welding
电阻焊	Resistance Welding
对焊	Butt Welding
点焊	Spot Welding
缝焊	Seam Welding
摩擦焊	Friction Welding
超声波焊	Ultrasonic Welding
等离子弧焊	Plasma Arc Welding
激光焊	Laser Welding

第3篇　切削加工技术

切削运动	Cutting Motion
主运动	Primary Motion
进给运动	Feed Motion
切削速度	Cutting Speed
进给量	Feed Per Revolution Or Stroke
切削深度	Depth Of Cutting
钢直尺	Steel Ruler
卡钳	Caliper
游标卡尺	Vernier Caliper
百分尺	Micrometer
百分表	Dial Indicator
量规	Gauge
塞尺	Thickness Gauge
直角尺	Square
车削加工	Turning Machining
主运动	Primary Motion
进给运动	Feed Motion
车床	Lathe
卧式车床	Engine Lathes
床身	Bed
主轴箱	Spindle Head
进给箱	Feed Box
溜板箱	Glide Box
光杠	Feed Rod
丝杠	Lead Screw
刀架	Tool Box
尾座	Tail Stock
花盘	Face Plate
心轴	Mandrel
中心架	Steady Rest
跟刀架	Follow Rest
台式车床	Bench Lathes
精车	Extractive Turning
前角	Rake Angle
后角	Clearance Angle
车削外圆	Turning Out Round
倒角	Chamfering
车削端面	Turning Front
车削锥面	Turning Taper Face
宽刀法	Brood Tool Method

小刀架转位法	Small Drag Board Indexing Method
偏移尾架法	Shift Tail Stock Method
靠模法	Alongside Template Method
车削成形面	Turning Shaped Face
车削螺纹	Turning Screw Thread
滚花	Knurling
铣削加工	Milling Machining
铣床	Miller
主轴	Principal Axis
升降台	Lifter Table
工作台	Table
分度头	Graduator
回转工作台	Rotating Table
键槽	Keyway
磨削加工	Grinding Machining
磨床	Grinder
外圆磨床	Column Grinder
平面磨床	Plane Grinder
砂轮	Grinding Wheel
磨料	Abrasive
外圆磨削	Column Grinding
平面磨削	Plane Grinding
钳工	Locksmith And Assemblage
划线	Lineation
锯削	Sawing
锉削	Filing
锉刀	File
钻孔	Drilling
麻花钻	Twist Drill
扩孔	Enlarging Hole
铰孔	Reaming Hole
铰刀	Reamer
攻螺纹	Tap
研磨	Mull
装配	Assemblage

第4篇 现代制造技术

数控	Numerical Control, NC
数控机床	NC Machine Tools
计算机数控	Computer Numerical Control, CNC
点位控制	Point to Point Control, PTPC

直线控制	Straight Line Control, SLC
连续控制	Contour Control, CC
可编程逻辑控制器	Program Logic Controller, PLC
数控编程	Numerical Control Programming, NCP
自动编程工具	Automatically Programmed Tool, APT
数控车床	CNC Lathe
数控铣床	CNC Milling Machine
加工中心	Machining Center, MC
自动换刀装置	Automatic Tool Changer, ATC
特种加工	Non-Traditional Machining
电火花加工	Electrical Discharge Machining, EDM
工具电极	Tool Electrode
工件电极	Work Electrode
脉冲放电	Pulse Discharge
电火花线切割加工	Wire Cut EDM, WEDM
激光加工	Laser Machining, LM
快速成形制造技术	Rapid Prototype Manufacturing, RPM
立体光刻	Stereo Lithography Apparatus, SLA
分层实体制造	Laminated Object Manufacturing, LOM
选择性激光烧结	Selective Laser Sintering, SLS
熔融堆积造型	Fused Deposit Manufacturing, FDM
微米印刷	Microlithography
微米零件制造	Microscale Parts
自动编程系统	Automatically Programmed Tools, APT
生产计划控制	Production Plan Control, PPC
计算机辅助设计	Computer Aided Design, CAD
计算机辅助工程分析	Computer Aided Engineering, CAE
计算机辅助制造	Computer Aided Manufacturing, CAM
计算机辅助工艺过程设计	Computer Aided Process Planning, CAPP
计算机辅助质量管理	Computer Aided Quality, CAQ
计算机辅助夹具设计	Computer Aided Fixture Design, CAFD
制造过程仿真	Manufacturing Process Simulation, MPS
机械手	Mechanical Hand
机器人	Robot
连续轨迹	Continuous Path
坐标测量机	Coordinate Measuring Machine, CMM
远程制造	Remote Manufacturing
柔性制造技术	Flexible Manufacturing Technology, FMT
柔性制造单元	Flexible Manufacturing Cell, FMC
成组技术	Group Technology, GT
机电一体化技术	Mechatronics
人工神经网络	Artificial Neural Network, ANN
虚拟现实	Virtual Reality, VR

参 考 文 献

[1] 刘英,袁绩乾.机械制造技术基础[M].北京:机械工业出版社,2011.

[2] 王爱珍.金属成形工艺设计[M].北京:北京航空航天大学出版社,2009.

[3] 蔡安江,孟建强.工程技术实践[M].北京:国防工业出版社,2009.

[4] 周文玉.数控加工技术[M].北京:高等教育出版社,2010.

[5] 蔡安江,张丽,王红岩.工业生产技术[M].北京:机械工业出版社,2010.

[6] 蔡安江.机械制造技术基础[M].北京:机械工业出版社,2007.

[7] 刘笃喜,王玉.机械精度设计与检测技术[M].2版.北京:国防工业出版社,2012.

[8] 万军.制造质量控制方法与应用[M].北京:机械工业出版社,2011

[9] 罗军明,谢世坤,杜大明.工程材料及热处理[M].北京:北京航空航天大学出版社,2010.

[10] 京玉海.金工实习[M].北京:北京航空航天大学出版社,2010.

[11] 林江.机械制造基础[M].北京:机械工业出版社,2008.

[12] 李作全,魏德印.金工实训[M].武汉:华中科技大学出版社,2008.

[13] 高琪.金工实习教程[M].北京:机械工业出版社,2012.

[14] 于兆勤,郭钟宇,何汉武.机械制造技术训练[M].2版.武汉:华中科技大学出版社,2012.

[15] 李新勇.数控加工实训[M].北京:机械工业出版社,2011.

[16] 宾鸿赞.先进制造技术[M].武汉:华中科技大学出版社,2010.

[17] 何雪明,吴晓光,刘有余.数控技术[M].武汉:华中科技大学出版社,2010.

[18] 左敦稳.现代加工技术[M].2版.北京:北京航空航天大学出版社,2009.

[19] 张平亮.数控机床原理、结构与维修[M].北京:机械工业出版社,2010.

[20] 王细洋.现代制造技术[M].北京:国防工业出版社,2010.

[21] 袁明伟.数控机床编程与操作[M].北京:北京航空航天大学出版社,2010.

[22] 冯宪章.先进制造技术[M].北京:北京大学出版社,2009.

[23] 王家忠.机床数控技术[M].北京:北京航空航天大学出版社,2009.

[24] 孙学强.机械制造基础[M].北京:机械工业出版社,2008.

[25] 熊良山.机械制造技术基础[M].武汉:华中科技大学出版社,2012.

[26] 闫占辉,刘宏伟.机床数控技术[M].武汉:华中科技大学出版社,2011.

普通高等教育"十三五"规划教材

工程训练

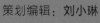

策划编辑：刘小琳
责任编辑：杨秋奎
封面设计：田晨晨

ISBN 978-7-121-33743-7

9 787121 337437 >

定价：38.00元

普通高等教育"十三五"规划教材

工程训练

（实习报告）

蔡安江　岳江　丁福志　主编

目　录

第一部分　工程材料与热处理实习报告

一、填空。

1. 工程材料是指 ＿＿＿＿＿＿＿＿＿＿＿＿＿＿，工程材料可分为 ＿＿＿＿＿＿、＿＿＿＿＿＿ 和 ＿＿＿＿＿＿材料。

2. 金属材料的机械性能主要有＿＿＿＿＿＿、＿＿＿＿＿＿、＿＿＿＿＿＿、＿＿＿＿＿＿和＿＿＿＿＿＿等,硬度值常用＿＿＿＿＿＿硬度和＿＿＿＿＿＿硬度表示。

3. 按钢中合金元素含量的高低,可将合金钢分为＿＿＿＿＿＿、＿＿＿＿＿＿和＿＿＿＿＿＿三类,合金钢又按用途可分为＿＿＿＿＿＿和＿＿＿＿＿＿。

4. HT200 牌号中"HT"表示＿＿＿＿＿＿＿＿,200 表示＿＿＿＿＿＿＿＿＿＿。

5. 钢的热处理的目的是＿＿＿＿＿＿＿＿＿＿＿＿＿＿＿＿＿＿。

6. 钢的热处理工艺由＿＿＿＿＿＿、＿＿＿＿＿＿和＿＿＿＿＿＿三个阶段所组成。

7. 淬火钢进行回火的目的是＿＿＿＿＿＿＿＿＿＿,回火温度越高,钢的强度和硬度越＿＿＿＿＿＿。

8. 表面热处理的目的是＿＿＿＿＿＿＿＿＿＿＿＿＿＿＿＿＿＿＿＿。

二、问答题。

1. 强度和塑性的工程意义是什么？各有哪些评定标准？

2. 风扇叶片应选用什么材料？试述理由。

3. 工件为什么要退火？什么情况下工件应选择正火处理？

4. 热处理炉分为哪几类？它们的特点是什么？

第二部分 铸造实习报告

一、下图为砂型铸造生产的全过程,请将空框内的名称填完整。

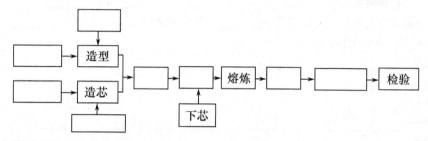

二、写出铸型上所指部位名称和作用。

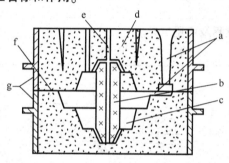

序号	名　称	作　　用
a		
b		
c		
d		
e		
f		
g		

三、填空。

1. 制造砂型用的材料主要有_____砂和_____砂,它们应具备的基本性能是_____、
_____、_____和_____等。

2. 挖砂造型时,挖砂深度应达到_____。

3

3. 为起模方便,在垂直于分型面的模壁上做出一定的斜度为_____;为减少铸件冷却时产生内应力,将铸件的转角处做出一定的圆角称为_____。

4. 铸型中,金属液体流经的通道称为_____系统,通常情况下,它由_____浇口、_____浇道、_____浇道和_____浇道组成,其中与铸件直接相连的部分是_____。

5. 型砂中加锯木屑并将型芯烘干,能使砂型满足_____,使其有更好的_____和_____。

6. 冒口的作用主要是_____,以防止铸件产生_____。

7. 常用的特种铸造有_____、_____、_____、_____和_____。

8. 你在实习中所制作的铸件名称是_____,所采用的手工造型方法为_____。

四、区别下列各组术语。

(1)型砂:_____。

　　砂芯:_____。

(2)模样:_____。

　　铸型:_____。

(3)落砂:_____。

　　清理:_____。

五、根据下图简述造型过程及所用工具。

整 模 造 型

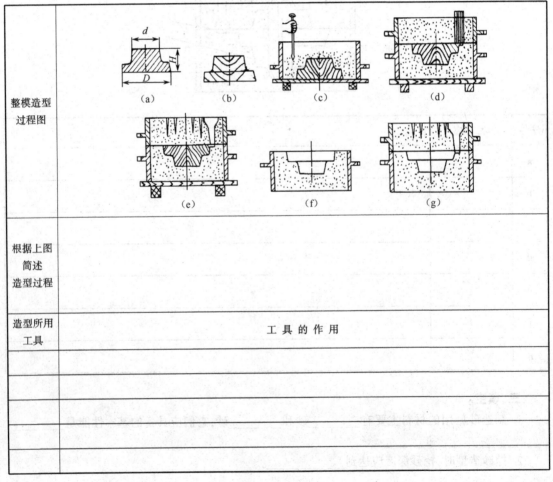

整模造型过程图	
根据上图简述造型过程	
造型所用工具	工 具 的 作 用

六、问答题。

1. 叙述手工两箱造型的操作步骤,说明开设浇注系统的原则及合型的操作技术要求。

2. 怎样辨别气孔、缩孔、砂眼、渣眼四种铸造缺陷?试叙述它们的产生原因及防止措施。

第三部分　锻压实习报告

一、写出右图空气锤各部分名称。

1.＿＿＿＿＿。　　　　2.＿＿＿＿＿。
3.＿＿＿＿＿。　　　　4.＿＿＿＿＿。
5.＿＿＿＿＿。　　　　6.＿＿＿＿＿。
7.＿＿＿＿＿。　　　　8.＿＿＿＿＿。
9.＿＿＿＿＿。　　　　10.＿＿＿＿＿。
11.＿＿＿＿＿。　　　　12.＿＿＿＿＿。
13.＿＿＿＿＿。

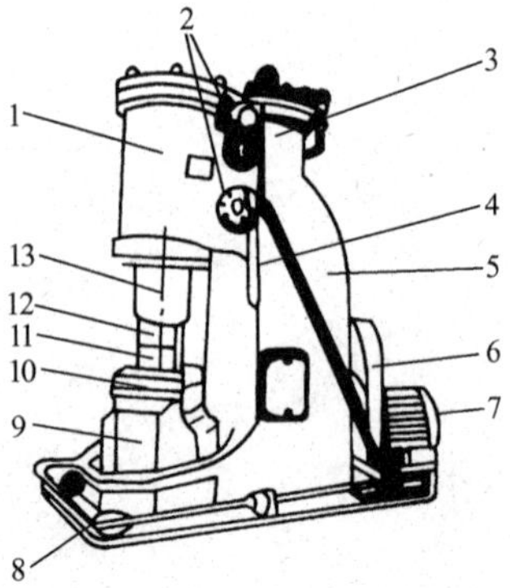

二、填空。

1. 锻压一般可分为＿＿＿＿＿和＿＿＿＿＿两大类。

2. 锻造实习中使用空气锤的型号是＿＿＿＿＿,此型号的意义是＿＿＿＿＿。

3. 空气锤能完成的基本工序有＿＿＿＿＿、＿＿＿＿＿、＿＿＿＿＿、＿＿＿＿＿、＿＿＿＿＿。

4. 始锻温度是指＿＿＿＿＿＿＿＿＿＿＿＿,终锻温度是指＿＿＿＿＿＿＿＿＿,锻件的材料是 45 号钢,它的始锻温度是＿＿＿＿＿,终锻温度是＿＿＿＿＿。

5. 锻造加热时如操作不当就会产生＿＿＿＿＿、＿＿＿＿＿、＿＿＿＿＿、＿＿＿＿＿等缺陷。

6. 冲孔和落料的加工方法相同,落料冲下的部分是＿＿＿＿＿,而冲孔冲下的部分是＿＿＿＿＿,它们和剪切统称为＿＿＿＿＿。

7. 举出四种经冷冲压加工而成的制品,它们是＿＿＿＿＿、＿＿＿＿＿、＿＿＿＿＿、＿＿＿＿＿。

三、在下表中填入你实习操作锻件的工艺过程。

锻件名称		材料		工艺类别	
始锻温度			终锻温度		
锻　件　图			坯　料　图		

序号	工 序 名 称	工 艺 简 图	使用的工具名称

四、问答题。

1. 试述镦粗、拔长工序的操作要点及注意事项。

2. 你在实习中曾用过哪些锻造工具？说出它们的名称和用途。

3. 确定剪刀、起重吊钩、圆环、齿轮坯单件小批量生产锻件的锻造工序。

7

第四部分　焊接实习报告

一、写出下列序号所表示各部分名称。

a _____, b _____, c _____, d _____,

e _____, f _____, g _____, h _____,

i _____, j _____。

二、填空。

1. 你在实习操作时所用电弧焊机名称是_____,型号为_____,其初级电压为_____V,空载电压为_____V,电流调节范围为_____A。

2. 你在实习操作时所用焊条牌号是_____,焊条直径为_____mm,焊接电流为_____A。

3. 焊接方法分为_____焊、_____焊和_____焊三大类,你实习的电焊、气焊分别属于_____、_____焊接。

4. 焊接接头形式有_____、_____、_____、_____,坡口形式有_____、_____。根据操作方位不同,焊接位置可分为_____、_____、_____、_____。

5. 用直流弧焊机焊接时,正接法为焊件接_____极,焊钳接_____极,适用于_____的焊接;反接法为焊件接_____极,焊钳接_____极,适用于_____的焊接。

三、问答题。

1. 用示意图画出焊条,并标出焊条各部分名称及其作用。

8

2. 焊前为什么要清除焊件上的铁锈、油污和水？焊条为什么要烘干？

3. 气焊下列材料时，应选择哪种类型的氧-乙炔火焰，并简述理由。

材料	氧-乙炔焰类型	理　　由
低碳钢		
灰口铸铁		
黄铜		

第五部分 车削实习报告

一、写出下列普通车床示意图所指部分的名称及作用。

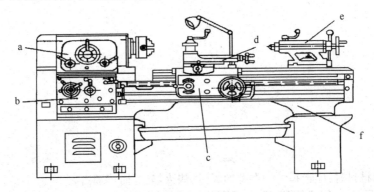

a. _____,作用_____；

b. _____,作用_____；

c. _____,作用_____；

d. _____,作用_____；

e. _____,作用_____；

f. _____,作用_____。

二、读出下图外径千分尺的读数。

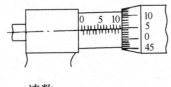

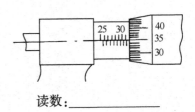

读数：_____

读数：_____

三、说明下列刀具的名称和用途。

名称_____
用途_____

名称_____
用途_____

名称_____
用途_____

名称_____
用途_____

10

名称＿＿＿＿＿＿＿＿
用途＿＿＿＿＿＿＿＿

名称＿＿＿＿＿＿＿＿
用途＿＿＿＿＿＿＿＿

四、填空。

1. 你在实习中使用的车床型号为＿＿＿＿＿＿＿，其中字母表示的含义是＿＿＿＿＿＿＿，数字表示的含义是＿＿＿＿＿＿＿。

2. 车床在切削运动中，主运动是＿＿＿＿＿＿＿，进给运动为＿＿＿＿＿＿＿（车外圆）、＿＿＿＿＿＿＿（车端面）、＿＿＿＿＿＿＿（车成形面及圆锥面）、＿＿＿＿＿＿＿（钻孔、扩孔、铰孔）。

3. 车床上能完成的主要工作有＿＿。

4. 刀具切削部分的材料应具备的基本性能是＿＿＿＿＿＿＿＿＿＿＿＿＿＿＿＿＿＿＿＿＿＿，其中最重要的是＿＿＿＿＿＿＿＿＿＿＿。

5. 车削钢件时，切屑形状多为＿＿＿＿＿＿＿＿＿＿＿＿＿＿＿，车削铸铁时，切屑形状为＿＿＿＿＿＿＿。

6. 切削加工阶段分粗加工和精加工的目的是＿＿＿＿＿＿＿＿＿＿＿＿＿＿＿＿＿＿＿＿＿＿。粗加工时主要考虑＿＿＿＿＿＿＿＿＿＿＿＿＿＿＿＿＿＿＿＿＿＿＿＿＿；精加工时主要考虑的是＿＿＿＿＿＿＿＿＿＿＿。

7. 要进行试切的原因是＿＿＿＿＿＿＿＿＿＿＿＿＿＿＿＿＿＿＿＿＿＿＿＿＿＿＿＿＿＿＿，试切的步骤是①＿＿＿＿＿＿＿＿＿＿＿＿＿；②＿＿＿＿＿＿＿＿＿＿＿＿＿＿；③＿＿＿＿＿＿＿；④＿＿＿＿＿＿＿；⑤＿＿＿＿＿＿＿；⑥＿＿＿＿＿＿＿。

8. 在切削过程中，使用切削液能够＿＿＿＿＿＿＿＿＿＿＿＿＿＿＿＿＿＿＿＿＿＿。

9. 车削外圆台阶面时，零件直径 D 与长度 L 相差较大时，工件的装夹应注意：

当 $L/D<4$ 时，可＿＿＿＿＿＿＿＿＿＿＿＿＿＿＿＿＿＿＿＿＿＿＿＿＿＿＿＿＿＿＿；

当 $4<L/D<10$ 时，应采用＿＿＿＿＿＿＿＿＿＿＿＿＿＿＿＿＿＿＿＿＿＿＿＿＿＿＿；

当 $L/D≥10$ 时，属细长轴，应在＿＿＿＿＿＿＿＿＿＿＿＿＿＿＿＿＿＿＿＿＿＿。

五、问答题。

1. 车刀安装时应注意哪些事项？

2. 精车时对刀具有什么要求？

3. 改变主轴转速可以改变进给量的大小吗？为什么？

4. 使用车床刻度盘应注意哪些事项？

5. 简述车外圆的操作步骤。

第六部分　铣削实习报告

一、注明卧式铣床各部分名称,并用箭头标出各运动部分的运动方向。

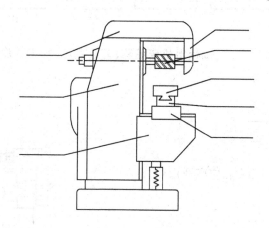

二、填空。

1. 卧式万能铣床的主运动是_____、进给运动是_____;铣削加工的尺寸精度一般为_____,表面粗糙度 Ra 值一般为_____。

2. 根据结构和用途的不同,铣床可分为_____铣床、_____铣床、_____铣床等,其中最常用的是_____铣床和_____铣床。

3. 铣削四要素包括_____、_____、_____和_____。在铣削过程中的两种铣削方式为_____铣和_____铣,其中_____铣较为常用。

4. 要铣削螺栓的六方头,每次分度时,分度头手柄应摇过_____圈和_____孔距(分度盘孔数有 24、25、28、30、34、37、38、39、41、42、43)。

5. 使铣床工作台升高时应_____时针摇动手柄。如果需要使工作台上升 1mm,所要转过的刻度盘格数为_____(丝杆螺距为 6mm,手柄与丝杆之间的传动比为 3:1,刻度盘共 40 格)。

6. 你在实习中所用卧式铣床的型号为_____,此型号的意义为_____
_____。

7. 写出铣床的主要附件,并说明其用途。

(1)_____,其用途是_____。

(2)_____,其用途是_____。

(3)_____,其用途是_____。

三、铣削下列表面,选择合适的机床和刀具。

(1)铣削尺寸为 100mm×200mm 的水平面,最好在_____(机床)上进行,采用_____(刀具)。

(2)铣削六方螺钉的六个小侧面,最好在_____(机床)上进行,采用_____(刀具)。

(3)铣削轴上键槽,最好在_____(机床)上进行,采用_____(刀具)。

(4)铣削 T 形槽,采用_____(刀具)。

四、判别下图的槽形,铣削加工能否完成(能的在图下画+,不能的画﹣)。

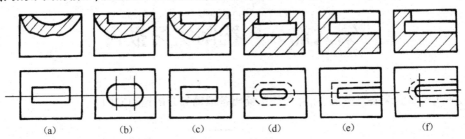

(a)　　　　(b)　　　　(c)　　　　(d)　　　　(e)　　　　(f)

五、下图为一种齿轮加工机床,试标出机床名称、刀具名称、加工精度、表面粗糙度 *Ra* 值和加工直齿轮时的切削运动。

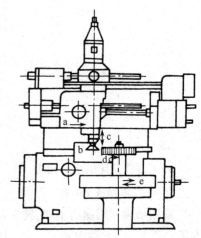

1.机床名称:_____。

2.刀具名称:_____。

3.加工精度:_____。

4.表面粗糙度 *Ra* 值:_____。

5.加工运动(要求标出图中相应序号)。

(示例:主运动为图中c)

(1)_____;

(2)_____;

(3)_____;

(4)_____;

(5)_____。

六、问答题。

1. 主轴变速机构操纵时应注意哪些事项?

2. 在铣床上用压板装夹工件时,应注意哪些方面?

3. 铣削垂直面时,造成垂直度误差大的主要原因有哪些?

第七部分　刨削实习报告

一、注出牛头刨床各部分的名称，并用箭头标出各运动部件的运动方向。

1. _____。
2. _____。
3. _____。
4. _____。
5. _____。
6. _____。
7. _____。
8. _____。

二、填空。

(1)牛头刨床的主运动是_____，横向进给运动是_____，垂直进给运动是_____。

(2)刨水平面的进给运动是_____。
刨斜面的进给运动是_____。

(3)刨削加工的尺寸精度一般为_____，表面粗糙度 Ra 值一般为_____。

(4)刨床能加工的表面有①_____，②_____，③_____等。

(5)刨床装夹工件的方法通常是①_____，②_____，
③_____。

三、问答题。

1. 操作牛头刨床时，应进行哪些项目的调整？

2. 刨刀刀架为什么制成可抬起的？

3. 如何刨削对面平行、邻面垂直的正六面体工件？

第八部分　磨削实习报告

一、标出右图平面磨床各部位名称。

1. _____。
2. _____。
3. _____。
4. _____。
5. _____。
6. _____。
7. _____。
8. _____。
9. _____。
10. _____。

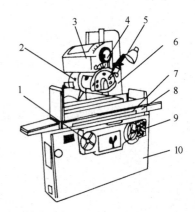

二、填下表。

加工简图	磨削种类	切削运动	加工表面
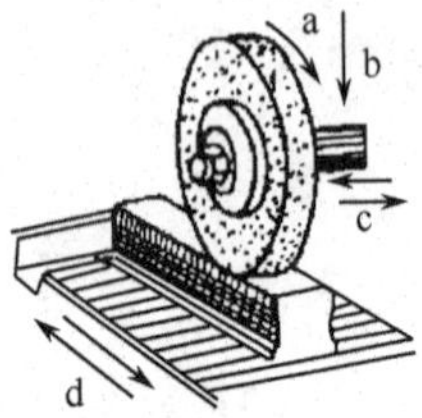 （砂轮磨平面图，标注 a、b、c、d）		a. b. c. d.	
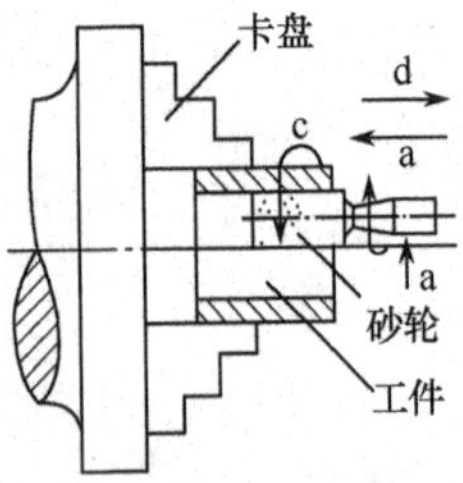 （内孔磨削图，标注卡盘、d、c、a、a、砂轮、工件）		a. b. c. d.	

三、要磨削下列零件上标注表面粗糙度的表面,请填空。

（1）磨平面（材料为钢）。

①选用磨床类型_____;

②选用装夹方法_____。

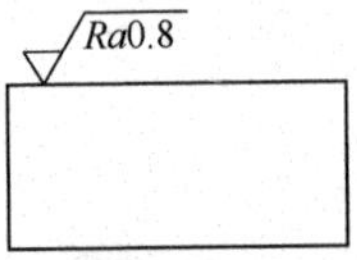

（2）磨内孔（材料为钢）。

①选用磨床类型_____;

②选用装夹方法_____。

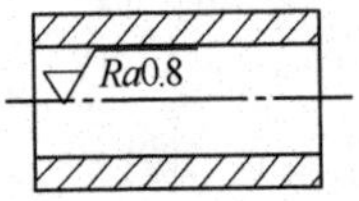

（3）磨外圆（材料为钢）。
①选用磨床类型_____；
②选用装夹方法_____。

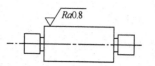

四、问答题。

1. 写出你在实习中所操作的磨床型号及各符号所代表的含义。

2. 试述砂轮静平衡的一般方法。

3. 磨削时在什么情况下工件表面会产生烧伤？应如何避免？

第九部分　钳工实习报告

一、标出台钻主要部件名称并说明作用。

1. _____。
2. _____。
3. _____。
4. _____。
5. _____。
6. _____。
7. _____。
8. _____。

二、指出加工下列零件有阴影的表面用哪种锉刀？有哪几种锉削方法？

三、下图哪种起锯方法不正确？为什么？

(a)　　　　　　　(b)　　　　　　　(c)

四、填空。

1.钳工的基本操作包括_____

_____。

2.钳工的主要设备有_____、_____、_____、_____和_____。

3. 锯削前,要根据工件材料的_____和_____选择锯齿的粗细。锯削 30mm×20mm×

50mm 的铝块时,应选用_____锯条;锯削 16mm×4mm 的扁钢时最好选用_____锯条;锯削

20

外径 19mm、内径 16mm 的无缝钢管时应选用_____锯条。

4. 攻 M6 内螺纹（螺距 1mm），钢件的底孔应钻成 ϕ _____ mm，铸铁件的底孔应钻成 ϕ _____mm。

5. 钻孔前打样冲是为了_____。

6. 板牙的构造由_____部分、_____部分和_____组成。

7. 平面刮削分_____、_____、_____和_____四个步骤。

8. 装配的方法有_____、_____、_____、_____。

9. 完全互换法的装配精度，主要依赖于零件的_____。

五、问答题。

1. 在工件加工前为什么要划线？

2. 锯条折断的原因是什么？如何防止？

3. 套螺纹时应注意些什么?

4. 在装配工艺中,零件联结形式及常用装配方法有哪几种?

第十部分　数控加工实习报告

一、填空。

1. 一般数控机床的组成由_____、_____、_____和_____组成,机床主体包括_____、_____、_____、_____等组成。

2. 数控机床最适合加工形状结构_____和_____批量生产的零件。

3. 数控编程中规定:假定工件固定不动,全部由刀具运动实现加工编程,刀具运动的控制方式有_____、_____和_____三种基本方式。

4. 标准坐标系规定:数控机床坐标系采用_____坐标系,符合_____法则。

图中大拇指的方向为_____轴的_____;食指为_____轴的_____;中指为_____轴的_____。这个坐标系的各个坐标轴与机床的主要导轨相_____。

5. 坐标和运动方向。为了编程人员能够在不知道是刀具移近工件,还是工件移近刀具的情况下,仍能依据零件图样来确定机床的加工过程、编制加工程序,特规定以_____为基准,假定_____不动,_____相对于静止的_____运动的原则。

6. 机床运动部件运动方向的规定。增大_____与_____之间距离的方向是机床运动的_____。

(1)Z轴坐标运动。规定与主轴线_____的坐标轴为Z坐标(Z轴),并取刀具远离工件的方向为Z轴的_____。无论是主轴带动工件旋转类的机床(车床、磨床),还是主轴带动刀具旋转类的机床(铣床、钻床、镗床),与主轴_____的坐标轴为Z轴,即对于钻、镗类加工机床,钻_____或镗_____方向均是_____。

(2)X轴坐标运动。X轴规定为在水平面内_____于工件装夹表面。它是刀具或工件_____平面内运动的主要坐标。对于工件旋转的机床(车床、磨床),取横向离开工件旋转中心的方向为X轴的_____。

(3)Y轴坐标运动。Y坐标轴_____X、Z坐标轴。当X轴、Z轴确定之后,按笛卡儿坐标系右手定则法判断,Y轴_____就是唯一被确定了。

(4)旋转运动A、B和C。旋转运动用A、B和C表示,规定其分别为绕X、Y、Z轴_____的运动。A、B、C的_____,相应地表示在X、Y和Z坐标轴的_____上,按_____螺旋前进方向。

7. 程序段格式中,N表示_____、G表示_____、M表示_____、F表示_____、S表示_____、T表示_____。

8. 数控车床上刀尖圆弧只有在加工_____时才产生加工误差。

9. 你所实习的数控机床名称_____,型号为_____。

10. 数控机床的程序编制可以通过_____和_____两种方法完成,在你实习过程中采用数控加工的编程方法是_____,其他编程方法的特点是_____。

二、数控车床编程。

根据下图所示设计工件毛坯直径为 $\phi42mm$，试编制粗、精加工程序。

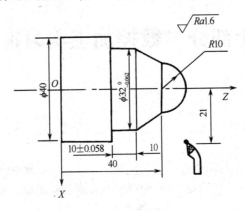

三、问答题。

1.手工编程一般有哪些步骤？

2. 数控机床和其他自动机床有何区别？

3. 简述数控铣床的操作步骤。

4. 在数控机床操作过程中遇到意外如何处理？如何重新恢复加工？

第十一部分 数控线切割实习报告

一、填空题。

1. 电火花加工是靠_____来去除金属材料的,其特点是不受材料的_____限制,较金属切削机床容易加工_____状的零件。

2. 电火花加工要求采用的电源为_____电源,反映其电流波形的三个参数是_____、_____和_____。

3. 电火花线切割采用的加工极性一般是_____极性加工,其加工电极也就是钼丝应当接电源的_____极,工件接电源的_____极,电火花成形机采用的加工极性一般是_____极性加工。

4. 快走丝的加工效率以_____来衡量,表面粗糙度以_____表示,快走丝一般能达到的表面最佳粗糙度值为_____μm。

5. 偏移是为了补偿_____和_____带来的尺寸变化,若按顺时针切一个凸模,需采用_____偏移,若按顺时针切一个凹模,需采用_____偏移。

6. 锥度切割要设定三个高度参数,分别是_____、_____和_____,逆时针切一上小下大的零件,应采用_____锥,顺时针切一上大下小的零件,应采用_____锥。

7. 要想把某一零件的切割方向旋转90°,则应采用_____的方法。

8. 在电火花线切割加工中,为了保证理论轨迹的正确,偏移量等于_____与_____之和。

9. 数控电火花线切割机床的编程,主要采用_____、_____和_____三种格式编写。

10. 你所实习的电火花线切割属于_____走丝电火花线切割,所采用的加工极性为_____极性加工。

二、简答题。

1. 注释下面指令含义。

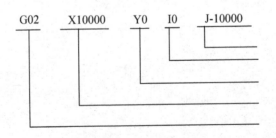

2. 电火花线切割加工的零件有何特点？如何提高其加工效率和质量？

3. 电火花线切割加工的主要工艺指标和电参数有哪些？

4. 电火花加工机床由哪几部分组成？并简述各部分作用。

三、编程。

用 3B 编程格式编制下图所示零件的线切割程序(加工起点为上顶点,方向为从右向左)。

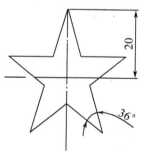

第十二部分　机械制造自动化技术实习报告

一、填空。

1. 制造自动化的任务是＿＿＿＿＿＿＿＿＿＿＿＿＿＿＿＿＿＿＿＿,其具有＿＿＿＿＿＿、＿＿＿＿＿＿、＿＿＿＿＿＿、＿＿＿＿＿＿的特点。

2. 工业机器人是指＿＿＿＿＿＿＿＿＿＿＿＿＿＿＿的一种机械装置,一般由＿＿＿＿＿＿系统、＿＿＿＿＿＿系统、＿＿＿＿＿＿系统和＿＿＿＿＿＿系统组成,其性能特征包括＿＿＿＿＿＿、＿＿＿＿＿＿、＿＿＿＿＿＿和＿＿＿＿＿＿。

3. 工业机器人按控制类型分类,可分为＿＿＿＿＿＿控制和＿＿＿＿＿＿控制,按驱动方式,可分为＿＿＿＿＿＿驱动、＿＿＿＿＿＿驱动、＿＿＿＿＿＿驱动和＿＿＿＿＿＿驱动。

4. 柔性制造系统是指由＿＿＿＿＿＿控制,将＿＿＿＿＿＿、＿＿＿＿＿＿连接起的一组加工设备,能在不停机的情况下实现＿＿＿＿＿＿、＿＿＿＿＿＿零件的加工,并具有＿＿＿＿＿＿的自动化制造系统。

5. 柔性制造系统按照大小规模可分为＿＿＿＿＿＿、＿＿＿＿＿＿、＿＿＿＿＿＿和＿＿＿＿＿＿;其主要功能为＿＿＿＿＿＿、＿＿＿＿＿＿、＿＿＿＿＿＿、＿＿＿＿＿＿。

6. 三坐标测量机主体结构包括＿＿＿＿＿＿、＿＿＿＿＿＿和＿＿＿＿＿＿、＿＿＿＿＿＿。

二、问答题。

1. 实习使用的 CAD 和 CAM 软件名称是什么？各自有什么特点？

2. 谈谈你对 CAD/CAM 技术应用前景的认识。

3. 简述并举例说明工业机器人在机械制造领域中的应用。

4. 谈谈你对柔性制造系统的认识。

5. 简述三坐标测量机的工作原理,并举例说明其在现代工业制造领域中所能起到哪些作用?

策划编辑：刘小琳
责任编辑：杨秋奎
封面设计：田晨晨

ISBN 978-7-121-33743-7

9 787121 337437 >

定价：38.00元